Essener Beiträge zur Mathematikdidaktik

Reihe herausgegeben von

Bärbel Barzel, Fakultät für Mathematik, Universität Duisburg-Essen, Essen, Deutschland

Andreas Büchter, Fakultät für Mathematik, Universität Duisburg-Essen, Essen, Deutschland

Florian Schacht, Fakultät für Mathematik, Universität Duisburg-Essen, Essen, Deutschland

Petra Scherer, Fakultät für Mathematik, Universität Duisburg-Essen, Essen, Deutschland

In der Reihe werden ausgewählte exzellente Forschungsarbeiten publiziert, die das breite Spektrum der mathematikdidaktischen Forschung am Hochschulstandort Essen repräsentieren. Dieses umfasst qualitative und quantitative empirische Studien zum Lehren und Lernen von Mathematik vom Elementarbereich über die verschiedenen Schulstufen bis zur Hochschule sowie zur Lehrerbildung. Die publizierten Arbeiten sind Beiträge zur mathematikdidaktischen Grundlagen- und Entwicklungsforschung und zum Teil interdisziplinär angelegt. In der Reihe erscheinen neben Qualifikationsarbeiten auch Publikationen aus weiteren Essener Forschungsprojekten.

Weitere Bände in der Reihe https://link.springer.com/bookseries/13887

Jennifer Bertram

Lernprozesse von Lehrkräften im Rahmen einer Fortbildung zu inklusivem Mathematikunterricht

Jennifer Bertram
Dortmund, Deutschland

Dissertation der Ruhr-Universität Bochum, Fakultät für Mathematik
Erlangung des Doktorgrades: „Dr. rer. nat."
Tag der mündlichen Prüfung: 16.08.2021
Erstgutachterin: Prof. Dr. Katrin Rolka, Ruhr-Universität Bochum
Zweitgutachterin: Prof. Dr. Petra Scherer, Universität Duisburg-Essen

ISSN 2509-3169 ISSN 2509-3177 (electronic)
Essener Beiträge zur Mathematikdidaktik
ISBN 978-3-658-36796-1 ISBN 978-3-658-36797-8 (eBook)
https://doi.org/10.1007/978-3-658-36797-8

Die Deutsche Nationalbibliothek verzeichnet diese Publikation in der Deutschen Nationalbibliografie; detaillierte bibliografische Daten sind im Internet über http://dnb.d-nb.de abrufbar.

Planung/Lektorat: Marija Kojic
Springer Spektrum ist ein Imprint der eingetragenen Gesellschaft Springer Fachmedien Wiesbaden GmbH und ist ein Teil von Springer Nature.
Die Anschrift der Gesellschaft ist: Abraham-Lincoln-Str. 46, 65189 Wiesbaden, Germany

Geleitwort

Die Umsetzung inklusiver Bildung stellt aktuell eine der besonderen Herausforderungen des deutschen Schulsystems dar und ist seit einiger Zeit Gegenstand zahlreicher Forschungsarbeiten. Dabei werden übergreifende Fragen diskutiert, aber auch bestimmte Unterrichtsfächer in den Blick genommen. Fokus der Untersuchungen können beispielsweise Schülerinnen und Schüler oder aber Lehrkräfte sein. Die Anforderungen an Lehrkräfte, die mit dem Anspruch einhergehen, dass alle Schülerinnen und Schüler mit ihren ganz unterschiedlichen Lernvoraussetzungen, -potenzialen und -schwierigkeiten gemeinsam Mathematik lernen, erweisen sich als äußerst vielfältig. In diesem Kontext spielen neben der Erstausbildung auch Fortbildungen eine wichtige Rolle, da über die Fortbildungsteilnahme beispielsweise das Wissen der Lehrkräfte zur Bewältigung dieser Anforderungen beeinflusst werden kann. Insbesondere mit Blick auf den Gegenstand ‚Inklusiver Mathematikunterricht in der Sekundarstufe' ist allerdings bislang weitestgehend unklar, welche Lernprozesse bei Lehrkräften im Rahmen entsprechender Fortbildungen stattfinden, wobei diese wiederum hinsichtlich einer effektiven und systematischen Fortbildungsgestaltung von besonderer Bedeutung sind.

Jennifer Bertram untersucht in ihrer qualitativen Studie Lernprozesse von Lehrkräften im Rahmen einer Fortbildung zu inklusivem Mathematikunterricht in der Sekundarstufe I. Mit der Beforschung, welche typischen Lernwege der Lehrkräfte im Rahmen der Fortbildung identifiziert werden können und inwiefern diese eine Verbindung zum Fortbildungsinhalt aufweisen, leistet die vorliegende Arbeit einen wichtigen Beitrag zur gegenstandsbezogenen Professionalisierungsforschung.

Im Rahmen der theoretischen Grundlagen erfolgt zunächst die Klärung zentraler Begrifflichkeiten, um vor diesem Hintergrund verschiedene Ansätze zum Verständnis der Lehrerprofessionalität sowie Möglichkeiten zur Erfassung der

Lernprozesse von Lehrkräften vorzustellen. Dabei wird die Bedeutung des Gegenstandsbezugs als wesentlich herausgearbeitet und der für die vorliegende Arbeit relevante Gegenstand des inklusiven Mathematikunterrichts aus mathematikdidaktischer und sonderpädagogischer Perspektive konkretisiert. Ausgehend von dem Modell der professionellen Handlungskompetenz von Lehrkräften nimmt Jennifer Bertram dann eine Weiterentwicklung dieses Modells für inklusiven Mathematikunterricht vor. Hier erfolgt eine lokale Theoriebildung, durch die eine Sprache zur Beschreibung gegenstandsbezogener Lernprozesse verfügbar gemacht wird.

In der empirischen Studie wird untersucht, wie die Fortbildungsinhalte mit Hilfe des Modells der professionellen Handlungskompetenz von Lehrkräften für inklusiven Mathematikunterricht beschrieben werden können, und welche typischen Lernwege der Lehrkräfte sich im Verlauf der Fortbildung identifizieren lassen. In dem gewählten methodischen Zugang werden vielfältige Instrumente zur Datenerhebung in gut begründeter Weise miteinander kombiniert. Die ausführlichen Erläuterungen zur Auswertung der Daten mit Hilfe einer qualitativen Inhaltsanalyse und des erstellten Kategoriensystems sowie die daran anknüpfende Typenbildung machen die weitere Ergebnisdarstellung gut nachvollziehbar. Hier werden die Fortbildungsinhalte mit Hilfe des Modells der professionellen Handlungskompetenz für inklusiven Mathematikunterricht und vier identifizierte Typen von Lernwegen beschrieben: Typ I repräsentiert ‚breit aufgestellte Lehrkräfte‘, Typ II ‚Lehrkräfte mit einem Fokus auf Organisationswissen (und pädagogischem Wissen)‘, Typ III ‚Lehrkräfte mit einem Fokus auf fachdidaktischem Wissen (und pädagogischem Wissen)‘ sowie Typ IV ‚Lehrkräfte mit einem Fokus auf pädagogischem Wissen (und fachdidaktischem Wissen)‘. Dabei zeigt sich, dass die Lehrkräfte der einzelnen Typen die jeweiligen Kompetenzbereiche im Verlauf der Fortbildung unterschiedlich stark fokussieren. Anhand begründet ausgewählter Einzelfälle erfolgt eine detaillierte Darstellung der Lernwege von verschiedenen Lehrkräften, wodurch noch tiefere Einblicke und Erkenntnisse ermöglicht werden. Insbesondere gelingt es Jennifer Bertram, über rein deskriptive Beschreibungen hinauszugehen und vielfältige Bezüge zu bereits bestehenden Forschungsbefunden herzustellen sowie ihre Ergebnisse zutreffend in den aktuellen Forschungsstand zum Lernen von Lehrkräften einzuordnen. Auch eine angemessen kritische Reflexion der Ergebnisse und der Limitationen der durchgeführten Studie findet statt. Abschließend werden nicht nur Implikationen mit Blick auf die Bedeutung der Ergebnisse für die Gestaltung von Fortbildungen für Lehrkräfte und von Qualifizierungen für Fortbildende formuliert, sondern auch weitere Möglichkeiten zur Beforschung gegenstandsbezogener Lernprozesse von Lehrkräften aufgezeigt.

Die vorliegende Arbeit von Jennifer Bertram leistet einen wichtigen Beitrag zu gegenstandsbezogenen Lernprozessen von Lehrkräften im Rahmen von Fortbildungen zu inklusivem Mathematikunterricht in der Sekundarstufe. Die interessante Studie liefert neue Erkenntnisse in dem bislang wenig beforschten Feld der Lernwege von Lehrkräften.

Katrin Rolka
Fakultät für Mathematik
Ruhr-Universität Bochum
Bochum, Deutschland

Petra Scherer
Fakultät für Mathematik
Universität Duisburg-Essen
Essen, Deutschland

Danksagungen

Zu Beginn dieser Arbeit möchte ich gerne ein großes Dankeschön an die Personen richten, die an der Entstehung der Dissertation beteiligt waren. Allen voran gilt mein Dank Prof. Dr. Katrin Rolka. Ohne deine Unterstützung, die enge Begleitung über fast vier Jahre und die intensiven sowie stets sehr konstruktiven Rückmeldungen wäre diese Dissertation nicht möglich gewesen. Ebenfalls bedanken möchte ich mich bei Prof. Dr. Petra Scherer. Vor allem in der Schreibphase konnte ich sowohl von deinem Blick für die gesamte Dissertation als auch von deinem kritischen Hinterfragen der Details sehr profitieren.

Mein Dankeschön geht auch an alle Lehrkräfte, die an der Studie teilgenommen und damit für eine mein Interesse immer wieder neu weckende Datengrundlage gesorgt haben. Insbesondere weiß ich den zeitlichen Aufwand, den ihr für die Portfolios und Interviews investiert habt, sehr zu schätzen. Natürlich wäre die Fortbildung nicht möglich gewesen ohne ein tolles Team aus Fortbildenden, die mich bei meinen Datenerhebungen stets unterstützt haben und bei denen ich mich ebenfalls bedanken möchte. An dieser Stelle danke ich insbesondere Ursula Bicker und Heike Körblein-Bauer, die als Projektleitung die Fortbildung initiierten und dabei über zwei Jahre hinweg für mich immer ein offenes Ohr hatten.

Bedanken möchte ich mich auch bei Nadine da Costa Silva. Du hast mir nicht nur als Kollegin geholfen, neue Ideen und alte Baustellen kritisch zu reflektieren, sondern du stehst mir auch als Freundin immer mit Rat und Tat zur Seite. Ein weiteres Dankeschön geht an Dr. Natascha Albersmann und Dr. Sebastian Geisler. Eure Unterstützung und inhaltliche Beratung, gerade zu Beginn der Dissertation und im Verlauf der Datenerhebung, haben mir immer sehr geholfen. Ihr habt außerdem wesentlich zur Freude an meiner wissenschaftlichen Tätigkeit beigetragen. Auch allen weiteren Kolleginnen und Kollegen der AG Didaktik der Mathematik der Ruhr-Universität Bochum, Lea Brohsonn, Ramona Hagen-kötter, Dr. Michael Kallweit, Nadine König und Jonas Lache, möchte ich für die Rückmeldungen und das gemeinsame Diskutieren meiner Anliegen in unseren AG-Sitzungen danken. Für die Unterstützung bei der Datenaufbereitung und -auswertung möchte ich mich auch bei allen Hilfskräften unserer Arbeitsgruppe bedanken.

An vielen Stellen im Entstehungsprozess der Dissertation war es sehr hilfreich Feedback aus den Reihen des Deutschen Zentrums für Lehrerbildung Mathematik (DZLM) zu erhalten. Ich habe mich immer auf unsere Treffen gefreut und bedanke mich bei allen, die sich intensiv mit den Inhalten meiner Dissertation auseinandergesetzt haben. Bedanken möchte ich mich besonders bei Leonie Lewe (geb. Ratte), die mich bei vielen dieser Treffen unterstützt und begleitet hat. Ebenso möchte ich mich bei meiner Mentorin Prof. Dr. Anke Lindmeier bedanken, die sich meiner Fragen angenommen und mir konstruktives Feedback gegeben hat.

Sicherlich wäre die Dissertation nicht möglich gewesen, wenn meine Eltern nicht schon mein ganzes Leben lang an mich geglaubt hätten und mich bei allem unterstützen würden. Deswegen möchte ich mich auch bei euch von ganzem Herzen bedanken. Mein letztes Dankschön geht an meinen Freund, der mich in allen Höhen und Tiefen unterstützt und immer an mein Promotionsvorhaben geglaubt hat. Danke, dass du immer für mich da bist!

Zusammenfassung

Für eine effektive und systematische Fortbildungsgestaltung ist das Wissen über typische Lernprozesse von Lehrkräften von besonderer Bedeutung. Bisher gibt es noch keine umfangreichen empirischen Forschungserkenntnisse mit Blick auf die Betrachtung gegenstandsbezogener, d. h. für den konkreten Fortbildungsgegenstand spezifizierter, Lernprozesse im Bereich eines inklusiven Mathematikunterrichts. Inklusiver Mathematikunterricht wird dabei verstanden als ein Unterricht, der die Heterogenität aller Schülerinnen und Schüler berücksichtigt und ihnen fachliche Zugänglichkeit sowie soziale Teilhabe ermöglicht. Die vorliegende Arbeit untersucht deswegen gegenstandsbezogene Lernprozesse von Lehrkräften im Rahmen einer Fortbildung zu inklusivem Mathematikunterricht und geht den zentralen Fragen nach, welche typischen Lernwege der Lehrkräfte identifiziert werden können und inwiefern diese eine Verbindung zum Fortbildungsinhalt aufweisen. Dabei werden die Begriffe *Lernprozess* und *Lernweg* voneinander abgegrenzt. Lernprozesse werden über kognitive Aktivitäten definiert, welche über Reflexionen sichtbar gemacht werden können. Der Begriff „Lernweg" wird im Zuge der empirischen Untersuchung in dieser Arbeit verwendet, um den sichtbar gewordenen Teil eines Lernprozesses zu beschreiben. Damit verweist der Begriff „Lernprozess" auf etwas Übergeordneteres und kann mehr umfassen als in einem Lernweg sichtbar wird. Insbesondere werden *Lernprozesse von Lehrkräften* als Veränderungen im Wissen und in affektiv-motivationalen Merkmalen aufgefasst, sodass der Begriff „Lernweg" hier verwendet wird, um die Art und Weise der konkreten Veränderung zu beschreiben. Für diese Beschreibung typischer Lernwege wird das Modell der professionellen Handlungskompetenz von Lehrkräften für inklusiven Mathematikunterricht verwendet. Im Kontext der zweijährigen Fortbildung „Mathematik & Inklusion" werden die Lernprozesse von 20 Lehrkräften (Regelschul- und sonderpädagogische Lehrkräfte, die im inklusiven

Mathematikunterricht der Sekundarstufe I tätig sind) mit Hilfe von Fragebögen, Reflexionsaufträgen, Lerntransferaufträgen und Interviews untersucht. Als Ergebnis der qualitativen Inhaltsanalyse mit anschließender Typenbildung sind vier Typen von Lernwegen identifiziert worden. Die Lehrkräfte in den vier Typen unterscheiden sich hinsichtlich ihrer Fokussierung auf verschiedene Kompetenzbereiche (vor allem mit Blick auf pädagogisches Wissen, fachdidaktisches Wissen und Organisationswissen) und deren Veränderung im Rahmen der Fortbildung. Ausgehend von den Lernwege-Typen werden Implikationen für die weitere Forschung zu gegenstandsbezogenen Lernprozessen von Lehrkräften und für die Gestaltung von Lehrerfortbildungen abgeleitet. Beispielsweise wird thematisiert, wie die Erkenntnisse – insbesondere auch zur Verschiedenheit der Lernwege der Lehrkräfte – für die Qualifizierung von Fortbildenden aufgegriffen werden können.

Abstract

To design professional development (PD) programs systematically and effectively, it is important to understand teachers' typical learning processes. Until now, only a few studies have considered content-specific learning processes (i. e. those related to concretely specified PD content) in the context of inclusive mathematics. Inclusive mathematics teaching is understood as instruction which takes pupils' heterogeneity into account, and which enables subject-specific learning and joint participation for all students. The present study investigates teachers' content-specific learning processes in the context of a PD program on inclusive mathematics teaching. In particular, it investigates the following two questions: "Which typical learning processes of teachers can be identified?" and "To what extent are these learning processes linked to the PD program's content?". Within this study, the terms *learning process* and *learning pathway* are distinguished. Learning processes are defined by cognitive activities, which can be made visible through reflections. In the course of the empirical investigation in this thesis, the term "learning pathway" is used to describe the part of the learning process that has become visible. Thus, the term "learning process" is broader, and can encompass more than is visible in a learning pathway. In particular, *teachers' learning processes* are understood as changes in knowledge and changes in affective-motivational domains of professional competence. The term learning pathway is therefore used here to describe the concrete changes. For this description of teachers' typical learning pathways, the professional model of teachers' competence for inclusive mathematics teaching is used. In this study, the learning processes of 20 teachers (regular and special education teachers, who teach inclusive mathematics classes at secondary level) taking part in the two-year PD program "Mathematics & Inclusion" are investigated by questionnaires, reflection tasks, tasks for transfer of learning and interviews. Based on a qualitative content analysis and subsequent type-building, four types of learning pathway are identified. The teachers in the four types differ regarding their focus on different domains of competence (especially regarding pedagogical knowledge, pedagogical content knowledge, and organizational knowledge) and their changes throughout the PD program. These four types of learning pathways have implications for future research on teachers' content-specific learning processes, as well as for the design of PD programs. For example, it is shown how these results, which focus on the diversity of teachers' learning pathways, can be used for further training of facilitators.

Inhaltsverzeichnis

Abbildungsverzeichnis

Tabellenverzeichnis

Einleitung

In einer sich ständig verändernden Gesellschaft ist eine stetige Aktualisierung der Kompetenzen von Lehrkräften besonders wichtig (vgl. z. B. Müller et al., 2010, S. 9). Nach der Lehrerausbildung kommt der Lehrerfort- und -weiterbildung deswegen eine besondere Rolle zu, da sie wichtiger Bestandteil der Unterrichts-, Personal- und Schulentwicklung ist (Daschner & Hanisch, 2019, S. 12). Insbesondere tragen Lehrerfortbildungen zur Entwicklung der professionellen Kompetenz von Lehrkräften bei (vgl. Lipowsky, 2010; vgl. Lipowsky & Rzejak, 2012) und haben die Aufgabe, Lehrkräfte bei der Begegnung aktueller Herausforderungen im Schulsystem zu unterstützen (Busian & Pätzold, 2004, S. 8). Eine dieser aktuellen Herausforderungen stellt inklusiver Unterricht dar, verstanden als ein Unterricht, der die Heterogenität aller Schülerinnen und Schüler berücksichtigt (weites Inklusionsverständnis, siehe z. B. Löser & Werning, 2015, S. 17). Es ist deswegen wenig verwunderlich, dass im Zuge einer Analyse der Schwerpunktthemen von Lehrerfortbildungen in Deutschland auch das Thema Inklusion als ein Thema mit hoher Aktualität und mit einem besonderen Stellenwert in der Personal- und Schulentwicklung ausgemacht werden kann (Daschner & Hanisch, 2019, S. 13).

Lehrerfortbildungen gewinnen auch deshalb an Bedeutung, weil sie sowohl das Wissen als auch die Unterrichtspraxis der Lehrkräfte beeinflussen können (z. B. Carpenter et al., 1989) und weil das fachdidaktische beziehungsweise mathematikdidaktische Wissen der Lehrkräfte wiederum die Mathematikleistungen der Schülerinnen und Schüler beeinflussen kann (vgl. Ergebnisse aus COACTIV in Baumert et al. (2010) sowie in Kunter et al. (2013)). Nicht nur in der Erziehungswissenschaft, sondern auch in der Mathematikdidaktik findet sich deswegen immer mehr Forschung zu Lehrerfortbildungen (vgl. Biehler & Scherer,

J. Bertram, *Lernprozesse von Lehrkräften im Rahmen einer Fortbildung zu inklusivem Mathematikunterricht*, Essener Beiträge zur Mathematikdidaktik, https://doi.org/10.1007/978-3-658-36797-8_1

2015, S. 191). Diese fokussieren beispielsweise auf Wirksamkeitsuntersuchungen, befassen sich aber auch mit Modellen der professionellen Kompetenz von Lehrkräften (ebd., S. 192). Zentral für die vorliegende Arbeit ist das Modell der professionellen Handlungskompetenz von Lehrkräften nach Baumert und Kunter (2006).

Für eine systematische und effektive Fortbildungsgestaltung kann das Wissen über Lernprozesse von Lehrkräften als grundlegend angesehen werden (Goldsmith et al., 2014, S. 21; Prediger et al., 2017, S. 159 f.). Es gibt jedoch Forschungsbedarf mit Blick auf die Frage, welche typischen Lernprozesse Lehrkräfte im Rahmen einer Fortbildung durchlaufen (vgl. z. B. Prediger et al., 2017, S. 159 f.). Ausgehend von der Spezifizierung des Professionalisierungsgegenstandes, mit dem sich Lehrkräfte in einer Fortbildung auseinandersetzen, kommt der Beforschung gegenstandsbezogener Lernprozesse von Lehrkräften besondere Bedeutung zu (vgl. Prediger, 2019a, S. 11). Der Gegenstandsbezug wird nicht nur verstanden als eine Fokussierung auf Lernprozesse von Lehrkräften im Kontext von Fortbildungen zu einem bestimmten Thema, sondern vor dem Hintergrund des Themas *inklusiver Unterricht,* auch als Forderung, eine fachspezifische Untersuchung dieser Lernprozesse zu fokussieren (Waitoller & Artiles, 2013, S. 342). Die vorliegende Arbeit untersucht deswegen gegenstandsbezogene Lernprozesse von Lehrkräften im Rahmen einer Fortbildung zu inklusivem Mathematikunterricht.

Es wird zunächst den Forschungsfragen „Wie können die Fortbildungsinhalte mittels des Modells der professionellen Handlungskompetenz von Lehrkräften für inklusiven Mathematikunterricht beschrieben werden?" (Forschungsfrage 1) und „Welche typischen Lernwege der Lehrkräfte lassen sich im Rahmen der Fortbildung anhand des Modells der professionellen Handlungskompetenz von Lehrkräften für inklusiven Mathematikunterricht identifizieren und wie können diese beschrieben werden?" (Forschungsfrage 2) nachgegangen. Die Antworten auf diese Fragen bilden die Grundlage, um die dritte Forschungsfrage beantworten zu können: „Welche Verbindungen zwischen Fortbildungsinhalten und typischen Lernwegen der Lehrkräfte lassen sich identifizieren?". Die Beschreibung der Lernwege und die Untersuchung von Verbindungen zwischen Fortbildungsinhalten und typischen Lernwegen der Lehrkräfte bilden dabei den zentralen Kern der Studie in der vorliegenden Arbeit. Verbindungen zwischen Fortbildungsinhalten und typischen Lernwegen der Lehrkräfte zeigen dabei Möglichkeiten auf, inwiefern sich typische Lernwege durch Fortbildungsinhalte erklären lassen könnten. Die gesamte Arbeit gliedert sich in die Bereiche Theorie (Kapitel 2 und 3), empirische Studie und Methodik (Kapitel 4 und 5), Ergebnisse (Kapitel 6), sowie

Diskussion (Kapitel 7) und Implikationen (Kapitel 8). Der konkrete Inhalt der einzelnen Kapitel wird im Folgenden kurz umrissen. In einem ersten Schritt werden theoretische und empirische Grundlagen zu Lernprozessen von Lehrkräften dargestellt (Kap. 2). Darunter fällt neben einer Klärung der Begriffe *Lernen* und *Lernprozesse* im Allgemeinen auch die Fokussierung auf das Verständnis der *Lernprozesse von Lehrkräften* als Veränderungen im Wissen, in Überzeugungen und in der Praxis (Goldsmith et al., 2014, S. 7). Die Einbettung der Untersuchung von Lernprozessen der Lehrkräfte im Rahmen einer Fortbildung geht in einem weiteren Schritt damit einher, Grundlagen der Lehrerprofessionalisierungsforschung vorzustellen. Diese greifen insbesondere ein für diese Arbeit gewähltes kompetenztheoretisches Verständnis der Lehrerprofessionalität sowie die Rolle der gegenstandsbezogenen Professionalisierungsforschung auf. An diese Überlegungen schließt die Betrachtung von bisher vorhandenen Modellen zur Beschreibung von *teacher change* im Sinne des Lehrerlernens an. Daraufhin wird herausgestellt, inwiefern eine lokale Theoriebildung – wie sie auch in der vorliegenden Arbeit erfolgt – für die Betrachtung von gegenstandsbezogenen Lernprozessen sinnvoll erscheint. Neben diesen theoretischen Überlegungen zur Beschreibung von Lernprozessen der Lehrkräfte geht es in Kapitel 2 auch um die Betrachtung verschiedener Möglichkeiten der empirischen Erfassung von Lernprozessen. Anschließend rücken die Gestaltung und die Wirksamkeit von Fortbildungen in den Vordergrund. Es werden zentrale Aufgaben und Gestaltungsprinzipien für Lehrerfortbildungen vorgestellt sowie Merkmale wirksamer Lehrerfortbildungen thematisiert. Diese Ausführungen sind grundlegend für die Beschreibung der Fortbildung, in deren Rahmen die empirische Studie als Basis für die vorliegende Arbeit durchgeführt wurde. In diesem Kontext wird auch thematisiert, dass die Untersuchung der Lernprozesse von Lehrkräften eine zentrale Verbindung zur Wirksamkeit einer Fortbildung aufweist (vgl. Desimone, 2009). Ausgehend von einem Review zum Lernen von Mathematiklehrkräften (Goldsmith et al., 2014) und weiteren Studien, die sich mit Veränderungen im Wissen und in affektiv-motivationalen Merkmalen der Lehrkräfte im Rahmen einer Fortbildung beschäftigen, wird anschließend der aktuelle Forschungsstand zum Lehrerlernen dargestellt. Die Beschäftigung mit theoretischen und empirischen Grundlagen zu Lernprozessen von Lehrkräften schließt mit der Darstellung von Grundlagen eines inklusiven Mathematikunterrichts als zentralem Inhalt zur Untersuchung gegenstandsbezogener Lernprozesse. Dabei rücken Überlegungen zum gemeinsamen und individuellen Lernen von Schülerinnen und Schülern im inklusiven Mathematikunterricht, ausgehend von einem Inklusionsverständnis, dass allen Schülerinnen und Schülern fachliche Zugänglichkeit und soziale Teilhabe ermöglicht werden soll (vgl. Hußmann & Welzel, 2018; vgl. Modul

„Inklusiv und gemeinsam Mathematiklernen"), in den Vordergrund. Schließlich werden insbesondere die Gestaltung von Fortbildungen zu inklusivem Mathematikunterricht basierend auf den Ausführungen von Scherer (2019) sowie bisherige empirische Erkenntnisse zum Lehrerlernen im Kontext von Fortbildungen zu diesem Fortbildungsgegenstand präsentiert.

Die lokale Theoriebildung, um ein Modell für die Analyse und Beschreibung von gegenstandsbezogenen Lernprozessen der Lehrkräfte zugrunde legen zu können (Kap. 3), setzt bei dem Gedanken an, dass eine inklusive Bildung mit erweiterten Anforderungen an Lehrkräfte einhergeht (König et al., 2019)[1]. Diese erweiterten Anforderungen können mittels erweiterter Kompetenzen bewältigt werden (ebd.). Daher wird das Modell der professionellen Handlungskompetenz von Lehrkräften nach Baumert und Kunter (2006) für inklusiven Mathematikunterricht weiterentwickelt (Bertram, Albersmann & Rolka, 2020). In Kapitel 3 wird diese Weiterentwicklung ausführlich dargestellt. Von besonderer Bedeutung ist dabei, dass zum einen ein breites Spektrum an Kompetenzbereichen abgedeckt wird (Fachwissen, pädagogisches Wissen, fachdidaktisches Wissen, Organisationswissen, Beratungswissen, Überzeugungen, Selbstregulation und Motivation) und dass zum anderen ein Schwerpunkt auf die mathematikspezifische Fokussierung – durch eine umfassende Berücksichtigung des fachdidaktischen Wissens (für inklusiven Mathematikunterricht) – gelegt wird.

In Kapitel 4 werden die theoretischen und empirischen Grundlagen der Kapitel 2 und 3 zusammengeführt, und es werden die bereits skizzierten Forschungsfragen abgeleitet. Diesen Forschungsfragen zur Untersuchung gegenstandsbezogener Lernprozesse von Lehrkräften im Rahmen einer Fortbildung zu inklusivem Mathematikunterricht wird in einer qualitativ angelegten empirischen Studie nachgegangen, die in Kapitel 5 thematisiert wird. In einem ersten Schritt wird die Fortbildung „Mathematik & Inklusion" vorgestellt, in deren Kontext die Studie verwirklicht wurde. Die von dem Pädagogischen Landesinstitut Rheinland-Pfalz durchgeführte Fortbildung unter wissenschaftlicher Begleitung des Deutschen Zentrums für Lehrerbildung Mathematik (DZLM) erstreckte sich über einen Zeitraum von zwei Jahren. In fünf Fortbildungsmodulen mit dazwischenliegenden Distanzphasen setzten sich die Lehrkräfte mit zentralen Aspekten

---

[1] König et al. (2019) greifen dafür auf die Begriffsdefinition der deutschen UNESCO-Kommission zurück, in der inklusive Bildung als Prozess verstanden wird, in dem die Kompetenzen im Bildungssystem gestärkt werden, sodass alle Lernenden erreicht werden (S. 44). Dabei geht es auch um die Berücksichtigung individueller Bedürfnisse und die Partizipation aller Lernenden. Der Begriff *inklusive Bildung* ist damit umfassender zu verstehen als der Begriff *inklusiver Unterricht*.

eines inklusiven Mathematikunterrichts auseinander. Insgesamt werden die Lern-prozesse von 20 Lehrkräften untersucht, die entweder als Regelschul- oder als sonderpädagogische Lehrkraft im inklusiven Mathematikunterricht der Sekundar-stufe I tätig sind und an der Fortbildung teilgenommen haben. In einem weiteren Schritt werden in Kapitel 5 die konkreten Erhebungsinstrumente (Fragebögen, Reflexionsaufträge, Lerntransferaufträge und Interviews) vorgestellt, die im Rah-men der Studie zum Einsatz gekommen sind. Außerdem wird das Vorgehen bei der Datenauswertung erläutert. Für die Datenauswertung wurde eine qualitative Inhaltsanalyse mit anschließender Typenbildung durchgeführt (Kuckartz, 2018; Mayring, 2010).

Kapitel 6 fokussiert die Ergebnisdarstellung der Studie, die zum einen aus dem Ergebnis der Analyse der Fortbildungsinhalte besteht und zum anderen die Beschreibung typischer Lernwege der Lehrkräfte umfasst. Außerdem werden mögliche Erklärungen für diese Lernwege in Form der Ergebnisse der Untersu-chung von Verbindungen zwischen Fortbildungsinhalt und typischen Lernwegen präsentiert. In Kapitel 7 werden diese Ergebnisse vor dem Hintergrund des aktu-ellen Forschungsstandes und mit Blick auf Limitationen der Studie diskutiert. Die Arbeit endet in Kapitel 8 mit einem Ausblick und Implikationen der Ergebnisse für weitere Forschungen zu gegenstandsbezogenen Lernprozessen sowie für die Gestaltung von Lehrerfortbildungen.

Theoretische und empirische Grundlagen zu Lernprozessen von Lehrkräften

2

In diesem Kapitel werden die theoretischen und empirischen Grundlagen zu Lernprozessen von Lehrkräften dargelegt, die für die Untersuchung von Lernprozessen im Rahmen einer Fortbildung zu inklusivem Mathematikunterricht in dieser Arbeit von besonderer Bedeutung sind. Zunächst erfolgt die Definition zentraler Begrifflichkeiten (Abschn. 2.1), dabei wird vor allem das Verständnis der Begriffe *Lernen, Lernprozesse, Lehrerlernen* und *Kompetenzen* thematisiert. Anschließend erfolgt eine Einordnung der vorliegenden Arbeit in die Lehrerprofessionalisierungsforschung (Abschn. 2.2), indem beispielsweise verschiedene Ansätze zum Verständnis der Lehrerprofessionalität vorgestellt und ein gegenstandsbezogenes Verständnis der Lehrerprofessionalisierungsforschung fokussiert werden. Der darauffolgende Abschnitt (2.3) beschäftigt sich mit der Beschreibung und Beforschung der Lernprozesse von Lehrkräften. Es werden Modelle zur Beschreibung der Lernprozesse von Lehrkräften sowie verschiedene Möglichkeiten der Erfassung von Lernprozessen vorgestellt. Ausgehend von Lehrerfortbildungen als Lehrerprofessionalisierungsmaßnahme rücken im nächsten Schritt Überlegungen zur Gestaltung und Wirksamkeit von Lehrerfortbildungen in den Mittelpunkt (Abschn. 2.4). Dafür werden sowohl Gestaltungsprinzipien für Fortbildungen als auch Merkmale wirksamer Fortbildungen präsentiert. Anschließend wird der aktuelle Forschungsstand zu Lernprozessen von Lehrkräften dargestellt (Abschn. 2.5). Dabei werden vor allem Studien herangezogen, die Veränderungen im Wissen und in affektiv-motivationalen Merkmalen von Lehrkräften untersuchen. Schließlich rückt ausgehend von der Betrachtung gegenstandsbezogener Lernprozesse das Verständnis von inklusivem Mathematikunterricht in den Fokus (Abschn. 2.6), sodass sowohl Grundzüge eines inklusiven Mathematikunterrichts als auch Aspekte, die Fortbildungen zu diesem Thema betreffen,

J. Bertram, *Lernprozesse von Lehrkräften im Rahmen einer Fortbildung zu inklusivem Mathematikunterricht*, Essener Beiträge zur Mathematikdidaktik, https://doi.org/10.1007/978-3-658-36797-8_2

dargelegt werden. Die Grundzüge eines inklusiven Mathematikunterrichts werden anhand der zentralen Rolle des individuellen und des gemeinsamen Lernens im inklusiven Mathematikunterricht dargestellt. Mit Blick auf Fortbildungen zum Thema inklusiver Mathematikunterricht werden Überlegungen zur Gestaltung dieser ebenso thematisiert, wie aktuelle bereits vorhandene Forschungserkenntnisse zu gegenstandsbezogenen Lernprozessen in diesem Bereich.

2.1   Zentrale Begrifflichkeiten zu Lernprozessen von Lehrkräften

Dieses Kapitel beschäftigt sich mit der Definition und Abgrenzung grundlegender Begrifflichkeiten hinsichtlich der Lernprozesse von Lehrkräften. Zunächst geht es um die zentralen Begriffe *Lernen* und *Lernprozesse* (Abschn. 2.1.1). Anschließend wird der Begriff des Lehrerlernens näher betrachtet, den es vor allem vor dem Hintergrund der Professionalisierung von Lehrkräften zu berücksichtigen gilt (Abschn. 2.1.2). Das Kapitel endet mit einer Abgrenzung der Begriffe *Lernprozess* und *Lernweg* im Sinne einer Begriffsbestimmung für die vorliegende Arbeit (Abschn. 2.1.3).

2.1.1   Definition der Begriffe *Lernen* und *Lernprozesse*

Einer Definition aus der pädagogischen Psychologie zufolge kann Lernen definiert werden als ein „Prozess, bei dem es zu überdauernden Änderungen im Verhaltenspotenzial als Folge von Erfahrungen kommt" (Hasselhorn & Gold, 2017, S. 35). Das Ergebnis des Lernens muss sich nicht direkt im Verhalten widerspiegeln, sondern kann sich auch zukünftig noch zeigen, sodass der Begriff Verhaltenspotenzial verwendet wird (ebd.). Der Prozess des Lernens unterscheidet sich von anderen Veränderungsprozessen durch die unmittelbare Bindung an Erfahrungen (ebd.). Lernprozesse werden zudem als kognitive Aktivitäten verstanden, welche durch Reflexionen bewusst gemacht werden können (vgl. Hasselhorn & Labuhn, 2008). Diese Auffassung orientiert sich dabei an kognitiven Lerntheorien, die Lernprozesse vor dem Hintergrund des Aufbaus und der Veränderung von Wissen betrachten (Hasselhorn & Gold, 2017, S. 64).

Lernen kann ebenfalls aus der Perspektive der pädagogischen Psychologie in die drei Kategorien *Vorbereitung des Lernens, Erwerb und Performanz* sowie *Lerntransfer* eingeteilt werden (Schunk, 2012, S. 222). Den Ausführungen von Schunk (2012) folgend geht es während der *Vorbereitung des Lernens* zum Beispiel um die Fokussierung der Aufmerksamkeit auf das, was gelernt werden soll, oder die Aktivierung von Vorwissen. In der Kategorie *Erwerb und Performanz* spielen beispielsweise die Aspekte selektive Wahrnehmung und Informationsverarbeitung eine Rolle. Beim *Lerntransfer* sind schließlich die Anwendung des Gelernten und die Übung von Fähigkeiten von Bedeutung. Dabei ist im Bildungssystem vor allem der Lerntransfer wichtig, denn ohne einen Transfer wäre Lernen stets situationsspezifisch (ebd., S. 24). Erst ein Lerntransfer ermöglicht somit, dass etwas Gelerntes auch in anderen Situationen angewendet werden kann. Bei genauerer Betrachtung besteht die Kategorie Lerntransfer aus den Phasen „cuing retrieval" und „generalizability" (ebd., S. 222). Demnach erhalten Lernende Hinweise, die signalisieren, dass das Vorwissen in dieser Situation anwendbar ist (*cuing retrieval*). Zudem bedeutet eine Verallgemeinerbarkeit, dass den Lernenden eine Gelegenheit geboten wird, Fertigkeiten bezogen auf einen anderen Inhalt oder unter anderen Umständen zu üben (*generalizability*).

2.1.2 Verständnis der Begriffe *Lehrerlernen*, *Lerngelegenheiten* und *Kompetenzen*

In der vorliegenden Arbeit wird auf ein Lernverständnis aus der pädagogischen Psychologie zurückgegriffen, das für (Mathematik-)Lehrkräfte weiter spezifiziert wird. Im Zusammenhang mit dem Lernen von Lehrkräften wird auch der Begriff *Lehrerlernen* verwendet. In ihrem Review von 106 Artikeln zum Lernen von Mathematiklehrkräften definieren Goldsmith et al. (2014) Lehrerlernen wie folgt: „changes in knowledge, changes in practice, and changes in dispositions or beliefs that could plausibly influence knowledge or practice" (S. 7). Die Veränderungen im Sinne der Definition von Lernen (Abschn. 2.1.1) beziehen sich bei Lehrkräften demnach auf Veränderungen im Wissen, in der Praxis oder in Überzeugungen. Die vorliegende empirische Studie fokussiert auf Veränderungen im Wissen und Veränderungen in affektiv-motivationalen Merkmalen[1] als zentrale Aspekte des zugrunde gelegten Kompetenzmodells (siehe Kap. 3). Im Zuge der Darstellung theoretischer Grundlagen und bisheriger empirischer Befunde werden jedoch auch Veränderungen in der Praxis der Lehrkräfte mitberücksichtigt, um die Definition von Lehrerlernen umfänglich zu berücksichtigen. Mit Blick auf die Untersuchung von Lehrerlernen im Fortbildungskontext steht das Verständnis von Lernen als Veränderung im Einklang mit dem Verständnis von Lehrkräften als aktive Lernende, deren professionelle Entwicklung sich durch die reflexive

---

[1] Überzeugungen sind Teil der affektiv-motivationalen Merkmale (siehe Abschn. 3.4).

Teilnahme in der Praxis und in Fortbildungen formt (Clarke & Hollingsworth, 2002, S. 948).

Lehrerlernen wird auch als „Flickenteppich" bezeichnet, weil die Lerngelegenheiten durch die Lehrkräfte lernen (können) sehr vielfältig sind (Wilson & Berne, 1999, S. 174). Als *opportunities for learning* (Lerngelegenheiten) definieren Remillard und Bryans (2004, S. 12) eine Veranstaltung oder eine Aktivität, welche die vorhandenen Ideen und Praktiken der Lehrkräfte erweitern oder irritieren, indem die Lehrkräfte mit neuen Einblicken oder Erfahrungen konfrontiert werden. Neben einer konkreten Fortbildung können sich Lerngelegenheiten zum Beispiel durch Änderungen in der Bildungspolitik, im Gespräch mit Kolleginnen und Kollegen, im Unterricht oder durch die Nutzung von Literatur ergeben (Richter, 2016, S. 245 f.; vgl. Timperley et al., 2007, S. 11). Doch auch in einer Fortbildung können verschiedene Lerngelegenheiten ausgemacht werden, zum Beispiel die Analyse von Schülerdokumenten oder die gemeinsame Unterrichtsplanung (Goldsmith et al., 2014, S. 22). Außerdem kann Lehrerlernen beispielsweise vor dem Hintergrund betrachtet werden, ob Lerngelegenheiten formell oder informell, verpflichtend oder freiwillig sowie zufällig oder nicht zufällig sind (Wilson & Berne, 1999, S. 174).

Die Verwendung des deutschen Begriffes *Lehrerlernen* scheint in der (mathematikdidaktischen) Literatur wenig vertreten zu sein, während der Begriff *teacher learning* in der englischsprachigen Literatur wesentlich häufiger auftritt (Törner, 2015, S. 212). Die Berücksichtigung internationaler Literatur ist somit für eine umfassende Betrachtung von Lehrerlernen besonders bedeutsam und geht mit der Klärung einiger englischer Begrifflichkeiten einher. Da im internationalen Kontext nicht nur von *teacher learning* gesprochen wird, sondern vielfach auch die Begriffe *professional development*, *professional learning* oder *teacher change* verwendet werden (siehe z. B. Clarke & Hollingsworth, 2002), sollen diese Begriffe näher betrachtet werden. Der Begriff *professional development* bezieht sich auf die professionelle (Weiter-)Entwicklung von Lehrkräften. *Professional development* unterliegt einer dynamischen Natur und erfolgt kontinuierlich eingebettet in den Alltag der Lehrkräfte (vgl. Desimone, 2009, S. 182). In der Kombination *(teacher) professional development program* ist der Begriff als das Pendant zum deutschen Begriff der (Lehrer-)Fortbildung zu verstehen. Leidig (2019, S. 19) stellt heraus, dass es sowohl Autorinnen und Autoren gibt, die die Begriffe *professional development* und *professional learning* unterscheiden als auch solche, die die Begriffe synonym verwenden. Sie fokussiert anschließend eine Unterscheidung der Begrifflichkeiten und definiert *professional learning* als „Prozess und Produkt beruflichen Lernens im Sinne der Professionalisierung" (ebd.), während sich aus ihrer Sicht *professional development* „auf die konkreten Angebote

und Erfahrungen bezieht, die zur Professionalisierung der Lehrkräfte beitragen"
(ebd.). Der Begriff *professional learning* weist dadurch Parallelen zum Verständnis des Begriffs Lehrerlernen auf, während der Begriff *professional development*
stärker einen Bezug zum Verständnis des Begriffes Lerngelegenheit aufweist. Im
Kontext des Lehrerlernens beziehungsweise des *professional learning* wird wiederum die Bedeutung des deutschen Begriffes *Professionalisierung* deutlich, der
als Prozess des Hineinfindens in berufliche Strukturen und als Erwerb notwendiger Kompetenzen zur Berufsausübung verstanden wird (Keller-Schneider, 2016,
S. 282). *Professional development* wird auch als eine Erfahrung beschrieben, die
teacher change fördert (Arbaugh & Brown, 2005, S. 501). Dabei weist der Begriff
teacher change bereits aufgrund der Wortwahl *change* eine enge Verbindung zum
hier verwendeten Begriffsverständnis von Lernen als Veränderung auf. Nachdem
Clarke und Hollingsworth (2002) zunächst verschiedene mögliche Begriffsver-
ständnisse zum *teacher change* aufgreifen, kommen sie zu folgendem Schluss:
„we would suggest that the central focus of current professional development
efforts most closely aligns with the 'change as growth or learning' perspective"
(S. 948). Ausgehend von dieser Perspektive wird der Begriff *teacher change* mit
teacher learning gleichgesetzt (ebd.) und kommt explizit im Rahmen der Modelle
zur Beschreibung von Lernprozessen zum Tragen (siehe Abschnitt 2.3.1).

Vor dem Hintergrund der Professionalisierung von Lehrkräften ist ein weiterer zentraler Begriff für diese Arbeit bereits genannt worden, der Begriff
der *Kompetenzen*. Die allgemein akzeptierte und weit verbreitete Definition des
Kompetenzbegriffs nach Weinert (2001) wird auch in dieser Arbeit verwendet.
Kompetenzen sind demnach

> die bei Individuen verfügbaren oder durch sie erlernbaren kognitiven Fähigkeiten
> und Fertigkeiten, um bestimmte Probleme zu lösen sowie die damit verbundenen
> motivationalen, volitionalen und sozialen Bereitschaften und Fähigkeiten, um die Pro-
> blemlösungen in variablen Situationen erfolgreich und verantwortungsvoll nutzen zu
> können. (ebd., S. 27 f.)

Vor dem Hintergrund, dass Lehrerlernen als Veränderungen im Wissen und in
affektiv-motivationalen Merkmalen aufgefasst wird, ist der Kompetenzbegriff
nach Weinert (2001) besonders geeignet, da er anders als beispielsweise der Kompetenzbegriff nach Klieme und Leutner (2006), nicht ausschließlich kognitive
Dispositionen umfasst, sondern sowohl kognitive als auch affektiv-motivationale
Merkmale.

2.1.3 Abgrenzung der Begriffe *Lernprozess* und *Lernweg*

Zuvor wurde der Begriff *Lernprozess* definiert, und bezogen auf Lehrkräfte wurde der Begriff des Lehrerlernens näher betrachtet. In der Literatur lässt sich auch der Begriff *Lernweg* (bzw. *learning pathway*) in diesem Zusammenhang finden – meist ohne eine konkrete weitere Begriffsdefinition (z. B. Clarke & Hollingsworth, 2002; Goldsmith et al., 2014). In diesem Kapitel wird deswegen der Versuch unternommen, eine Begriffsbestimmung im Sinne einer Arbeitsdefinition vorzunehmen. Diese Begriffsbestimmung verfolgt insbesondere das Ziel, die Begriffe *Lernprozess* und *Lernweg* für die vorliegende Arbeit voneinander abzugrenzen.

Für die Begriffe *Prozess* und *Weg* kann zunächst von der Wortbedeutung her anhand des Dudens[2] Folgendes festgehalten werden: Ein Prozess ist ein „sich über eine gewisse Zeit erstreckender Vorgang", während der Begriff Weg zum Beispiel die Art und Weise bezeichnet, „in der jemand vorgeht, um ein bestimmtes Ziel zu erreichen". Lernprozesse können deswegen in Kombination mit dem bisher erläuterten Verständnis von Lehrerlernen (Abschn. 2.1.1) als Veränderungen im Wissen und in affektiv-motivationalen Merkmalen über einen längeren Zeitraum hinweg aufgefasst werden. Ein Lernweg kann als die Art und Weise der konkreten Veränderungen im Wissen und in affektiv-motivationalen Merkmalen verstanden werden.

In Abschnitt 2.1.1 wurde außerdem bereits erwähnt, dass Lernprozesse durch Reflexionen bewusst gemacht werden können. Eine ausführliche Darstellung der Rolle von (Selbst-)Reflexionen im Kontext des Sichtbarmachens von Lernprozessen findet sich auch in Bertram (2021). Diesem Verständnis von Lernprozessen folgend werden in der vorliegenden Arbeit Reflexionsaufträge innerhalb einer Fortbildung genutzt, um Lernprozesse sichtbar zu machen (siehe auch Abschn. 5.2.3). Der Begriff *Lernweg* beschreibt hierbei den sichtbar gewordenen Teil eines Lernprozesses. Damit bezeichnet der Begriff *Lernweg* etwas Konkreteres, während der Begriff *Lernprozess* auf etwas Übergeordnetes verweist und noch mehr umfassen kann als das, was im Lernweg sichtbar wird. Dieses Begriffsverständnis, basierend auf der für diese Arbeit gewählten Erhebungsmethode, deckt sich mit dem Begriffsverständnis im Sinne der zuvor erläuterten Wortbedeutung der Begriffe *Prozess* und *Weg*.

Die Abgrenzung der Begriffe *Lernprozess* und *Lernweg* wird in der vorliegenden Arbeit insbesondere im empirischen Teil genutzt, um zu verdeutlichen,

---

[2] https://www.duden.de/rechtschreibung/Weg und https://www.duden.de/rechtschreibung/Prozess (12.05.2021)

welche einzelnen konkreten Veränderungen (im Fortbildungsverlauf) rekonstruiert werden konnten. Im theoretischen Teil der Arbeit werden jedoch die Begriffe *Lernprozess* und *Lernweg* so genutzt, wie sie auch in der jeweils zitierten Literatur verwendet werden.

2.2 Überblick zur Lehrerprofessionalisierungsforschung

Die Klärung der verschiedenen Begrifflichkeiten zum Lehrerlernen und zur Professionalisierung in Abschnitt 2.1 zeigt bereits, dass die Untersuchung der Lernprozesse von Lehrkräften im Bereich der Lehrerprofessionalisierungsforschung zu verorten ist. In diesem Kapitel wird ein Überblick zur Lehrerprofessionalisierungsforschung gegeben, der zunächst grundlegende Ansätze der Lehrerprofessionsforschung und die Fokussierung der vorliegenden Arbeit auf kompetenztheoretische Ansätze aufgreift (Abschn. 2.2.1), um anschließend eine gegenstandsbezogene Professionalisierungsforschung in den Blick zu nehmen (Abschn. 2.2.2).

2.2.1 Verschiedene Ansätze in der Forschung zu Lehrerprofessionalität und Lehrerprofessionalisierung

Während sich der Begriff *Professionalisierung* auf einen Prozess bezieht (siehe Abschn. 2.1.2), beschreibt der Begriff *Professionalität* „einen bestimmten Grad an Könnerschaft" (Keller-Schneider, 2016, S. 282) und kann somit als Zielperspektive der Professionalisierung angesehen werden (Schmaltz, 2019, S. 37). Im Allgemeinen (d. h. insbesondere in der deutschsprachigen Erziehungswissenschaft) können drei verschiedene Ansätze in der Lehrerprofessionsforschung ausgemacht werden: der strukturtheoretische, der kompetenztheoretische und der berufsbiographische Ansatz (Terhart, 2011). Der strukturtheoretische Ansatz fokussiert Anforderungen an Lehrkräfte, die widersprüchlich in sogenannten Antinomien dargestellt werden (ebd.). Das professionelle Handeln der Lehrkräfte bezieht sich demnach auf den Umgang mit diesen Spannungen (für einen Überblick siehe Helsper, 2016). Eine dieser Spannungen ist beispielsweise die Näheantinomie, welche den Umgang mit der gleichzeitigen Forderung nach Nähe und Distanz zwischen Lehrkräften und ihren Schülerinnen und Schülern thematisiert (Helsper, 2016, S. 116 f.; Terhart, 2011, S. 206). Der kompetenztheoretische Ansatz beschreibt dagegen Aufgaben für den Lehrerberuf, für deren

Bewältigung Kompetenzen notwendig sind (Terhart, 2011, S. 207). Professionelles Handeln basiert dann auf vorhandenen Kompetenzen in verschiedenen Anforderungsbereichen – zusammengefasst unter dem Begriff der professionellen Handlungskompetenz (Baumert & Kunter, 2006; Terhart, 2011, S. 207). Im Sinne des berufsbiographischen Ansatzes wird Professionalität als ein „berufsbiographisches Entwicklungsproblem" (Terhart, 2011, S. 208) verstanden. Die Entwicklungsperspektive über die gesamte Lebensspanne beispielsweise vor dem Hintergrund von Karrieremustern und Belastungserfahrungen bilden zentrale Themen dieses Ansatzes (ebd.). Zusammenfassend kann festgehalten werden, dass die drei Ansätze zur Bestimmung der Professionalität im Lehrerberuf „mit unterschiedlichen begrifflichen und methodischen Mitteln teilweise gleiche bzw. überlappende, teilweise aber auch unterschiedliche Bereiche, Aspekte und Schwerpunkte des Lehrerberufs bzw. der Lehrerprofessionalität" (ebd., S. 209) betrachten.

Vor dem Hintergrund des beschriebenen Professionalisierungsverständnisses im Kontext des Lehrerlernens (als Prozess des Hineinfindens in berufliche Strukturen und als Erwerb notwendiger Kompetenzen zur Berufsausübung (Keller-Schneider, 2016, S. 282), siehe Abschn. 2.1.2) ist der kompetenztheoretische Ansatz zur Bestimmung der Lehrerprofessionalität für die vorliegende Arbeit von besonderer Bedeutung und wird deswegen näher betrachtet. Insbesondere wird die professionelle Entwicklung von Lehrkräften als ein zentrales Themenfeld der mathematikdidaktischen Forschung anhand zweier Stränge charakterisiert, die sich beide einer kompetenztheoretischen Sichtweise anschließen lassen. Diese beiden Stränge sind zwei unterschiedliche Perspektiven, die nicht überschneidungsfrei sind: Überlegungen zur professionellen Entwicklung einer Lehrkraft vom Novizen zum Experten bzw. von der Novizin zur Expertin sowie Konzeptualisierungen der professionellen Kompetenz von Lehrkräften und deren Entwicklung (Schwarz & Kaiser, 2019, S. 325). Da in der vorliegenden Arbeit Lernprozesse von Lehrkräften untersucht werden, unabhängig davon, ob sie als Novize oder Experte bzw. als Novizin oder Expertin angesehen werden können, spielt vor allem der zweite Strang eine bedeutendere Rolle[3]. Zur Konzeptualisierung der Lehrerkompetenzen werden verschiedene Modelle professioneller Kompetenz genutzt (Schwarz & Kaiser, 2019, S. 329 ff.). Zentraler Ausgangspunkt für verschiedene Modelle sind die Überlegungen von Shulman (1986) zur Unterscheidung verschiedener Wissensbereiche von Lehrkräften. Insbesondere

---

[3] Überlegungen zur professionellen Entwicklung einer Lehrkraft vom Novizen zum Experten bzw. von der Novizin zur Expertin gehen insbesondere auf die Arbeiten von Berliner (2001, 2004) zurück.

unterscheidet Shulman (1986, S. 9 f.) zwischen *content knowledge, pedagogical content knowledge* und *curricular knowledge*, welche sich in weiteren Konzeptualisierungen – und so auch in der vorliegenden Arbeit (siehe Kap. 3) – in den Wissensbereichen *Fachwissen, fachdidaktisches Wissen* und *pädagogisches Wissen* wiederfinden lassen. Durch den Einbezug von kognitiven ebenso wie affektivmotivationalen Merkmalen zeichnet sich beispielsweise das generische Modell der professionellen Handlungskompetenz von Baumert und Kunter (2006) aus. Weitere Details dazu finden sich in Kapitel 3.

Des Weiteren wird in der Forschung zwischen einer kognitiven und einer situativen Perspektive unterschieden, insbesondere mit Blick auf das Wissen als einem Aspekt der professionellen Handlungskompetenz. Forschungen, die von einer kognitiven Perspektive ausgehen, zeichnen sich durch einen eher analytischen Ansatz aus, bei dem verschiedene Wissensfacetten definiert und unterschieden werden (Kaiser et al., 2017, S. 164). Forschungen, die von einer situativen Perspektive ausgehen, setzen bei folgendem Ausgangspunkt an: Um zu verdeutlichen, dass der Begriff Kompetenz auch das Handeln an sich (die Performanz) einschließt und nicht nur kognitive Dispositionen umfasst, beschreiben Blömeke et al. (2015) Kompetenz als Kontinuum. Demnach moderieren situationsspezifische Fähigkeiten (wahrnehmen, interpretieren und Entscheidungen treffen) zwischen Dispositionen (Kognitionen und affektiv-motivationale Merkmale) und Performanz (beobachtbares Verhalten), sodass Forschungen, die einer situativen Perspektive folgen, insbesondere situationsspezifische Fähigkeiten und konkrete Handlungssituationen fokussieren (Blömeke et al., 2015; Depaepe et al., 2013). Je nachdem, welche Perspektive zugrunde gelegt wird, erfolgt die Erfassung von Kompetenzen unterschiedlich. Im Zuge der kognitiven Perspektive kommen oftmals Erhebungen in Form von (Wissens-)Tests zum Tragen, während Erhebungen aus situativer Perspektive beispielsweise Unterrichtsbeobachtungen heranziehen (Depaepe et al., 2013, S. 19). Mittlerweile existieren aber auch Studien, die beide Perspektiven kombinieren, beispielsweise durch den Einsatz von Video-Vignetten (Kaiser et al., 2017). Die vorliegende Arbeit nimmt eine kognitive Perspektive ein, indem verschiedene Bereiche des Wissens und der affektiv-motivationalen Merkmale unterschieden werden, anhand derer die Veränderungen im Wissen und in affektiv-motivationalen Merkmalen untersucht werden.

Wie bereits anhand der Stränge der mathematikdidaktischen Forschung zur Lehrerprofessionalisierung deutlich wurde, hat die Professionalisierungsforschung – sowohl für die Lehrerausbildung als auch für die Lehrerfortbildung – in den letzten Jahren nicht nur in der Erziehungswissenschaft, sondern auch in den Fachdidaktiken an Bedeutung gewonnen (Biehler & Scherer, 2015, S. 191; Prediger et al., 2017, S. 159). Als aktuelle Forschungslinien zu Lehrerfortbildungen identifizieren Biehler und Scherer (2015, S. 192) Bedingungs- und Gelingensfaktoren von Lehrerbildung in Mathematik, Modelle für Lehrerkompetenzen, Konzepte und Programme von Lehrerfortbildungen, Gestaltungsprinzipien für Lehrerfortbildungen und Wirkungen von Lehrerfortbildungen. Den Ausführungen von Prediger et al. (2017, S. 159) folgend werden insbesondere Untersuchungen zur Wirksamkeit von Fortbildungen – meist mit Blick auf fortbildungsmethodische Aspekte – sowie Forschungen zur Struktur professioneller Kompetenz jeweils auch im Zusammenhang mit Lernzuwächsen bei Schülerinnen und Schülern fokussiert. Theoretische und empirische Arbeiten zur Wirksamkeit von Lehrerfortbildungen werden deswegen in Abschnitt 2.4 näher betrachtet. Für die konkrete Gestaltung von Fortbildungen sind zwei weitere Aspekte zentral, die in der bisherigen Forschung weniger berücksichtigt wurden: die Spezifizierung des Professionalisierungsgegenstandes sowie die Analyse gegenstandsbezogener Professionalisierungsprozesse (ebd.; Prediger, 2019a, S. 11). Die vorliegende Arbeit leistet einen Beitrag zu beiden Aspekten, indem einerseits eine Spezifizierung des Professionalisierungs- beziehungsweise Fortbildungsgegenstandes „inklusiver Mathematikunterricht" vorgenommen wird (Abschn. 2.6 und Kap. 3), und indem andererseits auf diesen Gegenstand bezogene Lernprozesse betrachtet werden (empirischer Teil dieser Arbeit). Deswegen gilt es, die Spezifizierung des Professionalisierungsgegenstandes und die Analyse gegenstandsbezogener Professionalisierungsprozesse im Folgenden näher zu beleuchten.

2.2.2 Gegenstandsbezogene Professionalisierungsforschung

Eine gegenstandsbezogene Professionalisierungsforschung geht insbesondere den Fragen nach, was Lehrkräfte (in einer Fortbildung) lernen sollen – basierend auf einer Strukturierung des Professionalisierungsgegenstandes – und wie gegenstandsbezogene Lernprozesse von Lehrkräften beschrieben und erklärt werden können. Die Analyse gegenstandsbezogener Professionalisierungsprozesse kommt der Forderung nach, dass das Wissen über gegenstandsbezogene Lernprozesse der Lehrkräfte grundlegend für eine systematische und effektive Fortbildungsgestaltung ist (Goldsmith et al., 2014, S. 21; Prediger et al., 2017, S. 159 f.). Durch eine entsprechende Analyse können beispielsweise typische Verläufe des Lehrerlernens beschrieben oder Hindernisse im Lernweg identifiziert werden (Prediger, 2019a, S. 30). Die Spezifizierung des Professionalisierungsgegenstandes erfolgt durch die Betrachtung dessen, was Lehrkräfte über einen bestimmten Inhalt wissen müssen (Prediger et al., 2016, S. 97). Diese Überlegungen können in das sogenannte Drei-Tetraeder-Modell eingeordnet werden.

Das im DZLM entwickelte Drei-Tetraeder-Modell regt Perspektiverweiterungen der Professionalisierungsforschung insbesondere für die gegenstandsbezogene Forschung und Entwicklung im Rahmen der Lehrerprofessionalisierung an (Prediger et al., 2017, S. 160). In dem Modell werden drei Tetraeder auf den Ebenen Unterricht, Fortbildung und Qualifizierung betrachtet (siehe Abb. 2.1). Jedes Tetraeder besteht aus den vier Eckpunkten *Lerngegenstand*, *Materialien und Medien*, *Lernende* sowie *Lehrende*, welche sich je nach Ebene unterschiedlich ausgestalten. Auf der Unterrichtsebene strukturiert das Tetraeder „den Unterricht als Ganzes, seine Konstituierung am fachlichen Gegenstand, seine materiale sowie mediale Ausstattung und es integriert die Akteure der initiierten Lehr-Lernprozesse" (ebd., S. 162). Auf der Fortbildungsebene ist der *Lerngegenstand* das gesamte Tetraeder der Unterrichtsebene, die *Lernenden* sind Lehrerinnen und Lehrer, die *Lehrenden* sind Multiplikatorinnen und Multiplikatoren (in der vorliegenden Arbeit mit Fortbildende bezeichnet) und die *Materialien und Medien* beziehen sich auf die Fortbildungsgestaltung. Dabei kann der Lerngegenstand auf der Fortbildungsebene auch als Fortbildungsgegenstand bezeichnet werden und bezieht sich in der vorliegenden Arbeit auf inklusiven Mathematikunterricht. Diese Einbettung des Unterrichtstetraeders in die Ecke des Fortbildungsgegenstandes ermöglicht eine empirische Fundierung von Professionalisierungsprozessen, welche „die Komplexität der Lehr-Lernprozesse in Fortbildungen konsequenter in den Blick" (ebd., S. 164) nimmt. Analog fungiert das gesamte Tetraeder der Fortbildungsebene als Lerngegenstand auf der Qualifizierungsebene.

Gegenstandsbezogene Lernprozesse von Lehrkräften werden nach Prediger et al. (2017, S. 164) in der unteren Seitenfläche des Tetraeders auf der Fortbildungsebene verortet. Das Lernen von Lehrkräften steht damit in direkter Verbindung zu den in einer Fortbildung verwendeten Materialen und Medien und fokussiert auf die Auseinandersetzung der Lehrkräfte mit dem Fortbildungsgegenstand. Dies betont die Bedeutung der Strukturierung des Fortbildungsgegenstandes für die Analyse gegenstandsbezogener Lernprozesse. In der vorliegenden Arbeit wird das Modell der professionellen Handlungskompetenz von Lehrkräften nach Baumert und Kunter (2006) – ausgehend von einem kompetenztheoretischen Ansatz der Lehrerprofessionsforschung – als Ausgangspunkt verwendet, um es im Sinne einer Spezifizierung des Professionalisierungsgegenstandes „inklusiver Mathematikunterricht" weiterzuentwickeln (siehe Kap. 3). Im Anschluss wird es für die Betrachtung gegenstandsbezogener Lernprozesse von Lehrkräften im Rahmen einer Fortbildung zu inklusivem Mathematikunterricht in der eigenen empirischen Untersuchung genutzt (siehe Kap. 6).

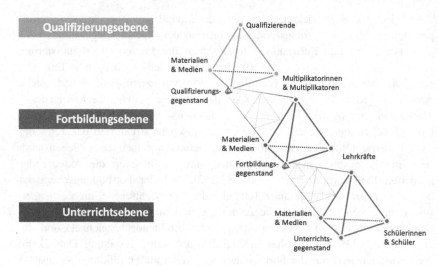

Abbildung 2.1   Drei-Tetraeder-Modell der gegenstandsbezogenen Professionalisierungsforschung (Prediger et al., 2017, S. 166)

2.3   Möglichkeiten zur Beschreibung und Beforschung von Lernprozessen

Mit diesem Kapitel werden zwei Ziele verfolgt: Erstens werden Möglichkeiten vorgestellt, die in der Literatur vor dem Hintergrund der Beforschung im Sinne einer Beschreibung und Erklärung der Lernprozesse von Lehrkräften diskutiert werden (Abschn. 2.3.1). Der Begriff *teacher change* und zugehörige Modelle stehen dabei im Mittelpunkt. Zweitens geht es um die Frage, wie Lernprozesse sichtbar gemacht werden können. Diese auf die Operationalisierung des hier verwendeten Lernbegriffs abzielende Frage wird insbesondere vor dem Hintergrund der Nutzung von Reflexionsaufträgen thematisiert (Abschn. 2.3.2).

2.3.1   Modelle des professionellen Lernens von Lehrkräften

Zur Beforschung im Sinne einer Beschreibung und Erklärung von Lernprozessen existieren Modelle, die ausgehend vom *teacher change* Möglichkeiten liefern, Veränderungen von Lehrkräften (beispielsweise ihrer Überzeugungen oder ihrer

Unterrichtspraxis) zu beschreiben. Diese Modelle werden im Folgenden anhand verschiedener theoretischer und empirischer Arbeiten vorgestellt.

Vor dem Hintergrund, verschiedene Modelle des professionellen Lernens von Lehrkräften gegenüberstellen zu wollen, betrachten Boylan et al. (2018) fünf Modelle des professionellen Lehrerlernens, die häufig zitiert werden und als breit anwendbar gelten. Da in der mathematikdidaktischen Lehrerprofessionalisierungsforschung insbesondere die drei sogenannten path-Modelle angeführt und verwendet werden, folgen Ausführungen zu den Modellen von Guskey (2002), Desimone (2009) sowie Clarke und Hollingsworth (2002). Diese sind nach Boylan et al. (2018, S. 121) zugleich die am häufigsten zitierten Modelle. Der Begriff path-Modell verweist darauf, dass die Veränderungen von Lehrkräften in Verbindung zu Leistungen/Lernergebnissen von Schülerinnen und Schülern als linearer Pfad (Guskey und Desimone) oder als multiple Pfade (Clarke & Hollingsworth) angesehen werden. Alle Modelle wurden für die Gestaltung und Analyse von Lehrerlernen und Fortbildungen bereits ebenso genutzt wie für Literaturreviews (Boylan et al., 2018, S. 121). Die Modelle haben gemeinsam, dass sie versuchen, Veränderungen und deren Beziehungen zwischen verschiedenen Elementen der professionellen Entwicklungsprozesse von Lehrkräften zu identifizieren. Die Modelle unterscheiden sich in der Art und Weise, wie diese verschiedenen Elemente beschrieben und dargestellt werden, und inwiefern Verbindungen zwischen diesen berücksichtigt werden (ebd.).

2.3.1.1 Drei zentrale Modelle des Lehrerlernens

Fortbildungen werden in dem Modell von Guskey (2002, S. 381) als systematische Bemühung verstanden, die sowohl Veränderungen in der Unterrichtspraxis der Lehrkräfte, in ihren Überzeugungen als auch in den Lernergebnissen ihrer Schülerinnen und Schüler hervorrufen sollen. Die entscheidende Frage ist die Reihenfolge, in der diese Veränderungen auftreten. Guskey (2002, S. 383) geht davon aus, dass im Anschluss an eine Fortbildung Veränderungen in der Unterrichtspraxis der Lehrkräfte auftreten, die zu Veränderungen in den Lernergebnissen der Schülerinnen und Schülern und diese schließlich zu Veränderungen der Überzeugungen der Lehrkräfte führen. Dementsprechend ist die zentrale Aussage des Modells von Guskey (2002, S. 383 f.), dass eine Fortbildung nicht per se zu einer Veränderung und damit zum Lernen der Lehrkräfte führt, sondern dass erst die Erfahrung einer erfolgreichen Implementation die Überzeugungen der Lehrkräfte verändert. Die Veränderung ist demnach stets ein auf Ausprobieren und Erfahrungen basierender Lernprozess.

Das Modell von Desimone (2009) stellt ebenfalls Beziehungen zwischen verschiedenen Elementen einer professionellen Entwicklung dar. Die Unterschiede zu dem Modell von Guskey (2002) liegen einerseits in der konkreten Benennung der einzelnen Elemente und andererseits in der Reihenfolge, in der sie durchlaufen werden. Die Elemente können nach Desimone (2009, S. 185) zunächst wie folgt benannt werden: zentrale Merkmale einer Fortbildung, Wissen und Überzeugungen der Lehrkräfte, Unterrichtspraxis sowie Ergebnisse der Schülerinnen und Schüler. Bezüglich der Reihenfolge hält Desimone (2009) folgende Überlegungen fest: Die Lehrkräfte nehmen an einer effektiven Fortbildung teil, woraufhin sich das Wissen oder die Fähigkeiten der Lehrkräfte steigern oder Veränderungen in den Überzeugungen auftreten. In einem weiteren Schritt verwenden die Lehrkräfte ihr neues Wissen, ihre neuen Fähigkeiten oder Überzeugungen, mit folgendem Ergebnis: „to improve the content of their instruction or their approach to pedagogy, or both" (ebd., S. 184). Schließlich fördern die Veränderungen im Unterricht das Lernen der Schülerinnen und Schüler.

Das Modell von Clarke und Hollingsworth (2002) greift zunächst das lineare Modell von Guskey (2002) auf. Es wird allerdings argumentiert, dass das Lernen von Lehrkräften nicht nur linear abläuft, sodass ein *interconnected model of teacher change* postuliert wird. Die bereits mehrfach angesprochenen vier zentralen Elemente der professionellen Entwicklung werden von Clarke und Hollingsworth (2002, S. 950 f.) in Form von Domänen aufgegriffen und wie folgt definiert: Die *personal domain* umfasst das Wissen und die Überzeugungen der Lehrkräfte. Die *domain of practice* bezieht sich auf das Ausprobieren in und Erfahrungen aus der Praxis. Die *domain of consequence* bezieht sich auf Ergebnisse (der Schülerinnen und Schüler) und die *external domain* umfasst Quellen der Information, der Reize und der Unterstützung. Die Besonderheit dieses Modells liegt nun darin, dass die Verbindungen der Domänen nicht nur in nahezu beliebiger Reihenfolge durchlaufen werden können, sondern auch, dass die beiden Prozesse, die diesen Verbindungen zugrunde liegen, ebenfalls in dem Modell definiert werden. Der eine Prozess (*enaction*) umfasst das Umsetzen einer neuen Idee oder das Verwirklichen einer neuen Überzeugung, während der andere Prozess (*reflection*) sich auf das aktive und sorgfältige Reflektieren bezieht (ebd., S. 953 f.). Werden mindestens zwei Domänen miteinander verbunden, sprechen Clarke und Hollingsworth (2002, S. 958 f.) von einer *change sequence*. Eine Sequenz von Veränderungen, die zu andauernden Veränderungen führt, wird des Weiteren als *growth network* bezeichnet. Hinzukommt, dass das Modell drei verschiedene Funktionen erfüllen kann (ebd., S. 957 f.). Zunächst kann es als Werkzeug zum Kategorisieren von Daten zum *teacher change* verstanden werden (*analytical tool*). Außerdem kann das Modell eine Sequenz von Veränderungen vorhersagen, welche es anschließend empirisch zu überprüfen gilt (*predictive tool*). Schließlich kann das Modell das Aufwerfen von theoretischen und praktischen Fragen unterstützen (*interrogatory tool*).

Zusammenfassend kann festgehalten werden, dass die Modelle von Guskey (2002), Desimone (2009) sowie Clarke und Hollingsworth (2002) der Beschreibung von Lernprozessen im Sinne des *teacher change* dienen. Alle Modelle nutzen für die Erklärung von Veränderungen die Elemente *zentrale Merkmale einer Fortbildung/einer Lerngelegenheit, Wissen und Überzeugungen der Lehrkräfte, Unterrichtspraxis* sowie *Ergebnisse der Schülerinnen und Schüler* – wenn auch mit unterschiedlichen Bezeichnungen. Sie unterscheiden sich vor allem in der Abfolge, in der die Elemente im Sinne eines Lernprozesses durchlaufen werden.

2.3.1.2 Entwicklung lokaler Modelle des Lehrerlernens

In ihrer vergleichenden Analyse kommen Boylan et al. (2018, S. 121) unter anderem zu dem Schluss, dass keines der Modelle für sich allein „das" Modell für professionelle Entwicklung repräsentiert und auch kein komplettes Set an tools bietet, um professionelles Lernen zu untersuchen. Dies scheint nicht zuletzt der Grund zu sein, warum verschiedene Studien zwar auf diese Modelle zurückgreifen, dann aber eigene Modelle entwickeln. Boylan et al. (2018, S. 137) sprechen in diesem Kontext von der Entwicklung lokaler Modelle. Für die vorliegende Arbeit liefert die Fokussierung auf gegenstandsbezogene Lernprozesse zu inklusivem Mathematikunterricht das entscheidende Argument, ein eigenes (lokales) Modell zur Beschreibung von Lernprozessen zu erstellen beziehungsweise ein vorhandenes Modell für diese Zwecke weiterzuentwickeln. Das entstandene Modell der professionellen Handlungskompetenz von Lehrkräften für inklusiven Mathematikunterricht wird in Kapitel 3 ausführlich vorgestellt. Das Verständnis von Lehrerlernen als Veränderungen im Wissen und in affektiv-motivationalen Merkmalen verdeutlicht, dass das eigene (lokale) Modell der Beschreibung von Veränderungen innerhalb der *personal domain* (Veränderungen in Wissen und affektiv-motivationalen Merkmalen) im Sinne des Modells von Clarke und Hollingsworth (2002) dienen soll. Durch die Frage danach, inwiefern mögliche Erklärungen für die Lernprozesse der Lehrkräfte durch Fortbildungsinhalte angegeben werden können, werden außerdem Verbindungen zwischen der *external domain* (also der Fortbildungsinhalte) und der *personal domain* hergestellt. Es ist für die spätere Einordnung der eigenen empirischen Ergebnisse zentral, diese Verknüpfung zwischen dem eigenen Modell (siehe Kap. 3) und dem Modell von Clarke und Hollingsworth (2002) zu berücksichtigen, da das Modell von

Clarke und Hollingsworth (2002) bereits in anderen Arbeiten der Lehrerprofessionalisierungsforschung als Referenzrahmen herangezogen wird und dadurch ein Beitrag dazu geleistet werden soll, einen gemeinsamen konzeptionellen Rahmen für verschiedene Studien zu nutzen (Goldsmith et al., 2014, S. 23).

An dieser Stelle werden Arbeiten betrachtet, die das Modell von Clarke und Hollingsworth (2002) als Ausgangspunkt für die Entwicklung lokaler Modelle nutzen, zunächst aus dem Bereich anderer (naturwissenschaftlicher) Fachdidaktiken. Zum einen gibt es beispielsweise aus der Chemiedidaktik den Ansatz, die Veränderungen in Wissen und Überzeugungen von Chemielehrkräften mit Hilfe von *change sequences* zu beschreiben (Coenders, 2010). Dabei beschreibt Coenders (2010) die Ergebnisse der Untersuchung mit Hilfe der Begrifflichkeiten der einzelnen Domänen und ihren Verbindungen nach Clarke und Hollingsworth (2002). Zusätzlich fokussiert Coenders (2010) in der Arbeit folgenden Unterschied: „[T]he difference in development outcomes between those teachers who are actively involved in the development and enactment of curriculum materials and those who merely enact the material in their classes" (S. 1). Aufgrund dieser Fokussierung kommt Coenders (2010, S. 125 f.) zu der Schlussfolgerung, dass das Modell von Clarke und Hollingsworth (2002) um eine Domäne erweitert werden soll. Demnach wird dem Modell die *developed material domain* hinzugefügt, welche hauptsächlich zwischen der *external domain*, der *personal domain* und der *domain of practice* verortet wird. Die Domäne bezieht sich darauf, dass einerseits durch die Lehrkräfte selbst Material entwickelt und dieses andererseits auch eingesetzt und erprobt wird. Neben dieser Arbeit aus der Chemiedidaktik gibt es auch eine Arbeit, in der das Modell von Clarke und Hollingsworth (2002) als Rahmung für eine Untersuchung zum Verständnis der Entwicklung des Wissens von Lehrkräften der Naturwissenschaften verwendet wird (Justi & van Driel, 2006). Dort wird ebenfalls eine Beschreibung der Domänen und *change sequences* für das konkrete Projekt vorgenommen.

Mit einem stärkeren Fokus auf die Mathematikdidaktik lassen sich ebenfalls Arbeiten finden, in denen das Modell von Clarke und Hollingsworth (2002) genutzt und weiterentwickelt wird. Im Kontext der Untersuchung des Lernens von fachfremd unterrichtenden Mathematiklehrkräften im Rahmen einer Fortbildung hebt Eichholz (2018, S. 93) die Bedeutung der Akzeptanz der Fortbildungsinhalte (*external domain*) sowie weitere Rahmenbedingungen (Einflüsse durch Eltern, Kolleginnen und Kollegen usw.) hervor, welche die im Anschluss an die Fortbildung eintretenden Veränderungen beeinflussen. Als Antwort auf die Frage, welche Prozesse sich bezogen auf die professionelle Weiterentwicklung der Lehrkräfte feststellen lassen, greift Eichholz (2018, S. 214 ff.) das Modell wieder auf, um *change sequences* (also einzelne Entwicklungsprozesse) der Lehrkräfte zu erklären. Das Modell von Clarke und Hollingsworth (2002) ermöglicht damit vor allem die Beschreibung von individuellen Lernprozessen. Vor dem Hintergrund der wachsenden Bedeutung der Kooperation und der Zusammenarbeit in Gruppen im Rahmen einer Lehrerfortbildung adaptiert Prediger (2020, S. 9) das Modell von Clarke und Hollingsworth (2002) und fokussiert statt der *personal domain* die *collective domain*, als Kategorie der gemeinsamen Orientierungen und Praktiken der zusammenarbeitenden Lehrkräfte. Dies ermöglicht es, Zusammenhänge zwischen individuellen wie auch gemeinsame Orientierungen und Praktiken herzustellen (Prediger, 2020, S. 9).

2.3.2 Erfassung von Lernprozessen

Die bisher betrachteten Modelle des Lehrerlernens versuchen insbesondere, die Komplexität des Zusammenspiels der verschiedenen Elemente professioneller Entwicklungen (Wissen und affektiv-motivationale Merkmale, externe Einflüsse, Unterrichtspraxis und Leistungen der Schülerinnen und Schüler) zu berücksichtigen. Die Definition von Lernen als Veränderungsprozess impliziert, dass eine Erhebung des Lernens mit der Erhebung von Veränderungsprozessen einhergeht. Die Veränderungen von Wissen und affektiv-motivationalen Merkmalen im Sinne des Lehrerlernens (innerhalb der *personal domain*) legen dabei verschiedene Optionen der Erhebung nahe. Insgesamt kann bereits an dieser Stelle festgehalten werden, dass die Mehrheit der Untersuchungen von Lehrerlernen qualitative statt quantitative Forschungsansätze nutzen (Goldsmith et al., 2014, S. 9) – so auch die vorliegende Studie. Hinzukommt, dass Lernprozesse kognitive Aktivitäten sind, welche durch Reflexionen bewusst gemacht werden können (vgl. Hasselhorn & Labuhn, 2008). Diese beiden Punkte führen dazu, dass in diesem Kapitel einerseits auf Erfassungsmöglichkeiten des Lernens allgemein sowie andererseits auf das in dieser Arbeit gewählte Vorgehen – der Erfassung mittels Fragebögen, Interviews sowie durch Reflexionsaufträge – näher eingegangen wird. Da der Lerntransfer als Teil des Lernprozesses eine besondere Rolle spielt (siehe Abschn. 2.1), erfolgt in der vorliegenden Studie auch eine Erhebung des Lerntransfers, sodass die dazugehörigen theoretischen Grundlagen der Erfassung von Lerntransfer ebenfalls erläutert werden.

2.3.2.1 Methoden zur Erfassung des Lehrerlernens aus pädagogisch-psychologischer Perspektive

Hinsichtlich der Erfassungsmöglichkeiten des Lernens allgemein beschreibt Schunk (2012, S. 14 ff.) aus einer pädagogisch-psychologischen Perspektive fünf Methoden zur Erfassung von Lernen: *direkte Beobachtung, schriftliche Äußerungen, mündliche Äußerungen, Bewertungen durch Andere* sowie *Selbstberichte.* Diese Methoden zielen insbesondere darauf ab, Ergebnisse des Lernens zu erheben und werden von Schunk (2012) oftmals anhand von Beispielen auf Unterrichtsebene, also bezogen auf das Lernen von Schülerinnen und Schülern, beschrieben. Deswegen werden die Ausführungen im Folgenden durch Überlegungen zur Übertragbarkeit auf die Fortbildungsebene und das Lernen von Lehrkräften ergänzt.

Eine *direkte Beobachtung* von Verhaltensweisen, die darauf hindeuten, dass Lernen stattgefunden hat, geht mit dem Problem einher, dass nur das beobachtet werden kann, was gezeigt wird (Schunk, 2012, S. 15). Angesichts der angesprochenen Veränderungen des Verhaltenspotentials im Rahmen der Definition von Lernen (siehe Abschn. 2.1) ist es jedoch auch möglich, dass Lernen stattgefunden hat, welches aber nicht beobachtet werden kann, weil es nicht sofort in einem veränderten Verhalten mündet. *Schriftliche Äußerungen* und *mündliche Äußerungen* beziehen sich beispielsweise mit Blick auf die Unterrichtsebene explizit auf Tests, Klassenarbeiten, Fragen oder Meldungen im Unterricht (ebd., S. 15). Übertragen auf die Fortbildungsebene könnte Lernen anhand der von den Lehrkräften in einer Fortbildung getätigten schriftlichen und mündlichen Beiträge betrachtet werden. Um aber die individuellen Lernprozesse aller an der Fortbildung beteiligten Lehrkräfte auch in Distanzphasen (d. h. in Phasen zwischen Präsenzterminen einer Fortbildung) erfassen zu können, scheint diese Variante der Beobachtung der Fortbildung nicht ausreichend. *Bewertungen durch Andere* gehen mit dem Vorteil einer objektiveren Einschätzung des Lernens, aber mit dem Nachteil der möglichen Beeinflussung durch Merkmale der beobachtenden Person einher (ebd., S. 16).

Es wird deutlich, dass die vier bisher erläuterten Methoden zur Erfassung von Lernen stets von einer Beteiligung zweier Personen ausgehen: Eine Person, deren Lernen betrachtet werden soll, und eine Person, die die direkte Beobachtung, die Betrachtung schriftlicher wie mündlicher Äußerungen oder die Bewertung vornimmt. Die letzte hier betrachtete Methode zur Erfassung von Lernen sind *Selbstberichte,* die den Fokus stärker auf Selbsteinschätzungen und auf Aussagen von Personen über sich selbst richten (Schunk, 2012, S. 16). *Selbstberichte* können beispielsweise in Form von Fragebögen, Interviews, stimulated recalls, think-alouds und Dialogen/Gesprächen erfasst werden (ebd., S. 16 f.). In der vorliegenden Arbeit kommen ausgehend von dieser Auflistung Selbstberichte in

Form von Fragebögen, Interviews und stimulated recalls zum Einsatz[4]. Basierend auf den beiden folgenden Argumenten wird auf die Arbeit mit think-alouds und Dialogen/Gesprächen verzichtet. Think-alouds (verstanden als lautes Denken, während eine Tätigkeit ausgeführt wird) bringen die Schwierigkeit mit sich, gleichzeitig zu reden und seine Gedanken zu verbalisieren, während man sich auf eine andere Aktivität fokussiert (ebd., S. 17). Sie eignen sich insbesondere zur Erfassung gegenwärtiger Gedanken – ein Aspekt, der nicht im Fokus dieser Arbeit steht. Untersuchungen mittels Dialogen/Gesprächen dienen vor allem der Betrachtung von sozialen Interaktionen (Schunk, 2012) – ein weiterer Aspekt, der aufgrund des Fokus auf individuelle Lernprozesse in dieser Arbeit nicht weiter relevant ist. Da ein stimulated recall-Verfahren im Rahmen von Interviews eingesetzt wurde, werden diese Punkte zusammengefasst, sodass das nächste Teilkapitel zunächst die Erfassung des Lehrerlernens mittels Fragebögen und Interviews näher in den Blick nimmt.

2.3.2.2 Erfassung des Lehrerlernens mittels Fragebögen und Interviews

Bei der Erfassung mittels Fragebögen handelt es sich um „die zielgerichtete, systematische und regelgeleitete Generierung und Erfassung von verbalen und numerischen Selbstauskünften von Befragungspersonen zu ausgewählten Aspekten ihres Erlebens und Verhaltens in schriftlicher Form" (Döring & Bortz, 2016, S. 398). Mit Blick auf die Erfassung der Konstrukte Wissen und Überzeugungen greifen insbesondere groß angelegte Studien der Lehrerprofessionalisierungsforschung auf Fragebögen zurück und beschäftigen sich intensiv mit der validen und reliablen Messung dieser Konstrukte (z. B. Blömeke et al., 2010; Kunter et al., 2011). Vor dem Hintergrund der verschiedenen Perspektiven in der Lehrerprofessionalisierungsforschung – situativ und kognitiv (siehe Abschn. 2.2.1) – erfolgen durchaus unterschiedliche Konzeptualisierungen der Konstrukte, wobei insbesondere in neueren Arbeiten eine Kompetenzerfassung mittels Video-Vignetten neben bisher oftmals eingesetzten paper-pencil-Tests stärker in den Fokus rückt (vgl. Kaiser et al., 2017). Neben der direkten Beobachtung liefern Video-Vignetten dadurch die Möglichkeit, stärker situierte Aspekte der Kompetenz zu berücksichtigen (ebd.). Vignetten im Allgemeinen sind Darstellungen von Fällen, die typischerweise Situationen aufzeigen, zu deren erfolgreicher Bewältigung bestimmte Kompetenzen notwendig sind (vgl. Friesen, 2017, S. 41 ff.; vgl. von

---

[4] Über diese Auflistung hinausgehend kommen auch Reflexionsaufträge und Lerntransferaufträge zur Erfassung von Lehrerlernen in der vorliegenden Arbeit zum Tragen (siehe Abschn. 2.3.2.3 und Abschn. 2.3.2.4).

Aufschnaiter et al., 2017, S. 86). In der vorliegenden Arbeit kommt auch eine schriftliche Vignette zum Einsatz, um den Lerntransfer als Teil der Lernprozesse zu erfassen (siehe Abschn. 5.2.4).

Interviews sind als eine weitere Möglichkeit der Erfassung von Lernen mittels Selbstberichten von besonderer Bedeutung. Interviews ermöglichen „die zielgerichtete, systematische und regelgeleitete Generierung und Erfassung von verbalen Äußerungen einer Befragungsperson […] zu ausgewählten Aspekten ihres Wissens, Erlebens und Verhaltens in mündlicher Form" (Döring & Bortz, 2016, S. 356). Durch die Befragung können dann selbstberichtete Veränderungen im Wissen und in affektiv-motivationalen Merkmalen rekonstruiert werden. Ein stimulated recall-Verfahren ermöglicht es zudem, mithilfe eines Stimulus die Interviewpartner zur expliziten Äußerung ihrer Gedanken aufzufordern (Lyle, 2003; Messmer, 2015, Abschnitt 9). Als Stimulus werden in der Regel Videoaufnahmen der befragten Person genutzt, doch es können auch nicht-videobasierte Stimuli verwendet werden (Lyle, 2003, S. 863). In der vorliegenden Arbeit wurden im Zuge der Interviews nicht-videobasierte Stimuli eingesetzt (siehe Abschn. 5.2.5).

2.3.2.3 Erfassung des Lehrerlernens durch den Einsatz von Reflexionsaufträgen

Die bisherigen Überlegungen zur Erfassung von Lernen knüpfen an Erfassungsmethoden aus der pädagogischen Psychologie an. Dabei wurden bereits hinsichtlich des Kontexts der Studie – Erfassung von Lehrerlernen im Rahmen einer Fortbildung – sowie hinsichtlich des Lernverständnisses als Veränderungen in Wissen und in affektiv-motivationalen Merkmalen Entscheidungen für die Erfassung mittels Fragebögen und Interviews begründet. Das Verständnis von Lernprozessen als kognitive Aktivitäten eröffnet eine weitere Möglichkeit zur Untersuchung von Lernprozessen. Mit Hilfe von Reflexionen können kognitive Aktivitäten bewusst gemacht werden, sodass in der vorliegenden Arbeit Reflexionsaufträge eingesetzt werden, um Lernprozesse sichtbar zu machen (siehe Abschn. 5.2.3). Grundlegende theoretische Überlegungen in diesem Kontext werden nachfolgend aufgegriffen (eine ausführliche Darstellung des Zusammenspiels von Lernprozessen und (Selbst-)Reflexionen findet sich in dem Beitrag von Bertram (2021)). Die konkrete Formulierung der Reflexionsaufträge – ebenso wie die nähere Beschreibung der Fragebögen- und Interviewinhalte – findet sich in Kapitel 5. Die Erfassungsmöglichkeiten über Fragebögen und Interviews auf der einen Seite sowie Reflexionsaufträgen auf der anderen Seite sind dabei keine sich gegenseitig ausschließenden Erhebungsmöglichkeiten. Beispielsweise können auch in Fragebögen oder Interviews Aufträge zur Reflexion eingesetzt werden. In der vorliegenden Arbeit erfolgt aber zunächst eine separierte Darstellung, weil Reflexionsaufträge vor allem in Form einer weiteren Erhebungsmethode – den sogenannten Portfolios – eingesetzt werden.

Aus methodischer Sicht können Portfolios dazu dienen, Lernprozesse zu dokumentieren und zu reflektieren (Gläser-Zikuda et al., 2011). Für die konkrete Entwicklung von Reflexionsaufträgen (für die Verwendung in Portfolios) wird das erweiterte Prozessmodell der Selbstregulation nach Schmitz und Schmidt (2007) verwendet. Unter Selbstregulation wird dabei die Anpassung von Handlungen an persönliche Ziele verstanden, wobei ein zyklischer und sich wiederholender Prozess der Angleichung des Ist-Zustandes an einen Soll-Zustand erfolgt. Kern des Selbstregulationsansatzes ist die adaptive Zielverfolgung, da die Ziele nicht statisch sind, sondern von vorherigem Lernen beeinflusst werden (ebd., S. 11). Im erweiterten Prozessmodell der Selbstregulation (nach Schmitz & Schmidt, 2007, S. 12) erfolgt eine Zielverfolgung anhand von drei Phasen (vgl. Abb. 2.2).

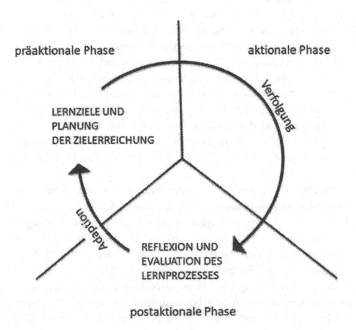

Abbildung 2.2 Erweitertes Prozessmodell der Selbstregulation (Bertram, 2021, S. 386; in Anlehnung an Schmitz & Schmidt, 2007)

In der präaktionalen Phase vergleichen Lernende ihre Situation mit einem angestrebten Ziel und formulieren Schritte zur Zielerreichung (Gläser-Zikuda et al., 2011, S. 68; Schmitz & Schmidt, 2007, S. 12 ff.). In der aktionalen Phase verfolgen Lernende ihre Ziele und erledigen dafür beispielsweise Aufgaben (ebd.). In der postaktionalen Phase reflektieren Lernende ihre Ziele und gleichen den neuen Ist-Zustand mit dem Soll-Zustand ab, sodass eine neue präaktionale Phase anschließt (ebd.). Demnach werden Lernziele als Marker im Lernprozess verstanden, sodass ein Lernprozess über die Reflexion von Lernzielen und deren Veränderung sichtbar gemacht werden kann. Im empirischen Teil der vorliegenden Arbeit wird deswegen für den sichtbar gewordenen Teil des Lernprozesses der Begriff *Lernweg* verwendet (siehe auch Abschn. 2.1.3).

2.3.2.4 Erfassung des Lerntransfers als Teil von Lernprozessen

Zu Beginn der vorliegenden Arbeit ist bereits deutlich geworden, dass der Lerntransfer einen zentralen Teil des Lernprozesses ausmacht (Abschn. 2.1). Unter einem Lerntransfer im Allgemeinen wird die Anwendung von Wissen auf eine neue Art und Weise, in einer neuen Situation oder in einer bekannten Situation mit einem anderen Inhalt verstanden (Schunk, 2012, S. 317). Für eine umfassende Untersuchung der Lernprozesse von Lehrkräften im Fortbildungsverlauf werden in der vorliegenden Arbeit deswegen neben Reflexionsaufträgen auch Lerntransferaufträge in den Portfolios eingesetzt. Diese Lerntransferaufträge fokussieren explizit auf zentrale Aspekte eines inklusiven Mathematikunterrichts. Die Konstruktion der Lerntransferaufträge für den Einsatz in Portfolios wird in Abschnitt 5.2.4 genauer beschrieben. An dieser Stelle werden jedoch weitere theoretische Grundlagen für die Konstruktion der Lerntransferaufträge thematisiert.

Zur Erfassung von Lerntransfer werden Fragen wie „Was wird transferiert?" und „Wohin wird es transferiert?" relevant (Barnett & Ceci, 2002, S. 621). Das „Was" bezieht sich in der vorliegenden Arbeit auf den Fortbildungsinhalt zu inklusivem Mathematikunterricht. Das „Wohin" bezieht sich in der vorliegenden Arbeit auf verschiedene Lerntransferaufträge (siehe Abschn. 5.2.4), bei denen es um die Anwendung des Fortbildungsinhaltes geht. Das Verständnis des Lerntransfers als die Anwendung von etwas zuvor Gelerntem in einer anderen, aber ähnlichen beziehungsweise unähnlichen Situation geht mit der Frage einher, was eine ähnliche beziehungsweise unähnliche Situation ist. Einerseits gibt es kein hartes Kriterium, um zu definieren, was eine ähnliche Situation ist (vgl. Haskell, 2001, S. 23 ff.; Salomon & Perkins, 1989, S. 115), andererseits wird versucht, diese Anwendungssituationen unter anderem durch die Angabe von Beispielsituationen zu spezifizieren (Barnett & Ceci, 2002, S. 621; vgl. Hajian, 2019). In der Literatur können außerdem verschiedene Arten des Lerntransfers unterschieden werden, zum Beispiel ein naher und ein ferner Lerntransfer. Ersteres ist ein Transfer in ähnliche Situationen, Letzteres ist ein Transfer in unähnliche Situationen (Schunk, 2012, S. 320) – wobei zunächst das Problem der Definition von ähnlichen oder unähnlichen Situationen bestehen bleibt. Barnett und Ceci (2002) entwickelten einen Orientierungsrahmen für die Anordnung von Transferaktivitäten auf einem Kontinuum zwischen nahem und fernem Lerntransfer, der in der vorliegenden Arbeit zur Einordnung der Lerntransferaufträge benutzt wird und im Folgenden vorgestellt wird.

Ausgehend von der Frage, was transferiert wird, betrachten Barnett und Ceci (2002, S. 621 f.) die Aspekte a) gelernte Fähigkeit, b) Veränderung der Performanz und c) Gedächtnisanforderungen im Sinne des Transferinhaltes. Bei a) geht es um Überlegungen, ob ein bestimmtes Verfahren (spezifische Fähigkeit) oder ein generelles Prinzip (allgemeine Fähigkeit) erlernt wurde und transferiert werden soll. Der Aspekt b), die Veränderung der Performanz, kann sich zum Beispiel auf die Geschwindigkeit, die Genauigkeit oder die Qualität der Ausführungen beziehen, und bezogen auf c) geht es um die Spontaneität und die Übertragungsdistanz der Ausführungen. Es wird somit die Frage betrachtet, ob eine Person etwas ausführen kann (z. B. nach Erhalt eines Hinweises) oder ob eine Person selbst entscheiden muss, ob etwas angewendet werden kann. Zur Spezifizierung des Transferkontextes (Wohin wird es transferiert?) betrachten Barnett und Ceci (2002, S. 623 f.) sechs Dimensionen. Hierbei geben sie auf dem Kontinuum von nahem zu fernem Lerntransfer verschiedene Beispiele für jede Dimension an. Barnett und Ceci (2002, S. 623) halten fest, dass es hilfreich ist, die Subjektivität weiter zu reduzieren und jeder Dimension mehr Struktur zu geben. Daher können der Tabelle 2.1 Beispiele für die Enden des Kontinuums zwischen nahem und fernem Transfer, sowie das Beispiel in der Mitte zwischen den beiden Enden (ohne weitere dazwischenliegende Beispiele) von Barnett und Ceci (2002, S. 621) entnommen werden.

Ausgehend von dem Verständnis, dass die Anwendung des Fortbildungsinhaltes als Lerntransfer bezeichnet wird, können die Lerntransferaufträge in den Portfolios vor dem Hintergrund ihrer Ähnlichkeit zur Lernsituation in der Fortbildung auf einem Kontinuum zwischen einem nahem und fernem Lerntransfer verortet werden (siehe Abschn. 5.2.4).

Tabelle 2.1 Beispiele und Erläuterung der Dimensionen zur Einordnung eines Transfers auf dem Kontinuum zwischen nahem und fernem Lerntransfer. (Nach Barnett & Ceci, 2002, S. 621)

Dimension	Erklärung	Naher Lerntransfer	Zwischen nahem und fernem Lerntransfer	Ferner Lerntransfer
Wissen	Wissensbasis, auf die die Fähigkeit angewendet wird	Maus vs. Ratte	Biologie vs. Wirtschaft	Wissenschaft vs. Kunst
Physischer Kontext[5]	Bezug zur physischen Umgebung	Gleicher Raum in einer Schule	Schule vs. Forschungslabor	Schule vs. Strand
Zeitlicher Kontext	Zeit zwischen Lernen und Anwenden	Gleiche Session	Wochen später	Jahre später
Funktionaler Kontext	Funktion, für die die Fähigkeit gelernt wurde	Beide akademisch	Akademisch vs. Ausfüllen eines Steuerformulars	Akademisch vs. im Spiel
Sozialer Kontext	Gelernt und angewendet alleine oder in Kooperation mit Anderen	Beide individuell	Individuell vs. kleine Gruppen	Individuell vs. Gesellschaft
Modalität	Weg des Lernens und der Anwendung	Beide schriftlich, gleiches Format	Mit einem Buch gelernt vs. mündliche Prüfung	Vortrag vs. Holzschnitzen

2.4   Gestaltung und Merkmale wirksamer Lehrerfortbildungen

Aspekte der Gestaltung und Wirksamkeit von Lehrerfortbildungen werden als aktuelle Forschungslinien im Kontext von Lehrerfortbildungen gesehen (Biehler & Scherer, 2015, S. 192). Eine zentrale Zielsetzung von Lehrerfortbildungen ist die Anregung professionsbezogener Lernprozesse (Göb, 2017, S. 11), sodass Lehrerfortbildungen als Lehrerprofessionalisierungsmaßnahme in diesem Kapitel in den Fokus rücken. Zunächst werden sowohl Aufgaben der Lehrerfortbildung

---

[5] In deutschen Übersetzungen des „physical context" findet sich auch die Formulierung „Lernkontext" (Hasselhorn & Hager, 2008, S. 384) wieder.

als auch Prinzipien zur Gestaltung von Fortbildungen erläutert (Abschn. 2.4.1). Da die Gestaltung einer Fortbildung im Zusammenhang mit den Kompetenzen der Fortbildenden steht, werden in diesem Kontext auch Kompetenzen der Fortbildenden und ihr Zusammenhang zum Wissen über Lernprozesse von Lehrkräften betrachtet. Anschließend werden exemplarisch empirische Erkenntnisse zu Merkmalen wirksamer Lehrerfortbildungen aufgegriffen (Abschn. 2.4.2). Außerdem wird der Zusammenhang von wirksamen Lehrerfortbildungen und Untersuchungen des Lerntransfers als Teil der Lernprozesse der Lehrkräfte hergestellt.

2.4.1 Lehrerfortbildungen – Aufgaben, Gestaltungsprinzipien und Kompetenzen von Fortbildenden

Der Lehrerfortbildung kommt im Bildungssystem aus zweifacher Hinsicht eine besondere Bedeutung zu. Zum einen umfasst die dritte Phase der Lehrerbildung im Vergleich zu den ersten beiden Phasen – Studium und Referendariat – eine viel größere Zeitspanne, die Entwicklung professioneller Kompetenzen ist ein über die Ausbildung hinaus andauernder Prozess, und die Weiterentwicklung der Gesellschaft fordert eine stetige Aktualisierung der Kompetenzen der Lehrkräfte (vgl. Müller et al., 2010, S. 9). Zum anderen können die Mathematikleistungen der Schülerinnen und Schüler durch das fachdidaktische Wissen der Lehrkräfte (als Teil der Kompetenzen der Lehrkräfte) beeinflusst werden (vgl. Kunter et al., 2013), und Fortbildungen können wiederum einen positiven Einfluss auf das fachdidaktische Wissen von Lehrkräften haben (siehe Abschn. 2.5.1). Angesichts der Ergebnisse von TIMSS und PISA ist dies mit ein Grund für die wachsende Anzahl an Forschungen zur professionellen Kompetenz von Lehrkräften und zu Lehrerfortbildungen (Biehler & Scherer, 2015, S. 191). Insgesamt kommt der Lehrerfortbildung im Kontext der Unterrichts-, Personal- und Schulentwicklung eine besondere Rolle zu (Daschner & Hanisch, 2019, S. 12).

Lehrerfortbildungen haben die zentrale Aufgabe, Lehrkräfte bei der Bewältigung der sich wandelnden Herausforderungen in Schule und Unterricht zu unterstützen, sowohl mit Blick auf Schulentwicklungsprozesse als auch bezogen auf die kontinuierliche Kompetenzentwicklung der Lehrkräfte (Busian & Pätzold, 2004, S. 8). Konkreter erfüllen Fortbildungen viele verschiedene Aufgaben und Funktionen, die Leidig (2019, S. 20 f.) unter Rückgriff auf eine umfassende Literatursichtung wie folgt festhält:

- Fortbildungen dienen der Aktualisierung und Vertiefung von Kompetenzen,
- Fortbildungen ermöglichen Anschluss an aktuelle wissenschaftliche Erkenntnisse,
- Fortbildungen ermöglichen Anpassung der Qualifikationen (von Lehrkräften) an aktuelle schulische Anforderungsprofile,
- Fortbildungen unterstützen Lehrkräfte bei Erfüllung des schulischen Erziehungs- und Bildungsauftrags,
- Fortbildungen tragen zur Aufrechterhaltung und Förderung von beruflicher Zufriedenheit und Motivation bei,
- Fortbildungen fördern über Professionalisierung der Lehrkräfte die Kompetenzentwicklung der Schülerinnen und Schüler.

Aufgrund der genannten Funktionen spielen Lehrerfortbildungen eine zentrale Rolle für die professionelle Weiterentwicklung und damit auch für die Lernprozesse der Lehrkräfte.

Um diesen Aufgaben begegnen zu können, stellt sich die Frage, woran sich die Qualität einer Fortbildung bemisst. Neben einer theoretischen Fundierung von Fortbildungsinhalten ist für die Qualität von Fortbildungen auch die Orientierung an Gestaltungsprinzipien wichtig (Barzel & Selter, 2015). Basierend auf einer Literatursichtung „zur Lehr-Lernforschung und zur mathematikdidaktischen Forschung im Bereich professioneller Entwicklung von Lehrkräften" (ebd., S. 266) sind folgende DZLM-Gestaltungsprinzipien entstanden (ebd., S. 268 f.):

- Kompetenzorientierung: Die Fortbildung orientiert sich an den von den Teilnehmenden zu erwerbenden Kompetenzen.
- Teilnehmendenorientierung: Die heterogenen individuellen Voraussetzungen der Teilnehmenden werden aufgegriffen und die Lehrkräfte werden als aktive Lernende in die Fortbildung eingebunden.
- Lehr-Lern-Vielfalt: In der Fortbildung kommen verschiedene Lehr-Lern-Aktivitäten zum Einsatz, die sowohl eine Verschränkung von Input-, Erprobungs- und Reflexionsphasen als auch genügend Zeit und Freiheiten bieten.
- Fallbezug: Die Teilnehmenden erhalten Anregungen und Möglichkeiten, wie die Fortbildungsinhalte in der Praxis umgesetzt werden können.
- Kooperationsanregung: In der Fortbildung werden die Teilnehmenden zur Kooperation angeregt.
- Reflexionsförderung: Die Lehrkräfte werden zur Reflexion über ihre Praxis und über ihre Kompetenzen angeregt.

Diese Gestaltungsprinzipien stehen außerdem in einer direkten Verbindung zu Merkmalen wirksamer Lehrerfortbildungen (siehe auch Abschn. 2.4.2). In der vorliegenden Arbeit werden die Gestaltungsprinzipien in zweierlei Hinsicht verwendet. Zum einen werden die Gestaltungsprinzipien bei der Beschreibung der Fortbildung, in deren Rahmen die Lernprozesse der Lehrkräfte untersucht werden, herangezogen (siehe Abschn. 5.1.2). Zum anderen greifen die Implikationen, die aus den empirischen Ergebnissen dieser Arbeit abgeleitet werden (siehe Kap. 8), auf einige der Gestaltungsprinzipien zurück.

Vor dem Hintergrund des Zusammenhangs zwischen Fortbildungen und der Entwicklung professioneller Kompetenzen von Lehrkräften stellt sich die Frage, welche Rolle die Fortbildenden spielen. Zunächst kann festgehalten werden, dass Fortbildende die Aufgabe haben, (effektive) Lerngelegenheiten für Lehrkräfte zu gestalten (Elliott et al., 2009, S. 376), sodass sie auch als Impulsgeber im Rahmen des Lehrerlernens verstanden werden können (vgl. González et al., 2016, S. 461). Zur Förderung des Lehrerlernens ist es beispielsweise von Bedeutung, dass Fortbildende die Beiträge der Lehrkräfte in einer Fortbildung honorieren und die Ideen der Lehrkräfte produktiv vorantreiben (Jackson et al., 2015, S. 101 f.). Um den verschiedenen Aufgaben als Fortbildende gerecht zu werden, ist es erforderlich, dass die Fortbildenden sowohl über das Wissen verfügen, über das auch Lehrkräfte verfügen, als auch über Wissen, das darüber hinaus geht (vgl. Beswick & Goos, 2018, S. 418). Im Kontext der Planung einer Fortbildung zum Thema Rechenschwierigkeiten konnte zum Beispiel gezeigt werden, dass erfahrene Fortbildende über vertieftes Wissen auf der Unterrichtsebene, erweitertes Wissen auf der Fortbildungsebene und über mehrere Verbindungen zwischen diesen Ebenen verfügen (Wilhelm et al., 2019). Dabei ist das Wissen über Lernprozesse von Lehrkräften Teil des erweiterten Wissens auf Fortbildungsebene (ebd., S. 232). Die Untersuchung der Lernprozesse von Lehrkräften liefert somit Erkenntnisse, die Teil des Wissens von Fortbildenden sein sollten, sodass die Fortbildenden dieses Wissen bei der Fortbildungsgestaltung nutzen können.

Zur Beschreibung der Kompetenzen von Fortbildenden insgesamt werden im Rahmen des DZLM-Kompetenzrahmens beispielsweise die Bestandteile Professionswissen, Überzeugungen, Fortbildungsdidaktik und -management sowie technische Fähigkeiten unterschieden (Deutsches Zentrum für Lehrerbildung Mathematik, 2015, S. 4). Weiter gefasst wurde ein Profil entwickelt, welches alle notwendigen Kompetenzen von Fortbildenden bündelt, angefangen bei verschiedenen Wissensbereichen auf der Unterrichts- als auch auf der Fortbildungsebene, über soziale Kompetenzen hin zu Aspekten des Self-Monitorings und der Überzeugungen (Peters-Dasdemir & Barzel, 2019). Dabei ist es bedeutsam hervorzuheben, dass die fortbildungsdidaktische Kompetenz von Fortbildenden mehr umfasst als nur unterrichtsbezogene und fortbildungsmethodische Kompetenzen (Prediger, 2019b). Dies kann beispielsweise anhand der Verortung der Kompetenzen von Fortbildenden im Drei-Tetraeder-Modell (siehe Abschn. 2.2.2) verdeutlicht werden: Fortbildende müssen somit nicht nur über inhaltliche Kompetenzen zu dem Unterrichtsgegenstand (der in Form des Lerngegenstandes auch auf der Fortbildungsebene thematisiert wird) sowie über methodische Prinzipien zur gegenstandsübergreifenden Gestaltung von Fortbildungen verfügen, sondern auch über gegenstandsbezogenes fortbildungsdidaktisches Wissen (ebd., S. 315 f.). Dieses fortbildungsdidaktische Wissen findet sich insbesondere in den Seitenflächen des Fortbildungstetraeders (siehe auch Abb. 2.1 in Abschn. 2.2.2) wieder und umfasst unter anderem Antworten auf die folgenden Fragen (ebd., S. 316 f.):

- Welches typische Wissen und welche typischen Vorstellungen zum Fortbildungsgegenstand bringen Lehrkräfte zu Beginn einer Fortbildung mit?
- Welche typischen Lernprozesse durchlaufen die Lehrkräfte, und welche Hürden sind diesbezüglich im Laufe der Auseinandersetzung mit dem Fortbildungsgegenstand zu erwarten?
- Welche Materialien, Medien und Aktivitäten sind geeignet, um den Fortbildungsgegenstand zu erarbeiten?

Die vorliegende Studie untersucht insbesondere, welche typischen Lernprozesse die Lehrkräfte im Rahmen einer Fortbildung zu inklusivem Mathematikunterricht durchlaufen und trägt damit vor allem zu diesem Bereich des gegenstandsbezogenen fortbildungsdidaktischen Wissens von Fortbildenden Erkenntnisse bei.

2.4.2 Merkmale wirksamer Lehrerfortbildungen

In diesem Kapitel wird ein genauerer Blick auf Merkmale wirksamer Fortbildungen gerichtet. Die Wirksamkeit einer Lehrerfortbildung kann den Ausführungen von Lipowsky (2010) folgend anhand von vier Ebenen betrachtet werden, welche in Anlehnung an die Evaluationsebenen nach Kirkpatrick und Kirkpatrick (2006) formuliert wurden. Auf der ersten Ebene (Reaktion) wird die Wirksamkeit einer Fortbildung an der Reaktion und der Wahrnehmung der teilnehmenden Lehrkräfte festgemacht, beispielsweise mit Blick auf die Zufriedenheit der Teilnehmenden. Die Effektivität einer Fortbildung anhand der zweiten Ebene (Lernen) zielt auf die Erweiterung der Kognitionen der Lehrkräfte wie zum Beispiel Veränderungen in Einstellungen oder Wissen ab. Innerhalb der dritten Ebene (Verhalten) zeigt sich die Wirksamkeit einer Fortbildung in der Praxis der Lehrkräfte, und die vierte Ebene (Ergebnisse) bemisst die Wirksamkeit einer Fortbildung anhand der Auswirkungen auf die Schülerinnen und Schüler beispielsweise anhand verbesserter Lernergebnisse der Schülerinnen und Schüler. Die in Abschnitt 2.5 dargestellten empirischen Ergebnisse zu Lernprozessen von Lehrkräften knüpfen insbesondere an die zweite aber auch an die dritte Ebene an. Wie das folgende Zitat von Desimone (2009) zeigt, werden Lernprozesse von Lehrkräften durchaus vor dem Hintergrund der Wirkung von Fortbildungen diskutiert: „In essence, examining the effects of professional development is analogous to measuring the quality of teachers' learning experiences, the nature of teacher change, and the extent to which such change affects student learning" (S. 188). Die Untersuchung von Lernprozessen leistet somit einen wichtigen Beitrag zur Frage nach der Gestaltung von effektiven Fortbildungen. Die vorliegende Arbeit erhebt jedoch nicht den Anspruch, im Sinne einer Interventionsstudie die Wirksamkeit einer Fortbildung zu untersuchen. Sehr wohl steht aber die Frage im Fokus, inwiefern die identifizierten typischen Lernprozesse – und damit die Veränderungen im Wissen und in affektiv-motivationalen Merkmalen – explizite Verbindungen zum Fortbildungsinhalt aufweisen und die Fortbildungsteilnahme damit mögliche Erklärungen für die Veränderungen auf Seiten der Lehrkräfte liefern kann (siehe auch Abschn. 6.3.1). Auch Sztajn et al. (2017, S. 803) kommen in ihrem Review über Forschungen zu Lehrerfortbildungen in Mathematik zu dem Ergebnis, dass mehr Forschung benötigt wird, die die Zusammenhänge zwischen Veränderungen im Wissen, in Überzeugungen und in der Praxis der Lehrkräfte untersuchen, wenn sie an Fortbildungen teilnehmen.

Unabhängig von konkreten Wirkungsebenen haben Lipowsky und Rzejak (2012, 2017, 2019)[6] anhand der Zusammenfassung vieler verschiedener nationaler wie internationaler Untersuchungen zur Wirksamkeit von Lehrerfortbildungen folgende Merkmale zusammengetragen:

---

[6] Die im internationalen Kontext entstandenen und vielfach zitierten Arbeiten von Timperley et al. (2007), Desimone (2009), Desimone und Garet (2015) sowie von Darling-Hammond et al. (2017) identifizieren ähnliche Merkmale effektiver Fortbildungen und werden in den Beiträgen von Lipowsky und Rzejak ebenfalls berücksichtigt, sodass Merkmale wirksamer Lehrerfortbildungen an dieser Stelle ausgehend von den Arbeiten von Lipowsky und Rzejak (2012, 2017, 2019) betrachtet werden.

- Verschränkung von Input-, Erprobungs-, Feedback- und Reflexionsphasen: In wirksamen Fortbildungen werden Input- und Reflexionsphasen in der Fortbildung auch mit Phasen kombiniert, in denen Lehrkräfte Fortbildungsinhalte im eigenen Unterricht ausprobieren können.
- Fachlicher Fokus und Orientierung an fachlichen Lernprozessen der Schülerinnen und Schüler: Fortbildungen mit einem stärkeren inhaltlichen Fokus (die also enger und spezifischer angelegt sind) wirken sich eher positiv auf unterrichtliches Handeln und das Lernen der Schülerinnen und Schüler aus als Fortbildungen, die vergleichsweise breit und überblicksartig gestaltet sind.
- Orientierung an Merkmalen lernwirksamen Unterrichts: Positive Wirkungen von Fortbildungen gehen mit dem Adressieren von Merkmalen der Tiefenstruktur von Unterricht einher, beispielsweise mit kognitiver Aktivierung und formativem Assessment.
- Einbezug wissenschaftlicher Expertise: Sowohl Fortbildungen, die auf wissenschaftlichen Evidenzen basieren als auch solche, die auf wissenschaftliche Expertise in Form einer Beteiligung von Wissenschaftlerinnen und Wissenschaftlern an der Fortbildung zurückgreifen, weisen positive Wirkungen auf.
- Gelegenheiten zum Erleben der eigenen Wirksamkeit bieten: Dass Lehrkräfte ihr eigenes Handeln als wirksam erleben – beispielsweise durch positive Erfahrungen im eigenen Unterricht –, kann sich auf die weitere Motivation zur Fortbildungsteilnahme, auf die eingeschätzte Relevanz der Fortbildung und auf die (weitere) Erprobung der Fortbildungsinhalte im Unterricht positiv auswirken.
- Feedback und Coaching für Lehrkräfte: Verschiedene Studien zeigen, dass Coaching-Elemente (z. B. Feedback eines Coaches zu beobachtetem Unterricht der Lehrkraft) positive Wirkungen auf Lehrerhandeln und Schülerleistungen haben können, wobei die positiven Effekte nicht zwingend auf ausschließlich diese Elemente einer Fortbildung zurückgeführt werden können.
- Gelegenheiten der Kooperation von Lehrkräften: Die Arbeit in einer sogenannten professionellen Lerngemeinschaft ist insbesondere dann erfolgsversprechend, wenn der Fokus auf entsprechenden Merkmalen der Tiefenstruktur von Unterricht und dem Lernen der Schülerinnen und Schüler liegt. Entsprechend kann nicht davon ausgegangen werden, dass die Kooperation der Lehrkräfte allein positive Wirkungen zeigt.

In diesem Kontext wird auch die Dauer einer Fortbildung thematisiert. Eine einheitliche Empfehlung zur Dauer erscheint vor dem Hintergrund verschiedener Ziele und Fortbildungsgegenstände wenig sinnvoll, so kann es durchaus (in

Stunden gemessen) auch kürzere wirksame Fortbildungen geben, während die Verschränkung von Input-, Erprobungs- und Reflexionsphasen in der Regel mit längeren Fortbildungen einhergeht (ebd.). An vielen Stellen finden sich Überschneidungen zwischen den Gestaltungsprinzipien (siehe Abschn. 2.4.1) und den Merkmalen wirksamer Fortbildungen – beispielsweise in der Kooperationsanregung und der Lehr-Lern-Vielfalt. Dies ist wenig überraschend, wenn berücksichtigt wird, dass auch die Überlegungen hinter den Gestaltungsprinzipien an bisherige Untersuchungen zur Wirksamkeit von Fortbildungen anschließen. An anderen Stellen, wie beispielsweise bei der Teilnehmendenorientierung und der Reflexionsanregung, wird aber auch deutlich, dass die Gestaltungsprinzipien konkreter auf die Unterstützung der Fortbildenden bei der Fortbildungsgestaltung abzielen.

Insbesondere neuere Arbeiten betrachten die Wirksamkeit von Fortbildungen auch im Zusammenhang mit Angebot-Nutzungs-Modellen für Fortbildungen (Göb, 2018; Lipowsky & Rzejak, 2017). Aus dieser Perspektive können die Lerngelegenheiten in einer Fortbildung (Angebot) und die Wahrnehmung sowie die Nutzung der Lerngelegenheiten durch die Teilnehmenden in einen Zusammenhang mit Merkmalen der Fortbildenden, mit Voraussetzungen der Teilnehmenden, mit dem Schulkontext und mit dem Fortbildungserfolg gebracht werden (Göb, 2018, S. 19 ff.; Lipowsky & Rzejak, 2017, S. 380). Für die vorliegende Arbeit ist die Unterscheidung zwischen einem Transfer im Sinne der Angebot-Nutzungs-Forschung zu Lehrerfortbildungen (für weitere Details siehe z. B. Göb, 2018, S. 19 ff.)[7] und einem Lerntransfer als Anwendung des Gelernten in einem erweiterten Sinne von Bedeutung – letzteres Verständnis wird im empirischen Teil dieser Arbeit fokussiert und deswegen an dieser Stelle aus theoretischer Perspektive erneut aufgegriffen (siehe auch Abschn. 2.1.1 und Abschn. 2.3.2.4 für weitere Ausführungen zum Lerntransfer). In dem Kontext des Transferbegriffs im Sinne der Angebot-Nutzungs-Forschung kann das „Was wird transferiert?" ebenfalls als der gelernte Fortbildungsinhalt zu inklusivem Mathematikunterricht aufgefasst werden, aber das „Wohin wird es transferiert?" bezieht sich dann auf die Unterrichtspraxis der Lehrkräfte im engeren Sinne und nicht auf einen Lerntransferauftrag als Anwendungssituation. Angebot-Nutzungs-Modelle sehen einen Transferprozess damit stets in Verbindung zum Schulkontext und der Umsetzung im Unterricht (vgl. Göb, 2018, S. 19 ff.), während ein Lerntransfer im Allgemeinen ein breiteres Spektrum an Anwendungssituationen eröffnet.

---

[7] Göb (2018, S. 19 ff.) geht insbesondere auf die Angebot-Nutzungs-Modelle von Lipowsky (2010) und Huber und Radisch (2010) ein und stellt Gemeinsamkeiten und Unterschiede der Modelle heraus.

2.5 Aktueller Forschungsstand zu Lernprozessen von Lehrkräften

In diesem Kapitel wird der aktuelle Forschungsstand zu Lernprozessen von Lehrkräften dargestellt. Den Ausgangspunkt bildet das Review von Goldsmith et al. (2014), in dem 106 Studien zum Lernen von Mathematiklehrkräften analysiert wurden. In diesem Review werden Studien zwischen 1985 und 2008 berücksichtigt, sodass zusätzlich ausgewählte neuere Erkenntnisse ebenfalls in diesem Kapitel thematisiert werden. Ausgehend von dem Verständnis des Lehrerlernens als Veränderungen in Wissen und in affektiv-motivationalen Merkmalen werden die bisherigen Forschungserkenntnisse zu diesen Kompetenzbereichen detailliert betrachtet (Abschn. 2.5.1). Forschungserkenntnisse, die sich nicht eindeutig einem der Kompetenzbereiche zuordnen lassen oder weitere Aspekte des Lehrerlernens untersuchen, werden in einem separaten Kapitel dargestellt (Abschn. 2.5.2), beispielsweise Erkenntnisse aus Studien, die explizit die Praxis der Lehrkräfte mitberücksichtigen – ein weiterer Teilaspekt des Lehrerlernens, der aber in der vorliegenden Studie nicht mit untersucht wurde. Insbesondere zur Einordnung der eigenen Ergebnisse ist es trotzdem wichtig, auch den aktuellen Forschungsstand aus diesem Bereich zu berücksichtigen.

Ausgangspunkt und Motivation des Reviews von Goldsmith et al. (2014) war die Frage, was und wie Mathematiklehrkräfte im Verlauf ihres Berufslebens lernen, vor dem Hintergrund, dass die Antwort auf diese Frage eine zentrale Rolle für qualitativ hochwertigen Mathematikunterricht spielt. Von den Autorinnen wurden die folgenden Kategorien anhand der in den herangezogenen Studien berichteten Ergebnisse gebildet und für die Zusammenfassung und Darstellung der Analyseergebnisse verwendet (Goldsmith et al., 2014, S. 8)[8]. Dabei erfolgte jeweils eine Verbindung der Kategorie mit einer der Domänen des Modells von Clarke und Hollingsworth (2002, siehe Abschn. 2.3.1.1) zur Beschreibung der professionellen Entwicklung von Lehrkräften.

---

[8] In den 106 Studien wurden 336 Ergebnisse kodiert. Diese kodierten Ergebnisse fallen in zehn Kategorien, von denen die vier am wenigsten kodierten Kategorien den Autorinnen zufolge keine zusätzlichen, über die Erkenntnisse im Rahmen der anderen Kategorien hinausgehenden, Informationen in Beziehung zum Lehrerlernen bereitstellen konnten, sodass nur die Erkenntnisse der ersten sechs Kategorien von Goldsmith et al. (2014) hier beschrieben werden. Diese sind außerdem in absteigender Häufigkeit angegeben, sodass zum Beispiel 25 % der kodierten Ergebnisse in die Kategorie a) Identität, Überzeugungen und Dispositionen von Lehrkräften und 6 % in die Kategorie f) Mathematisches Fachwissen fallen.

a) Identität, Überzeugungen und Dispositionen von Lehrkräften (personal domain)
b) Unterrichtspraxis der Lehrkräfte (domain of practice; domain of consequence)
c) Berücksichtigung des Denkens der Schülerinnen und Schüler (personal domain; domain of practice)
d) Zusammenarbeit der Lehrkräfte (domain of practice)
e) Curriculum (external domain)
f) Mathematisches Fachwissen (personal domain)

Auf die Ergebnisse in den einzelnen Kategorien wird in den nächsten Kapiteln genauer eingegangen. Über die Kategorien hinweg kommen die Autorinnen zu folgendem Fazit: „[T]eacher learning [...] is often incremental, nonlinear, and iterative, proceeding through repeated cycles of inquiry outside the classroom and experimentation inside the classroom" (ebd., S. 20). Dieses Fazit der Autorinnen macht deutlich, wie komplex Lernprozesse von Lehrkräften sein können.

2.5.1   Veränderungen im Wissen und in affektiv-motivationalen Merkmalen von Lehrkräften

In diesem Kapitel werden zunächst empirische Studien vorgestellt, die Veränderungen im Wissen der Lehrkräfte im Fortbildungskontext untersuchen. Der Schwerpunkt liegt dabei auf Studien, die Aspekte des fachdidaktischen Wissens[9] in den Blick nehmen und sich auf die Untersuchung von Mathematiklehrkräften beziehen (d. h. keine Betrachtung von angehenden Lehrkräften sowie eine Fokussierung auf das Fach Mathematik). Gegen Ende des Kapitels werden auch Veränderungen in affektiv-motivationalen Merkmalen der Lehrkräfte im Kontext von Fortbildungen thematisiert.

Mit Blick auf Studien, die sich mit dem mathematischen Fachwissen der Lehrkräfte beschäftigen (Kategorie f), kommen Goldsmith et al. (2014, S. 17 f.) auf einer übergeordneten und mehr zusammenfassenden Ebene zu folgendem Schluss: Als Katalysatoren für die Veränderung des mathematischen Wissens der Lehrkräfte identifizieren die Autorinnen, dass die Lehrkräfte verschiedene Lösungsmöglichkeiten mit ihren Kolleginnen und Kollegen diskutieren oder Unterrichtsstunden planen und diskutieren. Darüber hinaus gibt es Studien, deren

---

[9] Das fachdidaktische Wissen wird definiert über Wissen, das Lehrkräfte benötigen, um (mathematische) Inhalte für Schülerinnen und Schüler zugänglich zu machen (siehe Abschn. 3.3.3).

Ergebnisse sich darauf beziehen, dass die Lehrkräfte etwas über die Denkweisen der Schülerinnen und Schüler (Kategorie c) lernen (ebd., S. 16 f.). Beispielsweise konnten durch eine Fortbildungsteilnahme die Aufmerksamkeit und das Verständnis der Lehrkräfte für das mathematische Denken der Schülerinnen und Schüler verbessert werden. Die Auseinandersetzung der Lehrkräfte mit kognitiv herausfordernden Aufgaben kann dabei ebenfalls eine Rolle spielen, sodass die Lehrkräfte sich intensiver mit dem Denken der Schülerinnen und Schüler auseinandersetzen (ebd.). Diese Ergebnisse beziehen sich damit auf Aspekte des fachdidaktischen Wissens.

Auf einer feineren Ebene einzelner sowie auch neuerer Studien sind folgende Ergebnisse für die vorliegende Arbeit besonders relevant. Im Kontext des fachdidaktischen Wissens untersuchen verschiedene Studien den Umgang der Lehrkräfte mit Aufgaben für Schülerinnen und Schüler genauer. Arbaugh und Brown (2005) gehen beispielsweise der Frage nach: „How did learning to examine classroom tasks critically influence the teachers' thinking about mathematical tasks as well as their choice of tasks used in the classroom?" (S. 508). Dafür untersuchten sie im Rahmen eines Arbeitskreises den Umgang mit Aufgaben (high-school level und middle-school level) von sieben Lehrkräften. Sie führten unter anderem Interviews mit den Lehrkräften, in denen diese zu Beginn und gegen Ende des achtmonatigen Projektes eine Sortierung und Kategorisierung von Mathematikaufgaben vornahmen. Es zeigte sich, dass die Lehrkräfte am Ende des Projektes für die Sortierung der Aufgaben eher Kategorien benutzten, die das Denken der Schülerinnen und Schüler beim Bearbeiten der Aufgabe miteinbeziehen, im Vergleich zu der Sortierung der Aufgaben zu Beginn des Projektes. Arbaugh und Brown (2005) vermuteten daraufhin, dass die Kriterien, mit denen sich die Lehrkräfte im Rahmen der Arbeitskreissitzungen beschäftigen und die sich auf das Level der kognitiven Anforderungen von Aufgaben beziehen, die Sortierung der Lehrkräfte beeinflusst haben. Obwohl die Anlage der Studie von Arbaugh und Brown (2005) keine kausalen Schlüsse zulässt, deuten auch weitere Analysen in ihrer Untersuchung (beispielsweise von Aufgaben, die die Lehrkräfte in ihrem Unterricht einsetzten) darauf hin, dass die Analyse von Aufgaben im Rahmen der Arbeitskreissitzungen eine Veränderung in dem Umgang mit Aufgaben seitens der Lehrkräfte hervorrufen kann.

Die explizite Verbindung zwischen einer Fortbildungsteilnahme und dem Umgang mit kognitiv aktivierenden Aufgaben untersucht auch Boston intensiv in ihren Arbeiten (Boston, 2006, 2013; Boston & Smith, 2009, 2011). Sie geht insbesondere der Frage nach, wie die Verbindung zwischen aufgetretenen Veränderungen im Wissen über kognitive Anforderungen von mathematischen Aufgaben und den Lernerfahrungen in einer Fortbildung aussieht (Boston, 2013). Die

Fortbildung im Rahmen des Projektes „Enhancing Secondary Mathematics Teacher Preparation (ESP)" fokussierte dabei auf die Auswahl und Implementation von kognitiv herausfordernden mathematischen Aufgaben. In vorhergegangenen Arbeiten (Boston, 2006; Boston & Smith, 2009, 2011) wurde bereits gezeigt, dass sich sowohl die Praxis der Lehrkräfte als auch ihr Wissen durch die Teilnahme an der Fortbildung verändert haben: „[T]eachers utilized significantly more instructional tasks with high-level cognitive demands and demonstrated an enhanced ability to maintain students' high-level thinking and reasoning" (Boston, 2013, S. 9). Der Vermutung, dass diese Veränderungen nun in Verbindung mit den Fortbildungsinhalten stehen, geht sie schließlich in ihrem Beitrag aus 2013 nach. Dafür beschreibt sie sehr detailliert den Fortbildungsinhalt und fokussiert dabei auf einen einzelnen Workshop in dem gesamten Projekt und den dort vorhandenen Lerngelegenheiten für die Lehrkräfte (z. B. die Beschäftigung mit einer konkreten kognitiv herausfordernden Aufgabe oder ein Austausch unter den Teilnehmenden). Schließlich kommt sie zu folgendem Ergebnis:

> Differences between ESP teachers' pre- and post-workshop task-sort responses and between ESP and contrast teachers' responses indicate that ESP teachers learned to characterize tasks with high- and low-level cognitive demands using ideas in the Task Analysis Guide [...] and other ideas made salient in the workshop. At the close of the workshop, ESP teachers used language for describing the cognitive demands of mathematical tasks different from language they had used prior to the workshop and different from language used by teachers who had not participated in the workshop. (ebd., S. 27 f.)

Die Verbindung von Fortbildungsinhalten und identifizierten Veränderungen bei den Lehrkräften spielt auch in der vorliegenden Arbeit eine zentrale Rolle (siehe 6.3).

Die bisher betrachteten Ergebnisse zur Veränderung des fachdidaktischen Wissens gehen auf den Umgang mit Aufgaben vor dem Hintergrund der kognitiven Aktivierung ein. Für die Untersuchung der Lernprozesse von Lehrkräften im Kontext von inklusivem Mathematikunterricht und damit bezogen auf den Umgang mit Heterogenität in der vorliegenden Arbeit sind besonders auch Studien von Interesse, die das Differenzierungspotential von Aufgaben berücksichtigen. Bardy et al. (2019) untersuchen beispielsweise im Kontext einer Fortbildung mittels einer Fragebogenerhebung im pre-post-Vergleich, inwiefern Lehrkräfte das Differenzierungspotential von Aufgaben ebenso einschätzen wie Expertinnen und Experten. Dabei bezieht sich das Differenzierungspotential auf Merkmale der Aufgabe hinsichtlich ihrer Eignung, unterschiedliche Fähigkeiten und Vorkenntnisse der Schülerinnen und Schüler anzusprechen (ebd., S. 77). Vor der

Fortbildung erkennt nur ca. ein Viertel der Befragten Aufgaben als „ungeeignet" an, die kein Differenzierungspotential aufweisen, nach der Fortbildung gelingt dies ca. der Hälfte der Befragten. Hinsichtlich der korrekten Einschätzung einer Aufgabe mit vorhandenem Differenzierungspotential wird als Begründung für das Differenzierungspotential vor der Fortbildung oftmals das Kriterium der Offenheit, nach der Fortbildung werden zusätzlich die Kriterien Schwierigkeitsgrad und einfacher Einstieg von den Befragten herangezogen (ebd., S. 79).

Die zuvor beschriebenen empirischen Ergebnisse verschiedener Studien beziehen sich in erster Linie auf das fachdidaktische Wissen mit einem besonderen Fokus auf den Umgang mit Aufgaben und möglichen Verbindungen zu Fortbildungsteilnahmen. Es gibt jedoch eine Vielzahl weiterer Studien, die sich insgesamt mit den Konzeptualisierungen und der Entwicklung von Fachwissen, pädagogischem Wissen und fachdidaktischem Wissen beschäftigen – für einen aktuellen Überblick siehe zum Beispiel Kaiser und König (2019). Die Darstellung des aktuellen Forschungsstandes in dieser Arbeit konzentriert sich jedoch auf Erkenntnisse, die explizit eine Verbindung zu einer professionellen Lerngelegenheit beziehungsweise einer Fortbildung aufweisen. Damit wird immer auch das Feld der Untersuchung der Wirksamkeit einer Fortbildung tangiert (siehe auch Abschn. 2.4.2). Insbesondere vor dem Hintergrund einer Betrachtung der Wirksamkeit der Fortbildung entlang verschiedener Ebenen werden an dieser Stelle weitere Ergebnisse angeführt, die explizit die Ebene des Lernens der Lehrkräfte in ihrer Wirksamkeitsuntersuchung betrachten.

Im Kontext der Wirksamkeitsuntersuchung von Fortbildungen konnte zum Beispiel mit Blick auf eine Fortbildung zu Ideen mathematischen Problemlösens in der Sekundarstufe gezeigt werden, dass die Lehrkräfte am Ende der Fortbildung „über ein signifikant höheres Wissen bzgl. der Fortbildungsinhalte [verfügen] als Lehrkräfte, die diesbezüglich keine Fortbildungen erhalten haben" (Besser et al., 2015, S. 306). Anzumerken ist jedoch, dass es sich in dem Design nicht um eine Untersuchung der Wirksamkeit mittels Wartekontrollgruppe handelt, sondern dass die Vergleichsgruppe ohne eine Fortbildung im Bereich des Problemlösens an einer Fortbildung zu einem anderen thematischen Schwerpunkt aus dem Bereich eines kompetenzorientierten Mathematikunterrichts teilnahm. Ein weiteres Ergebnis dieser Studie ist, dass allgemein fachdidaktisches Wissen zu Beginn einer Fortbildung mit einem günstigeren Aufbau spezifisch fachdidaktischen Wissens (bezogen auf mathematisches Problemlösen) einherging (ebd., S. 305). Die Fortbildung bestand in dieser Studie aus zwei Dreitagesblöcken mit einer dazwischenliegenden Distanzphase von 10 Wochen und die Erhebung der Wissensfacetten erfolgte (für allgemein fachdidaktisches Wissen im pre-post-Vergleich und für spezifisches fachdidaktisches Wissen am Ende der Fortbildung) mit Hilfe von paper-pencil-Tests. Dieses Ergebnis ist auch deswegen von Interesse, weil das Design mit einer Distanzphase zwischen den Fortbildungsterminen die Erprobung der Fortbildungsinhalte in der Praxis ermöglicht – ein Aspekt, der auch in der dieser Arbeit zugrundeliegenden Fortbildung von besonderer Bedeutung war. Ein weiteres (älteres, aber oft zitiertes) Beispiel für Veränderungen im Wissen durch eine Fortbildungsteilnahme bezieht sich auf die Studien zur „Cognitively Guided Instruction" (Carpenter et al., 1989; Fennema et al., 1996). Die Autorinnen und Autoren entwickelten zunächst eine Fortbildung zur Förderung problemlösenden Denkens von Grundschulkindern und konnten eine positive Veränderung des fachdidaktischen Wissens der Lehrkräfte durch die Fortbildungsteilnahme feststellen, was sie unter anderem daran festmachen, dass Lehrkräfte einer Experimentalgruppe mehr über individuelle Problemlöseprozesse der Schülerinnen und Schüler wissen (Carpenter et al., 1989). Vor dem Hintergrund eines Vergleichs des Professionswissens von Lehrkräften des Mathematik- und Sachunterrichts erstellt Niermann (2017) einen umfassenden Überblick, welche Einflussfaktoren auf das Professionswissen bislang in Studien ausgemacht werden konnten. Ähnlich wie es auch die bisher berichteten Ergebnisse nahelegen, schätzt Niermann (2017, S. 99) den Einfluss von Fortbildungsbesuchen auf das Professionswissen als sehr hoch ein.

Nachdem zuvor insbesondere aktuelle Forschungsergebnisse zu Veränderungen im (fachdidaktischen) Wissen von Lehrkräften im Kontext einer Fortbildungsteilnahme dargestellt wurden, stehen in diesem Abschnitt Studien im Vordergrund, die Veränderungen in affektiv-motivationalen Merkmalen der Lehrkräfte untersucht haben. Unter Rückgriff auf das Review von Goldsmith et al. (2014) können zunächst folgende übergeordnete Erkenntnisse in diesem Bereich ausgemacht werden (Kategorie a). Es konnte zum Beispiel festgestellt werden, dass ein mangelndes Selbstbewusstsein der Lehrkräfte mit einer geringeren Bereitschaft einherging, neue Materialien oder Lehr-Lern-Ansätze auszuprobieren, oder dass die Lehrkräfte ihre Überzeugungen hinsichtlich der Bedeutung von Interaktionen zwischen den Schülerinnen und Schülern für das Lernen von Mathematik änderten (ebd., S. 10 ff.). Weiterhin wurde deutlich, dass Lehrkräfte stärker an die Kompetenzen ihrer Schülerinnen und Schüler glauben, wenn sie Möglichkeiten haben, die Schülerinnen und Schüler genau zu beobachten. Bezogen auf die weiteren untersuchten Überzeugungen im Zusammenhang mit Fortbildungen konnte beispielsweise festgestellt werden, dass Lehrkräfte verstärkt auf die Unterstützung von Kolleginnen und Kollegen bei der Erprobung neuer Lehrmethoden zurückgreifen, oder dass Fortbildungen einen Einfluss auf die Selbstwirksamkeit haben können (ebd.).

Neben diesen Erkenntnissen bezogen auf Mathematikunterricht werden im Kontext der Untersuchung von Lernprozessen in der vorliegenden Arbeit vor allem Überzeugungen mit Blick auf inklusiven (Mathematik-)Unterricht relevant. An dieser Stelle soll aber bereits hervorgehoben werden, welche besondere Bedeutung den Überzeugungen von Lehrkräften im Kontext des Lehrerlernens zugeschrieben wird: „In fact, all of the factors mentioned as being relevant to whether and how much teachers change in response to professional learning experiences, including the informal experiences within their classrooms, are the out-workings of various aspects of their pre-existing belief systems." (Beswick, 2008, S. 6). Fortbildungen und ihre Wirksamkeit sowie deren Zusammenhang zum Lehrerlernen im Rahmen von inklusivem Mathematikunterricht werden an späterer Stelle separat betrachtet (Abschn. 2.6.2).

2.5.2   Weitere Forschungserkenntnisse zum Lehrerlernen

In diesem Kapitel werden weitere Forschungserkenntnisse zum Lehrerlernen berichtet. Darunter insbesondere solche Studien, die die Praxis der Lehrkräfte mit in den Blick nehmen oder auch verschiedene Kompetenzbereiche der Lehrkräfte miteinander verbinden und dadurch interessante Erkenntnisse zu Lernprozessen von Lehrkräften liefern.

Aus dem Review von Goldsmith et al. (2014) kann zunächst festgehalten werden, dass in einer Kategorie Forschungsergebnisse zusammengefasst werden, die Veränderungen in der Unterrichtspraxis als Hinweis auf Lehrerlernen verstehen (Kategorie b), wobei unter der Unterrichtspraxis auch das Planen von Unterricht oder die Reflexion über durchgeführten Unterricht und nicht nur der eigentliche Unterricht im Klassenzimmer verstanden wird (ebd., S. 13 ff.). Diesbezüglich fassen die Autorinnen zusammen, dass Veränderungen der Unterrichtspraxis zunächst hinsichtlich der mathematischen Inhalte der Unterrichtsstunden ausgemacht werden konnten (z. B. bezogen auf die Auswahl von Aufgaben oder die Anregung der Schülerinnen und Schüler zur Verwendung verschiedener Darstellungen und Lösungswege). Des Weiteren konnten Veränderungen im Unterrichtsdiskurs festgestellt werden, zum Beispiel die Art und Weise, wie Lehrkräfte Fragen stellen, oder die Bereitstellung von Möglichkeiten, dass Schülerinnen und Schüler sich untereinander austauschen. Letztlich konnten auch Veränderungen in der Unterrichtspraxis aufgezeigt werden, die darauf abzielen, dass die Eigenverantwortung der Schülerinnen und Schüler für ihr eigenes Lernen gefördert werden soll (ebd.). Einen umfassenderen Überblick zum Zusammenhang von Wissen und Praxis (im Sinne der Unterrichtsqualität) bezogen auf

Mathematiklehrkräfte findet sich zum Beispiel in Depaepe et al. (2020) und eine Untersuchung mit besonderer Berücksichtigung des allgemein pädagogischen Wissens in König und Pflanzl (2016). Nachfolgend werden weitere Ergebnisse aus einzelnen Studien berichtet, die die Beziehung zwischen professionellen Lerngelegenheiten und Veränderungen in der Praxis der Lehrkräfte untersuchen. Diese sind insbesondere für die Einordnung der Ergebnisse der eigenen Studie relevant, wenngleich die Praxis der Lehrkräfte in der eigenen Studie nicht untersucht wurde.

Auletto und Stein (2020) konzeptualisieren Lehrerlernen als Verbindung von professionellen Lerngelegenheiten und Veränderungen in der Unterrichtspraxis der Lehrkräfte und gehen der Frage nach, wie genau die Beziehung zwischen verschiedenen Formen des professionellen Lernens und Veränderungen in der mathematischen Lehrexpertise der Lehrkräfte (teachers' mathematical teaching expertise) aussehen – Letzteres definiert über das beobachtbare Verhalten der Lehrkräfte im Unterricht. Zunächst verdeutlichen Auletto und Stein (2020), dass es sehr unterschiedliche Ergebnisse mit Blick auf den teilweise vorhandenen und teilweise nicht vorhandenen Einfluss von Möglichkeiten des professionellen Lernens auf die Veränderung der mathematischen Lehrexpertise von Lehrkräften und damit ihrer Unterrichtspraxis gibt. Anschließend machen sie deutlich, dass vor allem professionelles Lernen mit einem Fokus auf die Zusammenarbeit von Lehrkräften und Coaching dazu beitragen kann, das fachdidaktische Wissen der Lehrkräfte zu beeinflussen und dass dieser Austausch mit Kolleginnen und Kollegen sowie Coaches[10] positive Effekte auf die Expertise und den Unterricht der Lehrkräfte haben kann (Auletto & Stein, 2020, S. 439). Zur Beantwortung der Frage, welcher Zusammenhang zwischen professionellen Lerngelegenheiten und Veränderungen in der Unterrichtspraxis besteht, verwendeten Auletto und Stein (2020) Daten von 187 Lehrkräften[11]. Aus den Antworten der Lehrkräfte in einem Fragebogen rekonstruierten sie zunächst sechs verschiedene professionelle Lerngelegenheiten, von denen die Lehrkräfte angaben, daran teilgenommen zu haben: vier im Sinne eines traditionellen Fortbildungsverständnisses (Fortbildungen mit einem Fokus auf *Mathematik*, *English Language Arts*, *Unterricht und Pädagogik* sowie *standardisierte Messungen*) und zwei im Sinne eines inquiry-based

---

[10] Dabei beziehen sich die Angaben zu einem Coaching auf das Beobachten oder das beobachtet Werden von einem „district's mathematics coach" (Auletto & Stein, 2020, S. 452).

[11] In ihrer Studie nutzten Auletto und Stein (2020) Daten von ca. 300 Lehrkräften aus den USA (fourth- & fifth-grade), die drei Jahre lang in ihrem Unterricht begleitet wurden. Ziel des größeren Projektes ist die valide Entwicklung von Instrumenten zur Messung von effektivem Mathematikunterricht. Die hier berichteten Ergebnisse beziehen sich auf eine Untersuchung mit einer Teilstichprobe von 187 Lehrkräften.

professional learning (*Kolleginnen und Kollegen* oder *Mathematik Coach*). Veränderungen in der Unterrichtspraxis wurden mit einem Beobachtungsinstrument erhoben, und die eigentliche Analyse erfolgte mittels eines Regressionsmodells. Das zentrale Ergebnis dieser Untersuchung ist, dass die Lehrkräfte, die häufiger mit einem Coach gearbeitet haben (entweder durch das Beobachten eines Coaches oder durch das beobachtet Werden von einem Coach), einen größeren Zuwachs in ihrer mathematischen Lehrexpertise aufweisen, als die Lehrkräfte, die seltener mit einem Coach zusammengearbeitet haben. Außerdem war die Zusammenarbeit mit einem Coach die einzige Form der untersuchten professionellen Lerngelegenheiten, die einen signifikanten Zusammenhang mit Veränderungen in der beobachteten Praxis der Lehrkräfte aufweist. Demnach gab es keine signifikanten Zusammenhänge zwischen der Zusammenarbeit mit Kolleginnen und Kollegen oder den traditionellen Formen der Fortbildung mit Veränderungen in der Unterrichtspraxis (ebd., S. 454). Auch wenn die Praxis der Lehrkräfte in der vorliegenden Arbeit nicht untersucht wurde, so ist es dennoch interessant, dass insbesondere die Zusammenarbeit mit einem Coach einen wichtigen Beitrag zum Lehrerlernen leisten kann[12].

Obwohl in der Studie von Auletto und Stein (2020) die Zusammenarbeit mit Kolleginnen und Kollegen in keinem signifikanten Zusammenhang mit Veränderungen in der Praxis der Lehrkräfte steht, so gibt es dennoch Studien, die die Bedeutung der Zusammenarbeit unter Lehrkräften im Kontext des Lehrerlernens betonen. Da auch in der dieser Studie zugrundeliegenden Fortbildung die Zusammenarbeit der Lehrkräfte besonders relevant ist, werden einige bisherige Forschungserkenntnisse in diesem Bereich näher betrachtet. Zunächst halten Goldsmith et al. (2014, S. 15 f.) mit Blick auf den Austausch unter Kolleginnen und Kollegen (Kategorie d) fest, dass Kooperations- und Austauschmöglichkeiten dazu führen, dass Lehrkräfte ein tiefergehendes Verständnis des Schülerlernens erreichen können und dass das Ausprobieren von neuen Ideen oder Ansätzen durch Kooperation gefördert werden kann. Insgesamt kommen Goldsmith et al. (2014, S. 15 f.) zu dem Schluss, dass die Kooperation zwischen Lehrkräften das Wissen, die Überzeugungen und die Praxis der Lehrkräfte formen kann. Unterstützende Effekte der Zusammenarbeit in sogenannten professionellen Lerngemeinschaften auf das Lehrerlernen werden zum Beispiel von Chauraya (2013) berichtet. Deswegen scheint der Zusammenarbeit mit Kolleginnen und Kollegen im Kontext des Lehrerlernens eine wichtige Bedeutung zuzukommen.

---

[12] Die Fortbildung, die den Kontext der vorliegenden Studie bildet, wurde von Fortbildenden gestaltet, die die teilnehmenden Lehrkräfte eng begleitet und teilweise ebenfalls Hospitationen ermöglicht haben (siehe auch Abschn. 5.1.1).

Vor dem Hintergrund, dass ein Kern der vorliegenden Arbeit die umfassende Untersuchung des Lehrerlernens und damit die Betrachtung von Veränderungen in mehreren Kompetenzbereichen der Lehrkräfte ist, sind auch neuere Erkenntnisse aus einer follow-up Studie von TEDS M von besonderem Interesse. Blömeke et al. (2020) adressieren in ihrer Studie mit 77 Lehrkräften der Sekundarstufe in Deutschland die Forschungslücke, dass die bisherige Forschung die Beziehung zwischen der Unterrichtsqualität und den Kompetenzen von Mathematiklehrkräften oftmals beschränkt auf einzelne Kompetenzfacetten untersucht und nicht die Kompetenzen der Lehrkräfte als umfangreiches, multidimensionales Konstrukt auffasst. Mit Hilfe von standardisierten Instrumenten, die sowohl kognitive als auch situative Aspekte der Kompetenz berücksichtigen, erhoben Blömeke et al. (2020) unter anderem das mathematische Fachwissen und das pädagogische Wissen der Lehrkräfte, ebenso wie ihre Überzeugungen zum Wesen und zum Lehren und Lernen von Mathematik. Zwar erhoben sie zunächst auch das mathematikdidaktische Wissen, mussten dieses jedoch aufgrund der hohen Korrelation mit dem Fachwissen aus ihren weiteren statistischen Analysen ausschließen (ebd., S. 333). Anhand der genannten personenbezogenen Variablen wurden mit einer latenten Profilanalyse verschiedene Kompetenzprofile der Lehrkräfte gebildet und anschließend mit der Unterrichtsqualität – erhoben mit standardisierten Beobachtungen – der Lehrkräfte in Verbindung gesetzt. Die Autorinnen und Autoren konnten daraufhin vier Profile identifizieren. Lehrkräfte des ersten Profils sind durch ein hohes Level an Wissen und Fähigkeiten, insbesondere mit Blick auf fachspezifische Facetten, und einer Ablehnung der statischen Sichtweise auf Mathematik charakterisiert (ebd., S. 337). Die Lehrkräfte des zweiten und dritten Profils weisen ein mittleres Niveau mit Blick auf fachliches und pädagogisches Wissen auf, sowie dynamische Überzeugungen zum Lernen von Mathematik. Sie unterscheiden sich unter anderem hinsichtlich ihrer Classroom Management-Expertise (höheres Niveau im dritten Profil) und weisen neutrale (Profil 2) beziehungsweise leicht zustimmende (Profil 3) Einstellungen zur statischen Sicht auf Mathematik auf. Die Lehrkräfte des vierten Profils haben ein niedriges Niveau sowohl in fachspezifischen als auch in allgemein pädagogischen Wissensbereichen und Fähigkeiten, während sie sich in ihrem Überzeugungsprofil kaum von den anderen Profilen unterscheiden. Die Analysen von Blömeke et al. (2020) deuten außerdem darauf hin, dass die Lehrkräfte der verschiedenen Profile sich auch hinsichtlich ihrer Unterrichtsqualität unterscheiden. Die Unterrichtsqualität wurde dabei anhand der Facetten Classroom Management, Unterstützung der

Schülerinnen und Schüler, mathematikbezogene Qualität[13] und kognitive Aktivierung untersucht. Lehrkräfte des ersten Profils weisen insbesondere ein signifikant hohes Niveau hinsichtlich der Facetten Unterstützung der Schülerinnen und Schüler und mathematikbezogene Qualität auf, Lehrkräfte des zweiten Profils haben ein signifikant hohes Niveau im Bereich Classroom Management, Lehrkräfte des dritten Profils haben ein signifikant hohes Niveau im Bereich mathematikbezogene Qualität, und Lehrkräfte des vierten Profils weisen in keinem der Bereiche signifikant hohe Werte auf. Im Rahmen der Diskussion der Ergebnisse gehen Blömeke et al. (2020, S. 338 f.) darauf ein, dass die Heterogenität der Lehrkräfte in Forschung und Praxis stärker berücksichtigt werden sollte, sofern die Ergebnisse repliziert werden können. Im Rahmen der vorliegenden Arbeit wird keine quantitative Replikation dieser Ergebnisse angestrebt, aber ausgehend von einem qualitativen Forschungsansatz kann die Frage der Heterogenität der Lehrkräfte im Sinne der Verschiedenheit ihrer Lernprozesse aufgegriffen werden.

In diesem Kapitel wurden bisher weitere empirische Ergebnisse zum Lehrerlernen beispielsweise mit Blick auf die Praxis der Lehrkräfte präsentiert. Die letzte von Goldsmith et al. (2014) identifizierte Kategorie, auf die sich oftmals Ergebnisse der Studien zur Untersuchung von Lehrerlernen beziehen, ist die Kategorie Curriculum (Kategorie e). Diese umfasst Ergebnisse von Studien, die sich mit der Veränderung der Praxis der Lehrkräfte oder mit der Veränderung der Lernergebnisse der Schülerinnen und Schüler aufgrund des Einsatzes neuer Materialien oder Aufgaben beschäftigen (ebd., S. 18 f.). In dem Kontext gibt es zum Beispiel Hinweise darauf, dass Lehrkräfte eine höhere Bereitschaft aufweisen, Material auszuprobieren, wenn sie mehr Zeit hatten, sich in einer Fortbildung damit auseinanderzusetzen (ebd.).

Mit einem stärkeren Fokus auf die Frage, wie die einzelnen relevanten Domänen des Lehrerlernens zusammenhängen, ist die folgende Studie von Eichholz (2018) von Interesse. Eichholz (2018) untersucht in ihrer Dissertation unter anderem die professionelle Entwicklung von fachfremd unterrichtenden Grundschullehrkräften im Rahmen einer Fortbildung, in der die Umsetzung prozessbezogener Kompetenzen im Vordergrund stand. Die Ergebnisse von Eichholz (2018) sind auch deswegen für die vorliegende Arbeit von Interesse, weil Eichholz das Modell von Clarke und Hollingsworth (2002) nutzt, um verschiedene *change sequences* zu betrachten. Mittels Kontrollgruppe und einem pre-post-Design konnte Eichholz (2018) Veränderungen mit Blick auf Überzeugungen der

---

[13] Nach Blömeke et al. (2020) wird mathematikbezogene Qualität wie folgt definiert: „this aspect relates to how teachers address mathematical concepts and interact mathematically with students while using mathematical terms, explaining mathematical procedures, providing feedback or dealing with student errors" (S. 332).

Lehrkräfte ebenso ausmachen wie Veränderungen in ihrem fachdidaktischen Wissen und in der berichteten Praxis der Lehrkräfte. Anschließend geht Eichholz (2018) auf typische *change sequences* ein, die anhand von Interviews rekonstruiert wurden. Diese Entwicklungen können wie folgt kurz zusammengefasst werden (ebd., S. 214 ff.):

- Lehrkräfte berichten, dass Ideen aus der Fortbildung (*external domain*), meist in Form von konkreten Beispielen, in der Praxis ausprobiert werden (*domain of practice*) und anschließend eine Beobachtung der Schülerergebnisse erfolgt (*domain of consequence*).

- Lehrkräfte berichten, dass sie Ideen aus der Fortbildung (*external domain*) in der Praxis ausprobieren (*domain of practice*), sich dann aber beispielsweise von Kolleginnen und Kollegen Unterstützung holen (weiterer Faktor der *external domain*), um daraufhin ihr Wissen weiterzuentwickeln (*personal domain*).

Sowohl das Vorwissen der Lehrkräfte als auch ihre Überzeugungen beeinflussen zum Beispiel die Wahrnehmung und Bewertung von Schülerergebnissen. Außerdem spielen schulische Rahmenbedingungen bei der Umsetzung eine wichtige Rolle (ebd., S. 226).

Die bisher betrachteten Ergebnisse zum aktuellen Forschungsstand zu Lernprozessen von Lehrkräften fokussieren auf ein Verständnis des Lehrerlernens als Veränderungen in Wissen, in affektiv-motivationalen Merkmalen und in der Praxis. Eine Verbindung zur Teilnahme an Fortbildungen wurde dabei stets berücksichtigt. An dieser Stelle soll exemplarisch ein weiteres Ergebnis zum Lehrerlernen angeführt werden, das insbesondere Aufschluss darüber geben kann, wie Verbindungen zwischen Lernaktivitäten und Lernergebnissen bei Lehrkräften aussehen können, auch wenn das folgende Beispiel sich nicht explizit auf einen Fortbildungskontext bezieht. Bakkenes et al. (2010) untersuchen in ihrer Studie Lehrerlernen im Kontext von Bildungsinnovationen. Die Bildungsinnovation bezieht sich auf die Umsetzung von aktivem und selbstreguliertem Schülerlernen im Kontext eines Innovationsprogramms für niederländische Schulen der Sekundarstufe. In der Studie wurden 94 Lehrkräfte unterschiedlicher Schulformen befragt (darunter 11 Mathematiklehrkräfte). Die Lehrkräfte führten in einem Zeitraum von einem Jahr (in einem Rhythmus von sechs Wochen) ein digitales Protokoll, in dem sie Lernerfahrungen (also Lernaktivitäten und Lernergebnisse) beschreiben sollten. Dabei ging es darum, was sie gelernt hatten, wie sie gelernt hatten, welche Emotionen, Gründe, andere Personen damit verbunden waren, und wie die Verknüpfung zur Bildungsinnovation aussah. Die Studie zielte darauf ab, zu untersuchen, welche Lernaktivitäten die Lehrkräfte in ihrem Arbeitsalltag im Umgang mit der Bildungsinnovation wahrnehmen und welche selbstberichteten Lernergebnisse sie dabei erreichten. Insgesamt konnten von Bakkenes et al. (2010, S. 539 f.) sechs Kategorien mit Blick auf Typen der Lernaktivitäten identifiziert werden. Die Lehrkräfte berichten davon...

- in der Praxis etwas Neues auszuprobieren (Lernaktivität *experimenting*),
- ihre eigene Praxis zu reflektieren (Lernaktivität *considering own practice*),
- eine Diskrepanz zwischen dem, was sie erwartet oder sich gewünscht haben, und dem was tatsächlich passiert ist, wahrgenommen zu haben (Lernaktivität *experiencing friction*),
- ihre Unterrichtspraxis zu verändern, aber dabei dagegen ankämpfen zu müssen, nicht in alte Muster zu verfallen (Lernaktivität *struggling not to revert to old ways*),
- Ideen von anderen Personen zu bekommen und diese auszuprobieren oder zu reflektieren (Lernaktivität *getting ideas from others*),
- Lernen vermieden zu haben (Lernaktivität *avoiding learning*).

Für die Auswertung der Antworten mit Blick auf die berichteten Lernergebnisse, starteten Bakkenes et al. (2010, S. 538), ausgehend von einem ähnlichen Lernverständnis wie es auch in der vorliegenden Arbeit verwendet wird, mit einer Kategorisierung der Lernergebnisse anhand der Kategorien *Veränderungen in der Praxis* und *Veränderungen in Wissen und Überzeugungen*. Diese beiden Kategorien wurden basierend auf den Daten der Lehrkräfte spezifiziert und erweitert, sodass insgesamt Lernergebnisse identifiziert werden konnten, die sich auf *Veränderungen im Wissen und in Überzeugungen*, auf *Intentionen für die Praxis*, auf *Veränderungen in der Praxis* und auf *Veränderungen in Emotionen* beziehen (jeweils mit weiteren Unterkategorien). Eines der Hauptergebnisse von Bakkenes et al. (2010, S. 542 f.) geht auf die Untersuchung der Zusammenhänge zwischen den Lernaktivitäten und den Lernergebnissen zurück: Es konnten zwischen allen Lernaktivitäten (außer *avoiding learning*) und allen Lernergebnissen signifikante Zusammenhänge festgestellt werden. Insbesondere ist die Lernaktivität *considering own practice* mit den meisten Lernergebnissen (jeweils mit Subkategorien der Kategorien *Veränderungen im Wissen und in Überzeugungen*, *Intentionen für die Praxis* und *Veränderungen in der Praxis*) assoziiert worden. Die Auseinandersetzung beziehungsweise Reflexion der eigenen Praxis scheint somit für die Lehrkräfte insgesamt ein zentraler Bestandteil von bedeutsamen Lernerfahrungen zu sein. Für die vorliegende Arbeit ist insbesondere von Interesse, welche Gemeinsamkeiten und Unterschiede sich hinsichtlich der Veränderungen in Wissen und in affektiv-motivationalen Merkmalen zeigen werden. Dabei differenzierten Bakkenes et al. (2010, S. 541) die Subkategorien *awareness* (die Lehrkräfte berichten von einer Situation, in der sie bewusst etwas Wichtiges wahrgenommen haben), *confirmed ideas* (eine vorhandene Idee oder eine vorhandene Einsicht wurde durch eine Lernaktivität bestätigt) und *new ideas* (eine neue Idee oder eine neue Einsicht wurde durch eine Lernaktivität hervorgerufen). Damit werden Veränderungen in Wissen und in affektiv-motivationalen Merkmalen bei Bakkenes et al. (2010) zwar anders operationalisiert und analysiert als in der vorliegenden Arbeit (siehe Kapitel 3 und 5), doch sensibilisiert die Konzeptualisierung von Bakkenes et al. (2010) dafür, dass die Beschreibungen der Lernwege in der vorliegenden Arbeit berücksichtigen sollten, wie Veränderungen vermutlich zustande gekommen sind (siehe Kap. 6).

2.6   Inklusiver Mathematikunterricht

In diesem Kapitel rücken Überlegungen zu inklusivem Mathematikunterricht (als Fortbildungsinhalt) ausgehend von dem Gedanken der Untersuchung gegenstandsbezogener Lernprozesse in den Mittelpunkt. Zunächst werden Grundzüge eines inklusiven Mathematikunterrichts vorgestellt (Abschn. 2.6.1). Dem zugrunde gelegten Inklusionsverständnis zur Folge wird dabei das Lernen aller Schülerinnen und Schüler in den Blick genommen. Anschließend werden Lehrerfortbildungen zu inklusivem Mathematikunterricht fokussiert (Abschn. 2.6.2).

2.6.1   Grundzüge eines inklusiven Mathematikunterrichts

Zunächst stellt sich die Frage, was in dieser Arbeit unter Inklusion zu verstehen ist. Der Begriff *Inklusion* meint hier nicht nur die Berücksichtigung der einen Heterogenitätsfacette Behinderung (Amrhein, 2011, Abschnitt „Begriffswirrwarr um Integration und Inklusion"), sondern die Berücksichtigung jeglicher Heterogenitätsfacetten aller Lernenden (vgl. Grosche, 2015). Damit orientiert sich die vorliegende Arbeit an einem „weiten Inklusionsverständnis", im Gegensatz zu einem „engen Inklusionsverständnis", das sich zunächst auf Schülerinnen und Schüler mit sonderpädagogischem Unterstützungsbedarf bezieht (Löser & Werning, 2015, S. 17). Die Heterogenität wird im Kontext eines gemeinsamen Unterrichts zudem als Bereicherung verstanden (Benkmann, 2009, S. 146). Verschiedene Studien und Überblicksbeiträge berichten unter anderem von positiven oder zumindest nicht nachteiligen Wirkungen von inklusivem Unterricht auf die

Leistungsentwicklung aller Lernenden (Klemm & Preuss-Lausitz, 2011, S. 48 ff.; Kocaj et al., 2014; Rothenbächer, 2016, S. 6). Außerdem werden Kriterien eines guten Unterrichts als kompatibel mit den Kriterien guten gemeinsamen Unterrichts angesehen, wobei darüber hinaus zum Beispiel das Lernen mit allen Sinnen, ein häufiger Wechsel der Sozialformen oder eine Teamarbeit der Lehrkräfte im Klassenzimmer relevant werden (Klemm & Preuss-Lausitz, 2011, S. 33 f.).

Mit Blick auf einen inklusiven Mathematikunterricht stellt Korff (2016) heraus, dass es nicht darum geht, „vermeintliche spezielle Bedarfe von ‚besonderen Kindern'" (S. 80) zu betrachten, sondern grundlegende Fragen von Lehr-/ Lernprozessen zu fokussieren. „Dabei bedarf es letztlich keiner neuen, anderen Fachdidaktik, sondern schlicht einer konsequenten Umsetzung der Prinzipien guten Mathematikunterrichts für alle Lernzugänge und Lerninhalte" (ebd.). Mit Blick auf heterogene Lerngruppen im Mathematikunterricht konnten verschiedene Studien beispielsweise zeigen, dass entdeckendes Lernen in Kombination mit produktivem Üben für alle Lernenden gewinnbringend ist, insbesondere für Schülerinnen und Schüler mit Schwierigkeiten im Mathematiklernen sowie für Schülerinnen und Schüler mit sonderpädagogischem Unterstützungsbedarf (Scherer et al., 2016, S. 641). Darüber hinaus erscheint auch die Vernetzung von Darstellungsformen sowie eine Anwendungs- und Strukturorientierung für gemeinsamen Mathematikunterricht ebenso tragfähig zu sein, wie für guten Mathematikunterricht allgemein (Häsel-Weide & Nührenbörger, 2017, S. 9 f.). Bei näherer Betrachtung eines inklusiven Mathematikunterrichts rücken zwei Aspekte in den Vordergrund: das gemeinsame Lernen aller Schülerinnen und Schüler und die individuelle Förderung einzelner Lernender (vgl. Häsel-Weide, 2015, 2017; vgl. Korff, 2016). Dies geht einher mit dem von- und miteinander Lernen und der Berücksichtigung spezifischer Lernbedarfe aller Schülerinnen und Schüler, sodass eine Balance von gemeinsamem und individuellem Lernen eine zentrale Aufgabe im inklusiven Mathematikunterricht darstellt (Ademmer et al., 2018, S. 303; Häsel-Weide & Nührenbörger, 2017, S. 15; Prediger, 2016, S. 362). Dabei sollten auch individuelle Lernsituationen „mit dem Ziel größtmöglicher Gemeinsamkeit gestaltet werden" (Scherer, 2017, S. 195), um vor allem einen Austausch unter den Lernenden zu ermöglichen. Die nächsten Abschnitte gehen detaillierter auf ein gemeinsames Lernen und eine individuelle Förderung aller Schülerinnen und Schüler im inklusiven Mathematikunterricht ein.

Für ein gemeinsames Lernen wird allen Schülerinnen und Schülern ein individueller Zugang zum gemeinsamen Lerngegenstand ermöglicht, beispielsweise mit Hilfe von selbstdifferenzierenden Aufgaben (Häsel-Weide & Nührenbörger, 2013, S. 7; Prediger, 2016, S. 362). Selbstdifferenzierenden Aufgaben liegt die Idee der natürlichen Differenzierung zugrunde. Basierend auf den Arbeiten von Wittmann

(2001) sowie Scherer und Krauthausen (2010) kann festgehalten werden, dass im Sinne einer natürlichen Differenzierung eine Lernumgebung dargeboten wird, welche die Möglichkeit für vielfältige Lernwege und Problemlösestrategien eröffnet (Scherer et al., 2016, S. 641). Dabei wählen die Schülerinnen und Schüler das Arbeitsniveau selbst, können eine Aufgabe auf mehreren Ebenen bearbeiten und sind auf ihrem Niveau erfolgreich, statt an einer vorher festgelegten Bewertung gemessen zu werden (ebd.). Um allen Lernenden mithilfe einer selbstdifferenzierenden Aufgabe einen Zugang zum Lerngegenstand zu ermöglichen, kann es jedoch auch notwendig sein, einige Schülerinnen und Schüler zum Beispiel mit gestuften Impulsen bei der Aufgabenbearbeitung zu unterstützen (siehe z. B. Rolka & Albersmann, 2019, S. 192). Lernumgebungen, die es ermöglichen, dass alle Lernenden an einem gemeinsamen Gegenstand – im Sinne einer zentralen fachlichen Idee der Mathematik – entsprechend ihrer individuellen Fähigkeiten arbeiten, sind in der Literatur auch unter dem Begriff der substanziellen Lernumgebungen zu finden (nach Wittmann, 1998). Krauthausen und Scherer (2010, S. 5 f.) halten u. a. folgende Merkmale substanzieller Lernumgebungen im Sinne einer natürlichen Differenzierung fest: Alle Schülerinnen und Schüler erhalten das gleiche Lernangebot, welches eine gewisse Komplexität nicht unterschreiten darf und in eine fachliche Rahmung eingebunden ist. Dabei wählen die Schülerinnen und Schüler zum Beispiel den Bearbeitungsweg oder die Darstellungsweise selbst, welche anschließend in einem interaktiven Austausch thematisiert werden (ebd.). Konkret bedeutet dies, dass substanzielle Lernumgebungen zentrale Ziele, Inhalte und Prinzipien des Mathematikunterrichts repräsentieren, reichhaltige Möglichkeiten für mathematische Aktivitäten seitens der Schülerinnen und Schüler bieten, flexibel an Gegebenheiten der Lernenden anpassbar sind und in ganzheitlicher Weise mathematische, psychologische und pädagogische Aspekte des Lehrens und Lernens integrieren (Wittmann, 1998, S. 337 f.). Diese Möglichkeiten des gemeinsamen Lernens in Form von natürlich differenzierenden Lernangeboten können als fachdidaktische Ansätze aufgefasst werden. Eine weitere Möglichkeit des gemeinsamen Lernens aus fachdidaktischer Perspektive eröffnet der Einsatz von strukturgleichen Aufgaben. Strukturgleiche Aufgaben sind Aufgaben, die auf unterschiedlichen Niveaus formuliert sind, aber gleiche Verstehenselemente beinhalten (vgl. Nührenbörger & Pust, 2006; Scherer, 2015, S. 277 f.), über die sich die Schülerinnen und Schüler austauschen können.

Bezogen auf das gemeinsame Lernen gewinnt auch der Gedanke des Lernens am gemeinsamen Gegenstand (Feuser, 1989) aus der Sonderpädagogik an Bedeutung, da dieser auch als Ursprungsgedanke für fachdidaktische Überlegungen angesehen werden kann. Dabei lernen und arbeiten „alle Kinder in

Kooperation miteinander auf ihrem jeweiligen Entwicklungsniveau und mittels ihrer momentanen Denk- und Handlungskompetenzen an und mit einem gemeinsamen Gegenstand" (ebd., S. 22), welcher als zentraler Prozess zu verstehen ist, „der hinter den Dingen und beobachtbaren Erscheinungen steht und sie hervorbringt" (ebd., S. 32). Das Gemeinsame des Lernens konstituiert sich somit durch die (mathematischen) Prozesse der Einzelnen und der Lerngruppe in Auseinandersetzung mit dem gemeinsamen Gegenstand. Aus mathematikdidaktischer Perspektive greifen verschiedene Beiträge diesen Gedanken auf und liefern konkrete Umsetzungsbeispiele. Zum Beispiel existieren Arbeiten, die eine Lernumgebung zum „Quader bauen" fokussieren (Prediger & Ademmer, 2019; Rolka & Albersmann, 2019). In der Lernumgebung wird der fachliche Kern, die „multiplikative Zerlegung der Gesamtwürfelanzahl eines Quaders durch die Würfelanzahl der Seiten" (Rolka & Albersmann, 2019, S. 190), als gemeinsamer Gegenstand für Schülerinnen und Schüler im inklusiven Mathematikunterricht zugänglich gemacht. Weitere Beispiele beziehen sich auf das Prinzip der Ergänzungsgleichheit als gemeinsamen Gegenstand, welcher im Kontext einer Lernumgebung zum Satz des Pythagoras erarbeitet wird (da Costa Silva & Rolka, 2020) oder auf die besondere Bedeutung von Interaktionen beim Lernen am gemeinsamen Gegenstand (für das Thema Körper im Bereich Geometrie, Schacht & Bebernik, 2018), sowie auf verschiedene Möglichkeiten der Gestaltung einer Unterrichtseinheit zum Thema Brüche entlang der Idee des Lernens am gemeinsamen Gegenstand (Schindler, 2017). Beim Lernen am gemeinsamen Gegenstand ist die soziale Teilhabe aller Schülerinnen und Schüler sowie ein fachlicher Austausch unter den Lernenden bedeutsam (vgl. z. B. Bikner-Ahsbahs et al., 2017, S. 126). Der fachliche Austausch dient beispielsweise dem gemeinsamen Entwickeln neuer Ideen (Häsel-Weide, 2015, S. 193). Vor dem Hintergrund eines individuellen Zugangs entsprechend des jeweiligen Lernniveaus kommt einem fachlichen Austausch über gewonnene Erkenntnisse sowie über eigene und andere Lösungswege ebenfalls eine besondere Bedeutung zu (siehe auch Korff, 2016). Ein weiterer sonderpädagogischer Ansatz, der im Kontext des gemeinsamen Lernens diskutiert wird, um allen Lernenden einen Zugang zum Lerngegenstand zu ermöglichen, ist das Universal Design for Learning (CAST, 2011; Schlüter et al., 2016). Nach den zentralen Prinzipien des Universal Design for Learning geht es um das Anbieten von multiplen Repräsentationsformen von Informationen, um das Ermöglichen multipler Verarbeitungsoptionen von Informationen und um das Anbieten von Hilfen zur Förderung von Lernengagement und -motivation (ebd.). Erkennbar sind an dieser Stelle beispielsweise Parallelen zur Verwendung verschiedener Darstellungsformen und zu multiplen Erklärungsmöglichkeiten aus fachdidaktischer Perspektive.

Die verschiedenen fachdidaktischen und auch sonderpädagogischen Ansätze des
gemeinsamen Lernens finden dabei vor allem Berücksichtigung bei der Planung
und Gestaltung von Aufgaben und Lernumgebungen.

Bezogen auf das individuelle Lernen der Schülerinnen und Schüler im inklusiven Mathematikunterricht gilt es auch, eine Förderung der Schülerinnen und
Schüler mit Schwierigkeiten beim Mathematiklernen in den Blick zu nehmen (Prediger, 2016). Zentral ist dabei, dass die fachlichen Inhalte nicht nur
vereinfacht und kleinschrittig dargeboten werden (oder ausschließlich kalkül-
bezogene Verfahren fokussiert werden), sondern dass mathematische Inhalte
zusammenhängend, konsistent und im Ganzen thematisiert werden, um eine
verstehensorientierte und diagnosegeleitete Förderung zu ermöglichen (Scherer,
1995; Prediger, 2016). „Die Förderung lernschwacher Kinder bedeutet auch,
Anforderungen zu stellen und dabei langfristige Lernprozesse im Blick zu haben
und nicht nur auf kurzfristige Lernerfolge aus zu sein" (Scherer, 1997, S. 274).
Individuelles Lernen ist auch verbunden mit einer individuellen Förderung, wobei
diese nicht als eine Einszueins-Betreuung aufgefasst wird. Um dies zu verdeutlichen, wird alternativ der Begriff fokussierte Förderung verwendet (Prediger,
2016, S. 363 f.). Eine fokussierte Förderung zielt nicht auf die Sozialform ab,
sondern hebt hervor, dass die Förderinhalte mit einer fachdidaktischen und inhaltlichen Treffsicherheit fokussiert werden und, dass eine individuelle Adaptivität
(also eine Abstimmung auf individuelle Lernbedarfe) erfolgt (Prediger, 2016,
S. 363 f.). Wird der Fokus auf das individuelle Lernen der Schülerinnen und
Schüler gelegt, so gewinnen allgemein Aspekte der Diagnose und Förderung
an Bedeutung (vgl. Selter, 2017). Demnach identifizieren Lehrkräfte den aktuellen Kenntnisstand oder auch die Lernfortschritte von Schülerinnen und Schüler,
woran eine diagnosegeleitete Förderung anschließt (ebd.).

2.6.2 Lehrerfortbildungen zu inklusivem Mathematikunterricht

Dieses Kapitel dient dazu, bisherige Erkenntnisse sowie Beispiele von Lehrerfortbildungen zu inklusivem Mathematikunterricht zu thematisieren. Die in dieser
Arbeit betrachtete Fortbildung sowie die gewonnenen empirischen Erkenntnisse
gilt es an späterer Stelle auch vor diesem Hintergrund zu betrachten. Ausgehend
von dem im vorherigen Kapitel erläuterten Inklusionsverständnis werden dabei
auch Fortbildungen berücksichtigt, die sich mit Aspekten des Umgangs mit Heterogenität beschäftigen. Die Ausführungen zur Wirksamkeit von Fortbildungen

und zu Lernprozessen von Lehrkräften aus Abschnitt 2.4 und 2.5 sollen in diesem Kapitel um Ausführungen mit einem Fokus auf inklusiven Mathematikunterricht erweitert werden.

2.6.2.1 Möglichkeiten der Fortbildungsgestaltung

Ebenso wie für Fortbildungen allgemein, können auch für Fortbildungen zum Thema inklusiver Mathematikunterricht zunächst Möglichkeiten der methodischen sowie inhaltlichen Fortbildungsgestaltung betrachtet werden. Scherer (2019) geht auf verschiedene Überlegungen zur Gestaltung von Fortbildungen zu inklusivem Mathematikunterricht ein, die insbesondere die verschiedenen Voraussetzungen der Teilnehmenden berücksichtigen: „Mit Blick auf die geforderte Arbeit in multiprofessionellen Teams zur Gestaltung des Fachunterrichts wären daher auch gezielte gemeinsame Fortbildungsangebote für Lehrkräfte der Regelschule und für diejenigen der Förderschule wünschenswert" (ebd., S. 331). Multiprofessionelle Teams können dabei als Personengruppen unterschiedlicher Professionen verstanden werden, die zusammenarbeiten (Bertels, 2018) – an dieser Stelle beispielsweise eine Kooperation von Regelschullehrkraft und sonderpädagogischer Lehrkraft. Je nach Vorkenntnissen kann es aber auch sinnvoll sein, eine spezifische Zielgruppe mit einer bestimmten Zielsetzung (z. B. fachliche Qualifizierung sonderpädagogischer Lehrkräfte) zu fokussieren (Scherer, 2019, S. 331). Ausgehend von der Perspektive einer fachbezogenen Lehrerbildung wird zum Beispiel die Möglichkeit diskutiert, dass alle Lehrkräfte in sonderpädagogischen Basiskompetenzen ausgebildet werden und dass eine fachliche und fachdidaktische Ausbildung von sonderpädagogischen Lehrkräften erfolgt (vgl. ebd., S. 328). Aufgrund unterschiedlicher vorhergegangener Ausbildungen kommt beispielsweise auch hier die Frage auf, ob die in Abschnitt 2.5 schon diskutierte Heterogenität der Fortbildungteilnehmenden besondere Berücksichtigung finden sollte. Neben der Frage, welche Lehrkräfte an einer Fortbildung teilnehmen und inwiefern fachdidaktische und sonderpädagogische Kompetenzen thematisiert werden, kann bezogen auf die Konzeption einer Fortbildung die Orientierung an den bereits erläuterten Gestaltungsprinzipien (siehe Abschn. 2.4.1) bedeutsam sein (ebd., S. 329). Bisher sind beispielsweise die Teilnehmendenorientierung und die Kooperationsanregung aufgegriffen worden, doch auch andere Gestaltungsprinzipien sollten für Fortbildungen zu inklusivem Mathematikunterricht ebenso berücksichtigt werden, wie bei Fortbildungen zu anderen Themen. Welche konkreten Inhalte in einer Fortbildung zu inklusivem Mathematikunterricht betrachtet werden können, steht im folgenden Absatz im Vordergrund.

Inhaltlich kann die Beschäftigung mit der Gestaltung inklusiven Unterrichts sowohl aus mathematikdidaktischer Perspektive als auch aus sonderpädagogischer

Perspektive (siehe auch Abschn. 2.6.1) sinnvoll sein. Aus fachdidaktischer Perspektive können beispielsweise substanzielle Lernumgebungen im Rahmen einer Fortbildung thematisiert werden (Scherer, 2019, S. 332). Werden in Anlehnung an das Gestaltungsprinzip „Fallbezug" einzelne Beispiele konkret betrachtet, ist es besonders bedeutsam, auch „die charakteristischen fachdidaktischen Merkmale zu verdeutlichen und den Transfer auf weitere Inhalte und Beispiele des Mathematikunterrichts zu sichern" (ebd., S. 332). Als weitere zentrale Themen einer Fortbildung zu inklusivem Mathematikunterricht benennt Scherer (2019, S. 333) Diagnose und Förderung sowie Differenzierungsmöglichkeiten. Die bisher thematisierten Grundzüge eines inklusiven Mathematikunterrichts angesichts des individuellen und des gemeinsamen Lernens (siehe Abschn. 2.6.1) spiegeln sich in den Überlegungen zur Gestaltung von Lehrerfortbildungen zu inklusivem Mathematikunterricht wider. Ebenso stellen Prediger et al. (2019) im Zuge der Entwicklung eines forschungsbasierten interdisziplinären Fortbildungskonzeptes heraus, dass die Lehrkräfte sich im Laufe einer Fortbildung zu inklusivem Mathematikunterricht damit auseinandersetzen sollten, Anforderungen auf Seiten der Schülerinnen und Schüler zu identifizieren, differenzierte Schwerpunkte zu setzen, fokussiert zu fördern und gemeinsames Lernen zu initiieren.

Für die Möglichkeiten der Fortbildungsgestaltung zum Thema inklusiver Mathematikunterricht ist es auch interessant zu betrachten, welche Bedarfe Lehrkräfte äußern. In einem Beitrag zur Entwicklung einer Fortbildung zu allgemeindidaktischen und fachdidaktischen Aspekten des Differenzierens gehen Leuders et al. (2018, S. 282) beispielsweise darauf ein, dass Lehrkräfte einen hohen subjektiven Fortbildungsbedarf zu Themen der Differenzierung und individuellen Förderung äußern. Demnach können Bedarfe im Sinne eines weiten Inklusionsverständnis und damit mit Blick auf den Umgang mit Heterogenität seitens der Lehrkräfte ausgemacht werden. Ebenso fanden DeSimone und Parmar (2006, S. 108) im Sinne eines eher engen Inklusionsverständnisses zum Beispiel heraus, dass Lehrkräfte sich auf die Arbeit mit Schülerinnen und Schülern mit „learning disabilities" im inklusiven Mathematikunterricht nur unzureichend vorbereitet fühlen.

2.6.2.2 Aktueller Forschungsstand

Für Lehrerfortbildungen im Allgemeinen wurde bereits ihre Wirksamkeit thematisiert (Abschn. 2.4.2). Im Kontext von Fortbildungen zu inklusivem Unterricht – hier zunächst ohne eine Fokussierung auf Mathematikunterricht – können ebenfalls Wirksamkeitsuntersuchungen ausgemacht werden. Leidig (2019, S. 41 ff.) fasst dazu zentrale Befunde aus inklusionsbezogenen Reviews zusammen, die folgendermaßen festgehalten werden können:

- Fortbildungen fokussieren eher den Aufbau von Wissen und die Veränderung affektiv-motivationaler Merkmale (wie beispielsweise Überzeugungen und Selbstwirksamkeitserwartungen) im inklusiven Kontext als die konkrete Veränderung unterrichtlichen Handelns. Dennoch können in allen drei Bereichen positive Wirkungen von Fortbildungen nachgewiesen werden.
- Nur wenige Studien berücksichtigen Schulentwicklungsprozesse sowie Wirkungen auf Ebene der Schülerinnen und Schüler.

Die Veränderungen in Wissen und in affektiv-motivationalen Merkmalen, welche vor dem Hintergrund des hier zugrunde gelegten Lernverständnisses (siehe Abschn. 2.1) zentral sind, werden damit nicht nur im Kontext des Lehrerlernens und in Fortbildungen allgemein diskutiert, sondern auch mit Fokus auf inklusiven Unterricht (siehe z. B. auch Review von Kurniawati et al., 2014). Eines der von Leidig (2019) berücksichtigten Reviews (Waitoller & Artiles, 2013) kommt darüber hinaus zu dem Schluss, dass mehr als die Hälfte der 46 berücksichtigten Studien kein bestimmtes Fach fokussieren. Dieses Review berücksichtigt dabei Studien, die Wirkungen von Fortbildungen zu inklusivem Unterricht und/oder Erfahrungen der teilnehmenden Lehrkräfte untersuchen, zwischen 2000 und 2009 in Zeitschriften mit Peer-Review erschienen sind und zu mindestens zwei verschiedenen Zeitpunkten Daten erhoben haben (für genaue Kriterien siehe Waitoller & Artiles, 2013, S. 323 f.). Die Autoren formulieren daraufhin die Implikation, Lehrerlernen in fachspezifischen Fortbildungen zu inklusivem Unterricht zu untersuchen. Dies stützt das Anliegen der vorliegenden Arbeit, Lernprozesse von Lehrkräften gegenstandsbezogen in einer Fortbildung zu inklusivem Mathematikunterricht zu betrachten.

Ein weiteres Projekt, das sich dem Anliegen widmet, gegenstandsbezogene Lernprozesse von Lehrkräften im Kontext inklusiven Mathematikunterrichts zu untersuchen, ist das Projekt Matilda (Mathematik inklusiv lehren lernen). Mithilfe eines Design-Research Ansatzes wird ein forschungsbasiertes interdisziplinäres Fortbildungskonzept entwickelt, in dessen Rahmen eine Strukturierung des Fortbildungsgegenstandes erfolgt und in dessen weiterem Verlauf eine Wirksamkeitsstudie auf Fortbildungs- und Unterrichtsebene durchgeführt wird (Prediger et al., 2019). Erste Erkenntnisse aus dem Projekt deuten darauf hin, dass die Lehrkräfte durch die Fortbildung dabei unterstützt werden, unterschiedliche Lernstufen im Sinne einer Differenzierung einzusetzen und eine Umsetzung der fokussierten Förderung dadurch zielsicherer gelingen kann. Die „Organisation gemeinsamen Lernens auf unterschiedlichen Lernstufen" (Prediger et al., 2019, S. 307) erweist sich als eine besondere Herausforderung für die Lehrkräfte. Die weitere Analyse der Lernprozesse und damit auch die Untersuchung der

Veränderungen in Wissen und Überzeugungen steht derzeit noch aus (Prediger et al., 2019). Interessant sind in diesem Kontext auch die Orientierungen der Lehrkräfte, die mit Blick auf inklusiven Mathematikunterricht herausgearbeitet wurden: Einerseits die Orientierungen *Verstehens- vs. Kalkülorientierung* und *Lang- statt Kurzfristigkeit* mit Blick auf die Anforderungen *Lernvoraussetzungen identifizieren und diagnostizieren* sowie *differenzierte Schwerpunkte setzen* und andererseits die *inhaltliche Orientierung* und *soziale Orientierung* mit Blick auf die Anforderungen *fokussiert fördern* und *gemeinsames Lernen orchestrieren* (Prediger & Buró, 2021, S. 194).

Neben der Fokussierung auf gegenstandsbezogene Lernprozesse von Lehrkräften im Rahmen einer Fortbildung zu inklusivem Mathematikunterricht finden sich in der Literatur auch bereits Wirksamkeitsuntersuchungen im Bereich von Fortbildungen zu inklusivem Mathematikunterricht. Es konnte zum Beispiel gezeigt werden, dass Fortbildungen die Einstellungen von Lehrkräften bezüglich des Unterrichtens von Schülerinnen und Schülern mit Lernschwierigkeiten in Mathematik beeinflussen können (Beswick, 2008). Eine Untersuchung, die mit Hilfe von retrospektiven Selbsteinschätzungen die Kompetenzentwicklung von fachfremd unterrichtenden Sonderpädagoginnen und Sonderpädagogen im inklusiven Mathematikunterricht (in erster Linie in der Primarstufe) betrachtet (Scherer, 2019; Scherer et al., 2019), wird im Folgenden näher beschrieben. An der Fortbildung, deren Kombination aus fünf Präsenztagen und dazwischenliegenden Distanzphasen sich auf einen Zeitraum von ca. 6 Monaten erstreckte, nahmen 18 Sonderpädagoginnen und Sonderpädagogen teil. In einer Selbsteinschätzung im Rahmen der Abschlussevaluation der Maßnahme schätzen die Teilnehmenden ihre eigene Kompetenzentwicklung zu zentralen Themen eines inklusiven Mathematikunterrichts (z. B. mit Blick auf das Thema Zahlvorstellungen und unterrichtsnaher Diagnoseinstrumente) als vergleichsweise groß ein (Scherer, 2019, S. 334 ff.). In einem weiteren Beitrag zur Wirksamkeitsforschung im Lehrerfortbildungskontext fokussieren Korten et al. (2019) die Entwicklung von gemeinsamen Lernumgebungen als zentralen Bestandteil inklusiven Mathematikunterrichts. In der Studie werden anhand eines Blended-Learning-Fortbildungsformates unter anderem die Veränderung der Einstellung zur schulischen Inklusion, die Selbstwirksamkeitserwartungen in Bezug auf inklusiven Mathematikunterricht und die adaptive mathematikdidaktische Kompetenz untersucht. Während die umfassende Auswertung der Daten noch andauert (vgl. Korten et al., 2019), deuten erste Analysen darauf hin, dass die Blended-Learning-Fortbildung von den Teilnehmenden als wirksam eingeschätzt wird (Korten et al., 2020, S. 539 f.). Diese Aussage zur Wirksamkeit bezieht sich dabei auf einen pre-post-Vergleich von selbsteingeschätzten Kompetenzen der Lehrkräfte am Beispiel der Kenntnisse zu Möglichkeiten diagnosegeleiteter Förderung (ebd.). Ausgehend von den vorgestellten Ebenen, anhand derer die Wirksamkeit von Fortbildungen untersucht werden können (siehe Abschn. 2.4.2, nach Lipowsky, 2010), lassen sich die bisherigen Untersuchungen zur Wirksamkeit von Fortbildungen zu inklusivem Mathematikunterricht in erster Linie auf der zweiten Ebene (Lernen) verorten, in der es um Veränderungen der Kognitionen der Lehrkräfte geht.

Wird der Fokus nicht auf inklusiven Mathematikunterricht insgesamt gelegt, sondern wird ein Teilbereich – der Umgang mit rechenschwachen Kindern – genauer betrachtet, so sind die Ergebnisse einer Studie von Lesemann (2016) an dieser Stelle ebenfalls relevant. Im Rahmen einer Fortbildung, die auf die Stärkung der Diagnose- und Förderkompetenz im Umgang mit rechenschwachen Kindern abzielt, untersucht Lesemann (2016), inwiefern sich das diagnostische Wissen und das Wissen über Fördermaßnahmen der teilnehmenden Lehrkräfte verändert. Die Fortbildung erstreckte sich über einen Zeitraum von einem Schuljahr und die 11 teilnehmenden Lehrkräfte arbeiteten wöchentlich mit einer Fördergruppe (4 Schülerinnen und Schüler) an ihren Schulen zusammen, erhielten drei Mal Input zu Diagnose- und Förderkonzepten bei Rechenstörungen und nahmen regelmäßig an Supervisionssitzungen zum Austausch über ihre Fördersitzungen teil. Anhand des Vergleichs mit einer Kontrollgruppe (7 Lehrkräfte) und erhoben mittels Interviews, Fragebögen und Unterrichtsbeobachtungen kommt Lesemann (2016, S. 269 f.) zu dem Schluss, dass eine Verbesserung des diagnostischen Wissens und des Wissens über Fördermaßnahmen auf die Fortbildungsteilnahme zurückgeführt werden kann. Außerdem findet Lesemann (2016, S. 270) Hinweise darauf, dass auch handlungsbezogene Kompetenzen im Bereich Diagnose und Förderung gestärkt wurden. Auch wenn in der Untersuchung von Lesemann (2016) eine recht kleine Stichprobe betrachtet wurde, so liefert ihre Studie dennoch erste Hinweise darauf, dass auch eine Wirksamkeit auf der Ebene des Verhaltens in der Praxis durch eine Fortbildung zum Umgang mit rechenschwachen Kindern erzielt werden kann (dritte Ebene nach Lipowsky, 2010; siehe auch Abschn. 2.4.2).

Das zuvor berichtete Ergebnis mit Blick auf eine Fortbildung zum Umgang mit rechenschwachen Kindern, kann um folgendes Ergebnis einer Studie ergänzt werden, das im Kontext einer Fortbildung zum Umgang mit Heterogenität allgemein entstanden ist. Schmaltz (2019) untersucht die Veränderungen von Lehrkräften mit Blick auf die Berücksichtigung von Heterogenität durch den Einsatz von Differenzierungsmaßnahmen in Unterrichtsplanungen im Laufe einer Fortbildung. Es zeigt sich, dass die Lehrkräfte „im Laufe der Fortbildung mehrheitlich differenzierende Elemente in ihre Unterrichtsplanung einbezogen haben" (ebd., S. 179 f.). Darüber hinaus konnte Schmaltz (2019) feststellen, dass die Lehrkräfte vor der

Fortbildung überwiegend auf Oberflächenstrukturen (z. B. Gedanken zu verschiedenen Niveaustufen) und nach der Fortbildung vermehrt auf Tiefenstrukturen (z. B. Qualität der Aufgaben) mit Blick auf Differenzierungsmaßnahmen eingehen. Zudem konnte gezeigt werden, dass es einen Zusammenhang zwischen positiven Überzeugungen bezogen auf Heterogenität und den Selbstwirksamkeitserwartungen der Lehrkräfte gibt. Diese Ergebnisse lassen sich ebenfalls in der zweiten Ebene (Lernen) der Wirksamkeit einer Fortbildung nach Lipowsky (2010) verorten (siehe Abschn. 2.4.2), wobei durch die Betrachtung von Unterrichtsplanungen auch eine Annäherung an die Untersuchung der Wirksamkeit im Sinne der dritten Ebene (Verhalten) erfolgt.

In Abschnitt 2.4.1 ist bereits erläutert worden, dass das Wissen über Lernprozesse von Lehrkräften Teil des fortbildungsdidaktischen Wissens von Fortbildenden ist. Deswegen wird – nach der Betrachtung aktueller Forschungsergebnisse zur Wirksamkeit von Fortbildungen zu inklusivem Mathematikunterricht – zum Schluss dieses Kapitels der Blick auf die Fortbildenden im Kontext von Fortbildungen zu inklusivem Mathematikunterricht gerichtet. In einer Fortbildungsaktivität im Rahmen des Matilda-Projekts (siehe dritter Absatz in diesem Kapitel) beschäftigen sich die Lehrkräfte unter anderem damit, wie allen Schülerinnen und Schülern ein Zugang zu einer Aufgabe ermöglicht werden kann und wie die Lernenden gleichzeitig dabei unterstützt werden können, ihre jeweiligen Lernziele zu erreichen (Buró & Prediger, 2019). Die Rolle der Fortbildenden lag in der von Buró und Prediger (2019, S. 4641 ff.) beschriebenen Situation vor allem darin, die Lehrkräfte zu unterstützen, sodass sie ihr bereits vorhandenes fachdidaktisches Wissen auch bei der Bewältigung der Anforderungen durch die Arbeit mit offenen Aufgaben zum Differenzieren aktivieren. Darin zeigt sich beispielhaft die Bedeutung des fortbildungsdidaktischen Wissens der Fortbildenden über das Lernen von Lehrkräften. Wird hier zusätzlich eine Qualifizierungsmaßnahme für Fortbildende zum Thema Umgang mit Heterogenität im Mathematikunterricht der Grundschule hinzugezogen, so machen Scherer und Hoffmann (2018, S. 276 f.) beispielsweise deutlich, dass die Fortbildenden ihr fachdidaktisches Wissen zum Thema Umgang mit Heterogenität vertiefen und darüber hinaus fortbildungsdidaktisches Wissen für die Konzeption und Durchführung eigener Fortbildungen zum Thema Umgang mit Heterogenität im Mathematikunterricht erwerben konnten.

Modell der professionellen Handlungskompetenz von Lehrkräften für inklusiven Mathematikunterricht

Für die Analyse und Beschreibung der Lernprozesse von Lehrkräften im Rahmen einer Fortbildung zu inklusivem Mathematikunterricht dient in dieser Arbeit das Modell der professionellen Handlungskompetenz von Baumert und Kunter (2006), welches für inklusiven Mathematikunterricht[1] weiterentwickelt wird, um einer gegenstandsbezogenen Untersuchung von Lernprozessen gerecht werden zu können. Der Grundstein für die Weiterentwicklung wurde im Rahmen des Beitrags von Bertram, Albersmann und Rolka (2020) bereits gelegt und wird in diesem Kapitel weiter ausgebaut. Zunächst wird das Modell der professionellen Handlungskompetenz von Lehrkräften (Baumert & Kunter, 2006) in seinen Grundzügen kurz vorgestellt (Abschn. 3.1). Anschließend werden die Hintergründe ebenso wie die Vorgehensweise der Modellweiterentwicklung erläutert (Abschn. 3.2), wobei besonders auf die Beschreibung der Anforderungen an Lehrkräfte durch inklusive Bildung eingegangen wird. Schließlich werden in Abschnitt 3.3 die kognitiven Kompetenzbereiche und anschließend in Abschnitt 3.4 die affektiv-motivationalen Kompetenzbereiche der professionellen Handlungskompetenz fokussiert. Diese werden zunächst unter der Perspektive des Umgangs mit Heterogenität im Allgemeinen und anschließend unter der Perspektive eines inklusiven Mathematikunterrichts im Speziellen – aufgefasst als Erweiterung der jeweiligen Kompetenzbereiche – thematisiert.

---

[1] In der Regel wird aufgrund des fachdidaktischen Fokus in dieser Arbeit der Begriff „Mathematikunterricht" statt „Unterricht" verwendet. Die Idee der Weiterentwicklung und damit auch das in diesem Kapitel präsentierte Modell können auch für inklusiven Unterricht anderer Fächer gedacht und verwendet werden.

© Der/die Autor(en), exklusiv lizenziert durch Springer Fachmedien Wiesbaden GmbH, ein Teil von Springer Nature 2022
J. Bertram, *Lernprozesse von Lehrkräften im Rahmen einer Fortbildung zu inklusivem Mathematikunterricht*, Essener Beiträge zur Mathematikdidaktik,
https://doi.org/10.1007/978-3-658-36797-8_3

3.1 Modell der professionellen Handlungskompetenz von Lehrkräften

Im Rahmen der Einordnung der vorliegenden Arbeit in die Lehrerprofessionalisierungsforschung (Abschn. 2.2) ist sowohl der Begriff der Kompetenz als auch das Modell der professionellen Handlungskompetenz bereits erwähnt worden. Ausgangspunkt der Beschäftigung mit professioneller Kompetenz von Lehrkräften ist die Frage, welche Merkmale im Zusammenhang mit dem Lernerfolg der Schülerinnen und Schülern stehen (vgl. Baumert & Kunter, 2006, S. 469 f.). Das Modell der professionellen Handlungskompetenz erlaubt es, die professionelle Kompetenz von Lehrkräften „in ihrer Bedeutung für Unterricht und Lernen zu ordnen und theoriebezogen zu diskutieren" (Baumert & Kunter, 2006, S. 470). Im Vergleich zu *teacher change* Modellen (Abschn. 2.3.1.1) wie beispielsweise dem Modell von Clarke und Hollingsworth (2002), werden nicht Verbindungen zwischen verschiedenen Domänen hergestellt, die versuchen, Veränderungen der Lehrkräfte im Zusammenspiel von Merkmalen einer Fortbildung, dem Wissen der Lehrkräfte, der Praxis der Lehrkräfte und den Leistungen der Schülerinnen und Schüler zu erklären, sondern es wird die Struktur der professionellen Kompetenz betrachtet. Entsprechende Bereiche der professionellen Kompetenz können wiederum als Teil einer Domäne (*personal domain*) aufgefasst werden – siehe auch weitere Erläuterungen dazu im Kontext der kritischen Reflexion der vorliegenden Arbeit (Abschn. 7.1).

Basierend auf den Vorarbeiten und Überlegungen von unter anderem Shulman (1986) und Bromme (1992, 1997) sowie unter Rückgriff auf das Kompetenzverständnis nach Weinert (2001) formulieren Baumert und Kunter (2006), dass professionelle Handlungskompetenz von Lehrkräften durch ein Zusammenspiel von Professionswissen, Überzeugungen, motivationalen Orientierungen (kurz Motivation) und selbstregulativen Fähigkeiten (kurz Selbstregulation) entsteht, welche hier als Kompetenzbereiche bezeichnet werden. Das Professionswissen wird dabei weiter unterteilt in die Wissensbereiche Fachwissen, pädagogisches Wissen, fachdidaktisches Wissen, Organisationswissen und Beratungswissen, welche wiederum aus einzelnen Wissensfacetten bestehen, die in Abschnitt 3.3 näher beschrieben und unter der Perspektive eines inklusiven Mathematikunterrichts erweitert werden. Die Kompetenzbereiche Überzeugungen, motivationale Orientierungen und selbstregulative Fähigkeiten werden als affektiv-motivationale Merkmale zusammengefasst und in Abschnitt 3.4 näher thematisiert. Dabei werden Überzeugungen definiert als „überdauernde existentielle Annahmen über Phänomene oder Objekte der Welt, die subjektiv für wahr gehalten werden […] und die Art der Begegnung mit der Welt beeinflussen" (Voss et al., 2011,

S. 235, im Original kursive Hervorhebung). Motivationale Orientierungen und selbstregulative Fähigkeiten werden als Kompetenzbereiche beschrieben, die im Kontext der psychologischen Funktionsfähigkeit an Bedeutung gewinnen und „für die psychische Dynamik des Handelns, die Aufrechterhaltung der Intention und die Überwachung und Regulation des beruflichen Handelns über einen langen Zeitraum verantwortlich" (Baumert & Kunter, 2006, S. 501) sind.

Baumert und Kunter (2011) zufolge sind die theoretischen Grundlagen des Modells sowohl in der Literatur zum professionellen Wissen von Lehrkräften verortet als auch in die Literatur zur professionellen Kompetenz eingebettet worden (siehe auch Erläuterungen zu verschiedenen Ansätzen der Lehrer-professionalisierungsforschung, Abschn. 2.2). Dem Begriff der Kompetenz ist somit sowohl die Mehrdimensionalität als auch das Zusammenspiel kognitiver wie affektiv-motivationaler Merkmale bezogen auf die Bewältigung beruflicher Anforderungen inhärent (ebd.). Das Modell versteht sich als Kompetenzstruktur-modell, sodass die Ausdifferenzierung einzelner Kompetenzbereiche und deren Zusammenhänge thematisiert werden (Klieme et al., 2007, S. 12 f.). Entstanden ist das Modell im Rahmen der COACTIV-Studie (Cognitive Activation in the Classroom: The Orchestration of Learning Opportunities for the Enhancement of Insightful Learning in Mathematics), in der insbesondere das Professionswissen von Mathematiklehrkräften untersucht wurde (Kunter et al., 2011).

In der (mathematikdidaktischen) Forschung existieren mittlerweile verschie-dene andere ebenfalls etablierte Modelle zur Beschreibung und Untersuchung professioneller Kompetenz, insbesondere für das Wissen von Lehrkräften. Auf eine detaillierte Darlegung von den Ergebnissen entsprechender Studien[2] wird an dieser Stelle jedoch verzichtet. Stattdessen wird auf verschiedene Arbeiten verwiesen, die die unterschiedlichen Modelle ausführlich gegenüberstellen (z. B. Eichholz, 2018; Hillje, 2012; Neubrand, 2018; Schumacher, 2017). Der Ansatz, das Modell der professionellen Handlungskompetenz für inklusiven Unterricht weiterzuentwickeln, geht auf König et al. (2019) zurück und basiert auf dem Gedanken, dass zur Bewältigung von Anforderungen durch inklusive Bildung erweiterte Kompetenzen notwendig sind, die sich insbesondere in die Struktur des COACTIV-Modells einordnen lassen (siehe folgende Kapitel).

---

[2] Beispielhaft zu nennen sind hier: die TEDS-M Studie (Teacher Education and Development Study: Learning to teach Mathematics), eine internationale Vergleichsstudie zur professio-nellen Kompetenz von angehenden Mathematiklehrkräften für die Sekundarstufe I (Blömeke et al., 2010), die Arbeit von Lindmeier (2011), in der ein Strukturmodell präsentiert wird, das von Basiswissen, reflexiver und aktionsbezogener Kompetenz ausgeht, sowie die Arbei-ten der Michigan Group zu *Mathematical Knowledge for Teaching* (Ball et al., 2005; Ball & Bass, 2009).

3.2 Hintergründe und Vorgehensweise der Modellweiterentwicklung

Die Hintergründe und die Vorgehensweise der Weiterentwicklung des Modells zur professionellen Handlungskompetenz von Lehrkräften für inklusiven Mathematikunterricht werden in diesem Kapitel dargelegt. Inwiefern die Modellweiterentwicklung als eine Theoriebildung zur Untersuchung von Lernprozessen verstanden werden kann, wird als erstes fokussiert (Abschn. 3.2.1). Anschließend liegt der Schwerpunkt dieses Kapitels auf der Beschreibung der Vorgehensweise bei der Modellweiterentwicklung (Abschn. 3.2.2). Dabei rücken Anforderungen durch inklusive Bildung sowie Kompetenzen zur Bewältigung dieser in den Vordergrund.

3.2.1 Verständnis der Modellweiterentwicklung im Sinne einer Theoriebildung zur Untersuchung von Lernprozessen

Die Spezifizierung des Fortbildungsgegenstandes und die Beschreibung von gegenstandsbezogenen Lernprozessen geht, wie bereits in Abschnitt 2.2.2 erläutert, mit der Verwendung einer Beschreibungssprache einher (vgl. Prediger, 2019a, S. 30). Das weiterentwickelte Modell der professionellen Handlungskompetenz von Lehrkräften für inklusiven Mathematikunterricht fungiert in dieser Arbeit als eine solche Beschreibungssprache. Da die Arbeit damit eine (lokale) Theoriebildung vornimmt (vgl. auch Ausführungen zu Boylan et al. (2018) in Abschn. 2.3), werden in diesem Abschnitt verschiedene mögliche Elemente einer Theorie sowie ihre Funktionen thematisiert. Zur Verdeutlichung der einzelnen Elemente einer Theorie wird an dieser Stelle das Modell von Clarke und Hollingsworth (2002, siehe Abschn. 2.3.1.1) zur Beschreibung von *teacher change* als Beispiel herangezogen.

Categorial theory elements dienen dazu, eine Sprache zu konstruieren und diese für die Wahrnehmung und Unterscheidung von Lerninhalten heranzuziehen (Prediger, 2019c, S. 8 f.). Dazu dienen in erster Linie verschiedene Kategorien, Konstrukte und Beziehungen. Die einzelnen Domänen des Modells von Clarke und Hollingsworth (2002) können beispielsweise als solche Kategorien und die Prozesse *reflection* und *enaction* als Beziehungen zwischen den Domänen/Kategorien angesehen werden. In der vorliegenden Arbeit erfolgt die Beschreibung von Lernprozessen der Lehrkräfte im Rahmen der untersuchten Fortbildung ebenso wie die Analyse der Fortbildungsinhalte mittels des

Modells der professionellen Handlungskompetenz von Lehrkräften für inklusiven Mathematikunterricht. Die in den folgenden Kapiteln näher beschriebenen Kompetenzbereiche sowie ihre Zusammenhänge dienen damit als *categorial theory elements*. Die *categorial theory elements* sind dabei außerdem ausschlaggebend für die Betrachtung aller weiteren Theorieelemente (ebd.).

Descriptive theory elements dienen der Beschreibung von Phänomenen und ihren Beziehungen und damit der Beschreibung von Lernprozessen (Prediger, 2019c, S. 9). Eine Beschreibung eines *teacher change* Vorgangs mit Hilfe des Modells von Clarke und Hollingsworth (2002), in dem beispielsweise beschrieben wird, dass auf eine Änderung in der *personal domain* eine Änderung in der *domain of consequence* erfolgt, kommt der Funktion von *descriptive theory elements* nach. In der vorliegenden Arbeit werden Veränderungen innerhalb der *personal domain* fokussiert, sodass diese Beschreibung von Veränderungen ebenfalls als *descriptive theory elements* verstanden werden.

Explanatory theory elements sollen Erklärungen für Phänomene liefern und deren Hintergründe identifizieren (Prediger, 2019c, S. 9). Im obigen Beispiel würde die Beschreibung des *teacher change* Vorgangs als *explanatory theory element* bezeichnet, wenn erklärt werden kann, wie die Veränderungen in den einzelnen Domänen zustande gekommen sind und wie diese Veränderungen zusammenhängen. In der vorliegenden Arbeit werden Veränderungen in der *personal domain* mit Fortbildungsinhalten in Verbindung gebracht. Damit kann keine direkte Erklärung (im Sinne kausaler Schlüsse) erfolgen, aber es werden Hinweise dahingehend identifiziert, dass zum Beispiel Fokussierungen auf einen bestimmten Kompetenzbereich und damit einhergehende Veränderungen im Wissen oder in affektiv-motivationalen Merkmalen vermutlich in einem Zusammenhang mit der Fortbildungsteilnahme der Lehrkräfte stehen.

Auch wenn die beiden letzten Theorieelemente in der vorliegenden Arbeit keine weitere Berücksichtigung finden, können sie (mit dem Ziel einer vollständigen Darstellung der Elemente) folgendermaßen beschrieben werden. *Normative theory elements* spezifizieren und rechtfertigen zum Beispiel Lernziele (Prediger, 2019c, S. 9 f.), sodass Fragen danach, welche *teacher change* Vorgänge anhand der Domänen durchlaufen werden sollten, um ein bestimmtes Ziel zu erreichen, auf die Funktion dieses Theorieelements abzielen. Schließlich sagen *predictive theory elements* Effekte oder wenn-dann-Strukturen voraus (ebd., S. 10). Im Modell von Clarke und Hollingsworth (2002) würde das Beispiel „wenn eine Veränderung in der personal domain auftritt, dann erfolgt auch eine Veränderung in der domain of consequence" als *predictive theory element* verstanden. Insgesamt dient das Verständnis der einzelnen Theorieelemente insbesondere als Hilfestellung, um zu verdeutlichen, welche Funktionen das in dieser Arbeit weiterentwickelte Modell erfüllen soll und welche zunächst nicht berücksichtigt werden.

3.2.2 Ausgangspunkte und Vorgehensweise der Modellweiterentwicklung

Grundlegend für diese Arbeit ist der Gedanke, dass Anforderungen an berufliches Handeln der Lehrkräfte mit der professionellen Handlungskompetenz der Lehrkräfte verbunden sind (siehe Abb. 3.1). Einerseits erfordert beispielsweise die Gestaltung eines guten Unterrichts (welche Anforderungen an berufliches Handeln stellt) professionelle Kompetenzen der Lehrkräfte, und andererseits dienen Aspekte der professionellen Handlungskompetenz der Lehrkräfte zur Bewältigung der Anforderungen zur Gestaltung eines guten Unterrichts. In Anlehnung an König et al. (2019, S. 49) werden Anforderungen und Wissen beziehungsweise Kompetenzen nicht als deckungsgleich verstanden, aber es können verschiedene Bezüge zwischen Anforderungen und Kompetenzbereichen hergestellt werden.

Abbildung 3.1 Verbindung zwischen Anforderungen und Kompetenzen

Durch inklusive Bildung entstehen erweiterte Anforderungen (Abb. 3.2, links oben) an Lehrkräfte (König et al., 2019, S. 43), die vor dem Hintergrund eines guten gemeinsamen Unterrichts nicht gänzlich andere, aber erweiterte Kompetenzen der Lehrkräfte erfordern (Abb. 3.2, rechts oben). König et al. (2019) fokussieren in diesem Zusammenhang die Betrachtung eines Wissensbereichs (pädagogisches Wissen als Teil der professionellen Handlungskompetenz) und schlagen eine Erweiterung des Professionswissens der Lehrkräfte insgesamt vor – dabei sprechen sie auch von einem „Wissen zur Bewältigung von Inklusion" (S. 49). Vor dem Hintergrund, dass inklusive Bildung Aufgaben in allen Kompetenzbereichen stellt (Hillenbrand et al., 2013), gilt es nicht nur ein erweitertes Professionswissen, sondern auch erweiterte affektiv-motivationale Merkmale der professionellen Handlungskompetenz zu berücksichtigen. Überzeugungen spielen im Umgang mit Vielfalt ebenso eine wichtige Rolle wie motivationale Orientierungen bezüglich der Bereitschaft, auf Anforderungen zu reagieren, sowie

Aspekte der Selbstregulation, beispielsweise vor dem Hintergrund des schonenden Umgangs mit eigenen Ressourcen angesichts erweiterter Anforderungen. Deswegen werden alle Kompetenzbereiche in einer erweiterten Form für inklusiven Mathematikunterricht betrachtet (Bertram, Albersmann & Rolka, 2020) – in Abbildung 3.2 dadurch verdeutlicht, dass die professionelle Handlungskompetenz von Lehrkräften für inklusiven Mathematikunterricht analog zu dem Modell von Baumert und Kunter (2006) aus einem Zusammenspiel von Professionswissen inklusiv und affektiv-motivationalen Merkmalen inklusiv entsteht. Die Betrachtung der erweiterten Anforderungen durch inklusive Bildung erfolgt anhand zweier Stränge (Abb. 3.2, links unten). Einerseits kann eine Sichtung verschiedener Aufgabenkataloge erfolgen, die sowohl normativ geprägte als auch empirisch generierte Aufgaben von Lehrkräften im inklusiven Bildungssystem aufgreifen (hier vor allem anhand von König et al., 2019). Andererseits kann die Perspektive einer Planung und Gestaltung von Fachunterricht, im Sinne eines guten gemeinsamen Mathematikunterrichts, eingenommen werden (hier vor allem anhand von Knipping et al., 2017). Diese beiden unterschiedlichen Betrachtungsweisen sind dabei nicht voneinander losgelöst zu betrachten, sondern es können Beziehungen zwischen ihnen hergestellt werden (siehe Abschn. 3.3 und 3.4).

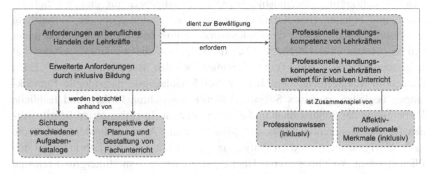

Abbildung 3.2 Betrachtung der erweiterten Anforderungen durch inklusive Bildung

Ein erster Ansatzpunkt, um Anforderungen an Lehrkräfte durch inklusive Bildung zu identifizieren, ist somit die Betrachtung verschiedener Aufgabenkataloge (an dieser Stelle zunächst ohne eine fachspezifische Perspektive). Anhand eines Reviews des internationalen empirischen Forschungsstandes fassen Melzer et al. (2015) Aufgaben sowohl von Regelschullehrkräften als auch von sonderpädagogischen Lehrkräften zusammen. Die Autorinnen und Autoren berücksichtigen dabei zwei Forschungsstränge. Einerseits werden allgemeine Aufgabenbeschreibungen für Lehrkräfte aller Schularten herangezogen, die keine Berücksichtigung von inklusiven Settings vornehmen. Es werden vor allem Studien berücksichtigt, die die Aufgaben mittels Selbstberichte der Lehrkräfte (z. B. über Fragebogen, Selbstbeobachtung, Interview) erfassen. Andererseits werden Aufgabenbeschreibungen für sonderpädagogische Lehrkräfte und Lehrkräfte der allgemeinen Schulen mit Bezug zu inklusiven Settings betrachtet. Dafür werden von Melzer et al. (2015) Beiträge berücksichtigt, in denen Studien mittels Experteninterview, Fragebögen und Dokumentenanalyse die Aufgaben von Lehrkräften erhoben haben, sowie ein weiteres Literaturreview (nach Moser et al., 2011). Sie identifizieren als gemeinsame Aufgabenbereiche von Lehrkräften der allgemeinen Schulen und sonderpädagogischer Lehrkräfte den Unterricht, die Kooperation, die Förderplanung und die eigene Professionalisierung. Vor allem in den Bereichen Unterricht und Kooperation identifizieren sie außerdem Gemeinsamkeiten in den Aufgaben, während sich die Aufgaben in den Bereichen Förderplanung und eigene Professionalisierung eher unterscheiden. Als Aufgaben, die überwiegend sonderpädagogischen Lehrkräften zugeordnet werden können, identifizieren sie administrative Aufgaben, die Anleitung von anderen Lehrkräften, Diagnostik, individuelle Angebote für einzelne Schülerinnen und Schüler, eine Beratung verschiedener Zielgruppen, die Vermittlung spezifischer Inhalte sowie die Professionalisierung anderer Mitarbeitenden der Schule (Melzer et al., 2015, S. 72). Als Aufgaben, die wiederum bezogen auf Regelschullehrkräfte zum Tragen kommen, werden von Melzer et al. (2015) Classroom Management, Grundwissen Sonderpädagogik, individuelle Entwicklungen begleiten, positives Sozialverhalten/Klassenklima fördern und fachliche Vorbereitung der Schülerinnen und Schüler benannt. In einem ersten Schritt wurden für die Weiterentwicklung des Modells somit Arbeiten berücksichtigt, die auch den Forschungsstand zu Aufgaben sonderpädagogischer Lehrkräfte in den Blick nehmen. Welche weiteren Überlegungen vor diesem Hintergrund relevant werden und welche es zukünftig weiter zu berücksichtigen gilt, wird am Ende dieses Teilkapitels erneut aufgegriffen. Die Betrachtung von Aufgaben an dieser Stelle deckt umfänglich verschiedene Bereiche der Schul- und Unterrichtsebene ab, berücksichtigt jedoch keine fachspezifische Analyse der Aufgabenbereiche beziehungsweise Anforderungen.

Konkretisiert für einzelne Fächer können zunächst die von der Kultusministerkonferenz formulierten inhaltlichen Anforderungen an einzelne Fachdidaktiken in der Lehrerbildung betrachtet werden. Dort sind im Bereich der Mathematik zum Beispiel die Gestaltung eines differenzierenden Mathematikunterrichts sowie die Zusammenarbeit mit sonderpädagogischen Lehrkräften als Anforderungen explizit aufgeführt (Kultusministerkonferenz, 2019, S. 38). Werden die Anforderungen an Lehrkräfte noch weiter konkretisiert, zum Beispiel mit Blick auf das Differenzieren mit offenen Aufgaben im inklusiven Mathematikunterricht, können weitere spezifischere Anforderungen identifiziert werden. Buró und Prediger (2019, S. 4638) unterscheiden – anhand ihrer Analyse einer Gruppendiskussion im Rahmen einer Fortbildung von 14 Mathematik- und sonderpädagogischen Lehrkräften der Sekundarstufe – innerhalb des Differenzierens mit offenen Aufgaben folgende Anforderungen: Analyse von Aufgaben bezogen auf die potenziell möglichen unterschiedlichen Lösungswege und -ansätze der Schülerinnen und Schüler, Identifizierung des Differenzierungspotenzials einer Aufgabe und möglicher Hindernisse, Unterstützung von Schülerinnen und Schülern mit besonderen Bedürfnissen für das Erreichen von Kernzielen.

Den verschiedenen dargestellten Anforderungsbeschreibungen liegen unterschiedliche theoretische Überlegungen sowie einzelne empirische Untersuchungen zugrunde. Zudem berücksichtigen sie unterschiedlich grobe oder feine Bezugssysteme: Von einer Schulentwicklung über die Unterrichtsebene hin zu einzelnen Anforderungen in Teilbereichen eines inklusiven Mathematikunterrichts kristallisieren sich verschiedene Anforderungen heraus. Basierend auf einer umfassenden Literatursichtung (in der beispielsweise auch frühere Arbeiten von der Gruppe um Melzer berücksichtigt werden) gehen König et al. (2019) von vier zentralen Anforderungsbereichen aus: *Diagnose, Intervention, Management und Organisation* sowie *Beratung und Kommunikation* (siehe Abb. 3.3).[3] Die vier Anforderungsbereiche werden im Folgenden näher erläutert, da sie auch in der vorliegenden Arbeit als Raster zur Einordnung verschiedener Anforderungen und später auch zur Einordnung der zur Bewältigung dieser Anforderungen notwendigen Kompetenzen dienen. Im Anschluss wird erneut eine mathematikspezifischere Perspektive eingenommen.

Die Bereiche *Diagnose* und *Intervention* beziehen sich auf die Unterrichtsebene, während die Bereiche *Management und Organisation* sowie *Beratung und Kommunikation* sich auf eine systemische und damit auf eine über den Unterricht hinausgehende Ebene beziehen (König et al., 2019, S. 46 f.), sodass die benannten verschiedenen Bezugssysteme berücksichtigt werden. Der Anforderungsbereich *Diagnose* bezieht sich bei König et al. (2019) insbesondere auf die Diagnostik

---

[3] In ihren Ausführungen gehen König et al. (2017, 2019) auch auf ein zuvor durchgeführtes, dann aber nicht veröffentlichtes Review ein, sodass nicht explizit aufgeschlüsselt werden kann, welche Studien an dieser Stelle eingeflossen sind und welche nicht. Stattdessen stützen sich die weiteren Ausführungen in der vorliegenden Arbeit deswegen auf die Ausführungen in König et al. (2019), in denen die Ergebnisse des Reviews zusammengefasst werden.

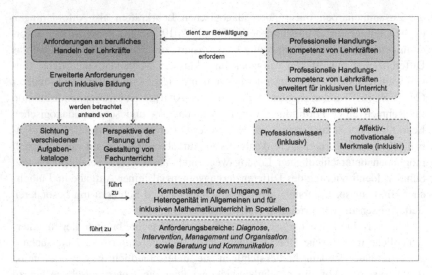

Abbildung 3.3   Anforderungsbereiche und Kernbestände für den Umgang mit Heterogenität im Allgemeinen und für inklusiven Mathematikunterricht im Speziellen

von Förderbedarfen, aber auch auf die Bestimmung von Lernausgangslagen (siehe auch König et al., 2017). Didaktisch-methodische Maßnahmen wie beispielsweise Aspekte der Individualisierung, der Klassenführung und der Strukturierung des Unterrichts werden unter dem Anforderungsbereich *Intervention* zusammengefasst (König et al., 2019, S. 46 f.). Der Anforderungsbereich *Management und Organisation* bezieht sich explizit auf Kooperationen wie beispielsweise die Zusammenarbeit von Regelschullehrkraft und sonderpädagogischer Lehrkraft. Der letzte Anforderungsbereich nach König et al. (2019, S. 47) ist der Bereich *Beratung und Kommunikation,* welcher aber von den Autorinnen und Autoren nicht weiter erläutert wird.

Eine Orientierung an diesen vier zentralen Anforderungsbereichen erscheint tragfähig, weil sie entweder explizit die Inhalte weiterer grundlegender Literatur, die sich mit Anforderungen durch inklusive Bildung beschäftigt, bereits berücksichtigen, oder weil diese inhaltlich anschlussfähig sind, wie die folgenden Ausführungen verdeutlichen. Im Rahmen einer Situationsanalyse und der Formulierung von Handlungsempfehlungen zur professionellen Gestaltung einer inklusiven Bildung schlussfolgern Heinrich et al. (2013, S. 82 ff.) beispielsweise, dass folgende Aspekte als zentrale Handlungsfelder einer inklusiven schulischen Bildung angesehen werden: Didaktik, fachliches und fachdidaktisches

Wissen, Diagnostik, Beliefs, Individualisierung und Leistungsdifferenzierung, Lehrerkooperation, Beratung und Schulentwicklung. Außer den Beliefs werden die zentralen Handlungsfelder alle durch die Anforderungsbereiche nach König et al. (2019) abgedeckt. Die Bedeutung der Beliefs wird vor dem Hintergrund der Berücksichtigung affektiv-motivationaler Merkmale in dieser Arbeit ebenfalls berücksichtigt. Weiterhin anschlussfähig sind zum einen die Überlegungen von Wischer (2007), die insbesondere auf den Umgang mit Heterogenität fokussieren. Demnach stellt Heterogenität komplexe Anforderungen an das Lehrerhandeln, sodass dies mit veränderten Einstellungen und veränderten didaktisch-methodischen Unterrichtsgestaltungen – insbesondere im Bereich der Differenzierung und Individualisierung – einhergeht und sich unter anderem auf eine hohe diagnostische Kompetenz bezieht (ebd.). Zum anderen sind die Überlegungen anschlussfähig an Schlussfolgerungen, die im Kontext aktueller Beiträge der Qualitätsoffensive Lehrerbildung diskutiert werden (Bundesministerium für Bildung und Forschung, 2018). Demnach schlussfolgern Bach et al. (2018, S. 126), dass angesichts der Herausforderung den sich verändernden Bedarfen von Inklusion gerecht zu werden, die Kompetenzen der Lehrkräfte in den Bereichen Diagnostik, Förderung und Beratung bedeutsam sind.

Die betrachteten Kompetenzkataloge sind oftmals wenig konkret (König et al., 2019, S. 48), sodass die Berücksichtigung eines zweiten Strangs zur Spezifizierung der Anforderungen durch inklusive Bildung herangezogen wird, der insbesondere eine fachspezifischere Perspektive einbringt. Aus der Perspektive der Planung und Gestaltung von Fachunterricht nehmen Knipping et al. (2017) in den Blick, welche Konstrukte und Prinzipien für den Umgang mit Heterogenität im Allgemeinen und für inklusiven Mathematikunterricht im Speziellen von Bedeutung sind (siehe Abb. 3.3).

Die Betrachtung von sogenannten pädagogischen und fachdidaktischen Kernbeständen erfolgt dabei ausgehend von dem Gedanken der Planung und Gestaltung von Fachunterricht bezogen auf die folgenden Aspekte:

Die *Oberflächenstrukturen von Unterricht* (Welche Sozialformen und Aktivitäten werden initiiert?), die *Tiefenstrukturen von Unterricht* (Welche kognitiven Aktivitäten und Wissensfacetten werden wie adressiert und von wem?) und die *Strukturierung der Lerngegenstände* (In welchen Reihenfolgen, Zugangsweisen und Sinnzusammenhängen sollen welche Inhalte angeboten werden?). (Knipping et al., 2017, S. 40, . Hervorhebung im Original)

Die konkrete Benennung einzelner Prinzipien und Konstrukte erfolgt an späterer Stelle jeweils mit Bezug zum entsprechend erweiterten Kompetenzbereich (siehe Abschn. 3.3). Die Überlegungen zu pädagogischen und fachdidaktischen

Kernbeständen werden insbesondere vor dem Hintergrund relevant, dass bisherige Konzeptionen von pädagogischem und fachdidaktischem Wissen angesichts erweiterter Anforderungen durch inklusive Bildung zu kurz greifen (König et al., 2019, S. 50). Während König et al. (2019) auf das pädagogische Wissen für inklusiven Unterricht fokussieren, gilt es in dieser Arbeit vor allem das fachdidaktische Wissen für inklusiven Mathematikunterricht zu betrachten. Insgesamt berücksichtigt das erweiterte Modell in dieser Arbeit damit einerseits alle Kompetenzbereiche und ermöglicht andererseits eine Konkretisierung der fachdidaktischen Perspektive. Die bereits in Abschnitt 2.6 erläuterten Grundzüge eines inklusiven Mathematikunterrichts werden deswegen zusätzlich zu den pädagogischen und fachdidaktischen Kernbeständen herangezogen, um Anforderungen durch inklusive Bildung noch feiner spezifizieren zu können (siehe Abb. 3.4).

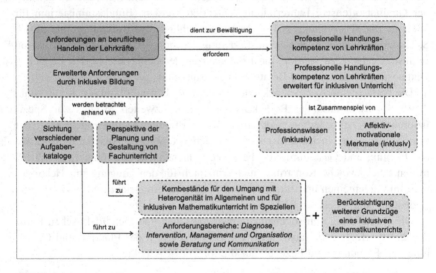

Abbildung 3.4 Berücksichtigung weiterer Grundzüge eines inklusiven Mathematikunterrichts

Für die Weiterentwicklung des Modells der professionellen Handlungskompetenz von Lehrkräften für inklusiven Mathematikunterricht werden somit bestehende Vorarbeiten zur Berücksichtigung verschiedener Anforderungsbereiche durch inklusive Bildung als auch fachdidaktische Konkretisierungen bezogen auf einen inklusiven Mathematikunterricht berücksichtigt (siehe Abb. 3.5). Im Rahmen der Weiterentwicklung werden kognitive sowie affektiv-motivationale

Merkmale der professionellen Handlungskompetenz in den Blick genommen und für die jeweilige Erweiterung der Kompetenzbereiche werden die Aspekte hervorgehoben, die durch eine inklusive Bildung besondere Bedeutung erfahren (siehe Abschn. 3.3 und 3.4).

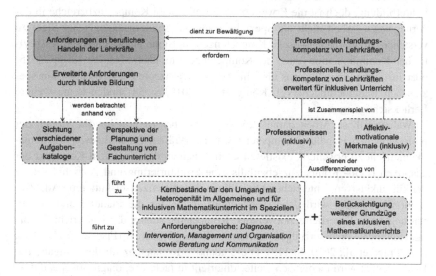

Abbildung 3.5 Ausdifferenzierung der Kompetenzbereiche

Vor dem Hintergrund, dass in den bisherigen Ausführungen – sei es im Rahmen der Anforderungen durch inklusive Bildung oder auch im Kontext der Überlegungen zur Gestaltung von Fortbildungen zu inklusivem Mathematikunterricht (Abschn. 2.6.2) – auch Kompetenzen sonderpädagogischer Lehrkräfte angesprochen wurden, werden weitere Gedanken dazu exemplarisch anhand eines Kompetenzstrukturmodells sonderpädagogischer Lehrkräfte an dieser Stelle noch einmal explizit aufgegriffen. Im Rahmen der Entwicklung eines Kompetenzstrukturmodells für sonderpädagogische Lehrkräfte (Moser & Kropp, 2015), welches fächerunspezifisch aufgefasst wird und auf Dokumentenanalysen der Literatur zu sonderpädagogischer Professionalität zurückgeht, werden folgende Kompetenzcluster identifiziert: Lernstands- und Entwicklungsdiagnostik, Beratungs- und Organisationskompetenz, binnendifferenzierter Unterricht, Lern- und Entwicklungsförderung, behinderungsspezifische Kommunikation, interdisziplinäre Kooperation und Förderung des sozialen Lernens (ebd., S. 189). Es zeigen sich zum Beispiel in den Bereichen Diagnose und Beratung Überschneidungen zwischen den skizzierten Anforderungen und Kompetenzen mit Blick auf Regelschul- und sonderpädagogische Lehrkräfte. Im Allgemeinen ist die Weiterentwicklung des Modells der professionellen Handlungskompetenz für inklusiven Mathematikunterricht damit anschlussfähig an Überlegungen zur sonderpädagogischen Lehrerbildung, doch ist die Erweiterung der einzelnen Kompetenzbereiche in der vorliegenden Arbeit nicht als Spezialisierung aus sonderpädagogischer Sicht zu verstehen. Sonderpädagogische Kompetenzen im Sinne einer behinderungsspezifischen Kommunikation (eines der Kompetenzcluster nach Moser & Kropp, 2015) oder im Sinne eines Wissens über Interventionskonzepte bei Lernenden mit spezifischen Behinderungen (vgl. König et al., 2019, S. 58) finden keine weitere Berücksichtigung.

Während diese Arbeit darauf fokussiert, ein bereits bestehendes Modell der professionellen Handlungskompetenz von Lehrkräften für inklusiven Mathematikunterricht zu erweitern, existieren auch Arbeiten, die unter dem Konstrukt der adaptiven (Lehr-)Kompetenz ebenfalls eine Strukturierung und Aufschlüsselung der für inklusiven Unterricht notwendigen Kompetenzen diskutieren. Adaptive (Lehr-)Kompetenz wird dabei verstanden als die für die Planung und Durchführung eines Unterrichts notwendige Kompetenz, sodass der Unterricht für die individuellen Voraussetzungen der Lernenden angepasst ist (Fischer et al., 2014, S. 2; Franz et al., 2019, S. 118). Diese adaptive Kompetenz für den Umgang mit Heterogenität wird theoretisch weiter unterteilt in fachliche, diagnostische, didaktische und kommunikative Kompetenz sowie die pädagogische Haltung (Fischer et al., 2014, S. 3 f.). Empirisch bestätigt (im Kontext der Validierung eines Instruments zur Erfassung der adaptiven Kompetenz mithilfe von Vignetten) hat sich eine Unterteilung anhand der Faktoren diagnostizieren können, differenzieren können und Klassenführung beherrschen (Franz et al., 2019, S. 138)[4]. In der vorliegenden Arbeit werden Kompetenzen betrachtet, die beispielsweise mit Bezug auf pädagogisches und fachdidaktisches Wissen die Anforderungen Diagnose und Intervention berücksichtigen. Dadurch ist es möglich, die Faktoren diagnostizieren können, differenzieren können und Klassenführung beherrschen – im Sinne der adaptiven (Lehr-)Kompetenz – auch im weiterentwickelten Modell der professionellen Handlungskompetenz von Lehrkräften für inklusiven Mathematikunterricht zu verorten.

---

[4] Im Rahmen dieser Validierung wurde die pädagogische Haltung nicht als Faktor der adaptiven Kompetenz aufgenommen, sondern es wurde der Zusammenhang zwischen der adaptiven Kompetenz anhand der genannten drei Faktoren und der Einstellung zur Inklusion untersucht (Franz et al., 2019).

Dies zeigt bereits, dass eine Strukturierung und Aufschlüsselung der für inklusiven Mathematikunterricht notwendigen Kompetenzen aus verschiedenen Perspektiven angegangen werden kann, sich aber gleiche zentrale Kompetenzen herauskristallisieren, die für einen inklusiven Mathematikunterricht eine besondere Bedeutung erfahren. Ähnliches zeigt sich auch, wenn ein Blick auf die Perspektive der Lehrkräfte geworfen wird. In Abschn. 2.6.2 ist bereits deutlich geworden, dass Lehrkräfte Fortbildungsbedarfe im Bereich inklusiver (Mathematik-)Unterricht äußern. Darüber hinaus können folgende Ergebnisse aus Perspektive der Lehrkräfte ergänzt werden. Im Rahmen einer Befragung von Lehrkräften zu ihren Bedarfen der Qualifizierung und Professionalisierung für inklusiven Unterricht werden zum Beispiel die Faktoren adaptive Unterrichtsgestaltung, Förderplanung, Schulkonzeptentwicklung, schulinterne Teamarbeit und Kooperation mit externen Partnern unterschieden (Weiß et al., 2019, Abschnitt Kernergebnisse). Zudem ergab die Befragung von Grundschullehrkräften zu ihrem inklusiven Unterricht, dass sich ihre professionelle Kompetenz durch eine differenzierte Unterrichtsdidaktik, den Beziehungsaufbau und eine effektive Klassenführung auszeichnet (Kopmann & Zeinz, 2018, S. 156). Die vorgestellten Überlegungen zu Anforderungen an Lehrkräfte durch inklusive Bildung und den benötigten Kompetenzen zur Bewältigung dieser, können somit auch in Befragungen von Lehrkräften zu ihrem inklusiven Unterricht wiedergefunden werden.

Um abschließend die Verbindung zwischen dem Modell von Baumert und Kunter (2006) und dem Modell der professionellen Handlungskompetenz in erweiterter Form aufzuzeigen, gibt die Tabelle 3.1 eine Übersicht über die verschiedenen Kompetenzbereiche.

Aus der Tabelle 3.1 wird auch ersichtlich, dass das Fachwissen nicht für inklusiven Mathematikunterricht erweitert wird (siehe auch Abschn. 3.3.1). In den folgenden beiden Kapiteln erfolgt die detaillierte Betrachtung der einzelnen Kompetenzbereiche.

Tabelle 3.1 Kompetenzbereiche im Modell der professionellen Handlungskompetenz von Lehrkräften (vgl. Baumert & Kunter, 2006) für inklusiven Mathematikunterricht (vgl. Bertram, Albersmann & Rolka, 2020)

	Kompetenzbereiche im Modell der professionellen Handlungskompetenz von Lehrkräften (vgl. Baumert & Kunter, 2006)	**Kompetenzbereiche im Modell der professionellen Handlungskompetenz von Lehrkräften für inklusiven Mathematikunterricht (vgl. Bertram, Albersmann & Rolka, 2020)**
Professionswissen (inklusiv)	Fachwissen	(keine Erweiterung)
	Pädagogisches Wissen	Pädagogisches Wissen inklusiv
	Fachdidaktisches Wissen	Fachdidaktisches Wissen inklusiv
	Organisationswissen	Organisationswissen inklusiv
	Beratungswissen	Beratungswissen inklusiv
Affektiv-motivationale Merkmale (inklusiv)	Überzeugungen	Überzeugungen inklusiv
	Selbstregulation	Selbstregulation inklusiv
	Motivation	Motivation inklusiv

3.3 Kompetenzbereiche der professionellen Handlungskompetenz – Professionswissen (inklusiv)

Das Professionswissen und die einzelnen Wissensbereiche wurden bereits vielfach untersucht. Dabei werden oftmals die Arbeiten von Shulman (1986) und Bromme (1992) zur Typologie des Wissens von Lehrkräften herangezogen. Die vorliegende Arbeit greift die Unterscheidung der Wissensbereiche Fachwissen, pädagogisches Wissen, fachdidaktisches Wissen, Organisationswissen und Beratungswissen aus dem Modell der professionellen Handlungskompetenz von Lehrkräften – welches im Rahmen der COACTIV-Studie entstanden ist – auf (Baumert & Kunter, 2006, S. 482)[5]. Die einzelnen Wissensbereiche werden in den folgenden Unterkapiteln näher thematisiert. Dabei erfolgt zunächst eine Beschreibung des jeweiligen Wissensbereichs. Anschließend werden die Ausführungen

---

[5] Eine ausführliche Darstellung verschiedener Arbeiten sowie die Gegenüberstellung unterschiedlicher Typologien hinsichtlich des Professionswissens kann beispielsweise Niermann (2017, S. 43 ff.) entnommen werden.

zu den einzelnen Bereichen vor dem Hintergrund der erweiterten Anforderungen durch inklusive Bildung betrachtet (mit Ausnahme des Fachwissens, siehe Abschn. 3.3.1). Somit erfolgt eine Präzisierung, welche Aspekte des jeweiligen Wissensbereichs im Sinne eines Umgangs mit Heterogenität im Allgemeinen und im Rahmen eines inklusiven Mathematikunterrichts im Speziellen besondere Bedeutung erlangen.

3.3.1 Fachwissen

Der COACTIV-Studie liegt ein Verständnis des Fachwissens als „vertieftes Hintergrundwissen über Inhalte des schulischen Curriculums" (Krauss et al., 2011, S. 157) zugrunde. Darunter fallen verschiedene Formen mathematischen Wissens, wie zum Beispiel ein umfassendes mathematisches Verständnis des Schulstoffes oder mathematisches Wissen von Erwachsenen über die Schulzeit hinaus (Baumert & Kunter, 2006, S. 489 f.). Das Fachwissen stellt eine wichtige Grundlage gelingenden Mathematikunterrichts dar (Krauss et al., 2011, S. 142 f.). In verschiedenen Studien konnte insbesondere ein hoher Zusammenhang, vor allem zwischen Fachwissen und fachdidaktischem Wissen, aber auch zwischen Fachwissen und pädagogischem Wissen, ausgemacht werden (für weitere Ausführungen siehe z. B. Niermann, 2017). Das Fachwissen wird sowohl im Regelals auch im inklusiven Mathematikunterricht als zentrale Grundlage für fachdidaktisches Handeln angesehen, sodass keine Weiterentwicklung des Fachwissens für inklusiven Mathematikunterricht vorgenommen wird (Bertram, Albersmann & Rolka, 2020).

3.3.2 Pädagogisches Wissen (inklusiv)

Für die Definition des pädagogischen Wissens wird auf das Review von Voss et al. (2015) zurückgegriffen, in dem verschiedene Konzeptualisierungen des pädagogischen Wissens systematisiert wurden (darunter auch die COACTIV-Studie). Demnach wird pädagogisches Wissen definiert als „Kenntnisse über das Lernen und Lehren, die sich auf die Gestaltung von Unterrichtssituationen beziehen und die fachunabhängig, das heißt auf verschiedene Fächer und Bildungsbereiche anzuwenden sind" (ebd., S. 187). Die folgenden inhaltlichen Facetten des pädagogischen Wissens (ebd., S. 194) dienen als Bezugspunkte für die Modellweiterentwicklung in dieser Arbeit:

- Lernen und Lernende
  - Lernprozesse (lern-, motivations- und emotionspsychologisches Wissen)
  - Unterschiede in den Voraussetzungen der Lernenden (Heterogenität)
  - Altersstufen und Lernbiographien (entwicklungspsychologisches Wissen)
- Umgang mit der Klasse als komplexem sozialen Gefüge
  - Klassenführung
  - Interaktion und soziale Konflikte
- Methodisches Repertoire
  - Lehr-Lern-Methoden und deren lernzieladäquate Orchestrierung
  - Individual- und Lernprozessdiagnostik
  - räumliche, materiale und mediale Gestaltung von Lernumgebungen.

Einzelne Facetten des pädagogischen Wissens stehen dabei in direkter Verbindung zum Umgang mit Heterogenität, zum Beispiel das *Wissen über Unterschiede in den Voraussetzungen der Lernenden*. König et al. (2019, S. 54) nutzen unter anderem ebenfalls die von Voss und Kolleginnen identifizierten Inhalte des pädagogischen Wissens, aber systematisieren diese im Rahmen der Erweiterung des pädagogischen Wissens für inklusiven Unterricht neu und assoziieren die einzelnen Inhalte dabei mit den Anforderungen durch inklusive Bildung in den Bereichen *Diagnose* und *Intervention:*

- Pädagogisches Wissen zum Anforderungsbereich Diagnose:
  - Wissen über Dispositionen und Unterschiede
  - Wissen über Lernprozesse
  - methodisches Wissen über Diagnose
- Pädagogisches Wissen zum Anforderungsbereich Intervention:
  - Wissen über Klassenführung
  - Wissen über Strukturierung
  - Wissen über Binnendifferenzierung/Individualisierung.

Bezogen auf den Anforderungsbereich *Diagnose,* heben König et al. (2019, S. 52) das Wissen für diagnostische Klärungen von sonderpädagogischen Unterstützungsbedarfen hervor. Für die vorliegende Arbeit werden die Facetten pädagogisches Wissen über *Lernen und Lernende* sowie die *Individual- und Lernprozessdiagnostik* des *methodischen Repertoires* nach Voss und Kolleginnen (2015) als Aspekte des Anforderungsbereichs *Diagnose* angesehen, während die weiteren Inhalte des pädagogischen Wissens dem Anforderungsbereich *Intervention* zugeordnet werden (Bertram, Albersmann & Rolka, 2020). Das Wissen über *Klassenführung* wird darüber hinaus zum Beispiel auch vor dem

Hintergrund der Zusammenarbeit in multiprofessionellen Teams im inklusiven Klassenzimmer bedeutsam (Krüger, 2015, S. 135). Das Wissen über *Binnendifferenzierung/Individualisierung* geht insbesondere mit der Bedeutsamkeit von Differenzierungsmaßnahmen einher. Aus einer organisatorisch-methodischen Perspektive heraus können zum Beispiel die Formen äußere und innere Differenzierung unterschieden werden. Bei einer äußeren Differenzierung werden die Schülerinnen und Schüler räumlich getrennt unterrichtet, es handelt sich somit um eine Form der Differenzierung, die sich auf institutionelle Rahmenbedingungen bezieht (Eberle et al., 2011, S. 3). Innere Differenzierungsmaßnahmen reagieren hingegen auf die Unterschiedlichkeit der Lernenden innerhalb einer Lerngruppe (ebd.). Insbesondere aufgrund positiver Erkenntnisse auch zum sozialen Lernen im gemeinsamen Unterricht sind deswegen vor allem Settings der inneren Differenzierung bedeutsam (vgl. z. B. Klemm & Preuss-Lausitz, 2011, S. 36 ff.). Im Sinne der Binnendifferenzierung kann bei König et al. (2019) von der Bedeutsamkeit innerer Differenzierungsmaßnahmen ausgegangen werden. Die Relevanz des Wissens über Differenzierungsmöglichkeiten und dazu passende Unterrichtskonzeptionen werden auch von Schmaltz (2019, S. 140) im Kontext des Umgangs mit Heterogenität untersucht.

Nachdem auf das pädagogische Wissen für inklusiven Mathematikunterricht bereits aus der Perspektive der erweiterten Anforderungen durch inklusive Bildung anhand der von König et al. (2019) identifizierten Anforderungsbereiche geschaut wurde, geht es im Folgenden darum, die Überlegungen zu pädagogischen Kernbeständen im Umgang mit Heterogenität für eine weitere Ausdifferenzierung heranzuziehen. Die von Knipping et al. (2017) benannten pädagogischen Kernbestände weisen Überschneidungen mit den Ausführungen von Voss et al. (2015) und König et al. (2019) auf und werden dem Anforderungsbereich *Intervention* zugeordnet (Bertram, Albersmann & Rolka, 2020). Knipping et al. (2017, S. 49) verweisen beispielsweise auf die Konstrukte Sozialformen, Methodenvielfalt und Classroom Management im Rahmen der Oberflächenstruktur von Unterricht, welche Bezüge zu den Bereichen *Umgang mit der Klasse als komplexem sozialen Gefüge* und *methodisches Repertoire* des pädagogischen Wissens aufweisen. Im Rahmen der pädagogischen Kernbestände der Oberflächenstruktur von Unterricht benennen Knipping et al. (2017, S. 49) die Bedeutsamkeit der Prinzipien Balance von individuellem und gemeinsamem Lernen, Handlungsorientierung und affektive Lernendenunterstützung. Wenngleich die Konzeptualisierung des pädagogischen Wissens für inklusiven Unterricht zunächst fachunabhängig betrachtet wird, so kann für die Gestaltung von inklusivem Mathematikunterricht dennoch hervorgehoben werden, dass dieser insbesondere mit den ersten beiden genannten Prinzipien assoziiert wird (siehe

auch Abschn. 2.6). Im Kontext des pädagogischen Wissens für inklusiven Mathematikunterricht können diese Prinzipien als methodische Prinzipien aufgefasst
werden, doch es gilt, diese aus einer fachdidaktischen Perspektive heraus zu
vertiefen (siehe Abschn. 3.3.3).

3.3.3 Fachdidaktisches Wissen (inklusiv)

Um der Aufgabe nachzukommen, mathematische Inhalte für Schülerinnen und
Schüler zugänglich zu machen, wird das fachdidaktische Wissen betrachtet
(Krauss et al., 2011, S. 138 f.). Dabei werden drei Facetten des fachdidaktischen
Wissens unterschieden (Baumert & Kunter, 2006, S. 495; Krauss et al., 2011,
S. 138 f.):

- Wissen über das Potenzial von Aufgaben,
- Wissen über multiple Repräsentations- und Erklärungsmöglichkeiten,
- Wissen über Schülervorstellungen.

Für den Umgang mit Heterogenität wurde aus einer pädagogischen Perspektive
bereits die Bedeutung von Differenzierungsmaßnahmen angesprochen, die an dieser Stelle aus fachdidaktischer Perspektive vor allem mit Blick auf das Wissen
über das Potenzial von Aufgaben bedeutsam werden. Das Wissen über offene Differenzierungsformate, im Sinne des Einsatzes von Aufgaben die Bearbeitungen
auf unterschiedlichen Niveaus und mit unterschiedlichen Zugangsweisen ermöglichen (Leuders & Prediger, 2016, S. 27), ist ebenso Teil dieser Wissensfacette wie
das Wissen über geschlossene Differenzierungsformate (Bertram, Albersmann &
Rolka, 2020). Bei der Verwendung geschlossener Differenzierungsformate erstellt
die Lehrkraft ein möglichst passgenaues Lernangebot für jede Schülerin und
jeden Schüler (Leuders & Prediger, 2016, S. 27). Die Ausführungen zu den Kernbeständen für den Umgang mit Heterogenität liefern weitere Ansatzpunkte, um
hervorzuheben, welche Aspekte im Sinne der fachdidaktischen Wissensfacetten
multiple Repräsentations- und Erklärungsmöglichkeiten und Schülervorstellungen
besonders relevant sind. Das Prinzip der kognitiven Aktivierung (Tiefenstruktur
von Unterricht), verstanden als das Ausmaß, in dem Lernende zur geistig aktiven
Auseinandersetzung mit dem Lerngegenstand angeregt werden (Knipping et al.,
2017, S. 51 ff.), spielt in diesem Rahmen ebenso eine wichtige Rolle, wie das
Vielfalts-Prinzip für Zugangsweisen (Strukturierung der Lerngegenstände). Ersteres geht vor allem mit einer Orientierung an den Prinzipien entdeckendes Lernen
und produktives Üben einher (ebd.). Letzteres greift unterschiedliche Strategien,

Darstellungsformen, Denkstile und Bearbeitungswege der Lernenden auf (vgl. Leuders & Prediger, 2016, S. 18). Neben diesen Überlegungen, welche Aspekte des fachdidaktischen Wissens für den Umgang mit Heterogenität hervorgehoben werden, wird das fachdidaktische Wissen im Folgenden vor dem Hintergrund der erweiterten Anforderungen durch inklusive Bildung detaillierter betrachtet.

Das fachdidaktische Wissen für inklusiven Unterricht wird nach König et al. (2019) zur Bewältigung der Anforderungen in den Bereichen *Diagnose* und *Förderung* benötigt. Ein Teil dessen ist zum Beispiel die Elementarisierung der Unterrichtsinhalte zur Berücksichtigung individueller Bedürfnisse, wobei bereits darauf hingewiesen wurde (siehe Abschn. 2.6), dass trotz einer Elementarisierung mathematische Inhalte umfänglich und zusammenhängend thematisiert werden sollten (Scherer, 1995). Die Anforderungsbereiche *Diagnose* und *Intervention* verweisen in ihrer Kombination außerdem auf die Bedeutsamkeit einer fokussierten Förderung im inklusiven Mathematikunterricht (siehe Abschn. 2.6), die mit einer Strukturierung der Lerngegenstände aus fachdidaktischer Perspektive einhergeht (vgl. Knipping et al., 2017, S. 49). In Rückbezug zu den genannten Facetten des fachdidaktischen Wissens werden weiterhin folgende Überlegungen zur Systematisierung der Facetten und Anforderungen angeschlossen (nach Bertram, Albersmann & Rolka, 2020). Das *Wissen über Schülervorstellungen* wird dem Anforderungsbereich *Diagnose* zugeordnet, da es unter anderem auch das Wissen über typische Fehler und Denkprozesse der Schülerinnen und Schüler umfasst. Im Sinne einer didaktischen Aufbereitung der Inhalte erfolgt eine Verbindung der Wissensfacetten *Wissen über multiple Repräsentations- und Erklärungsmöglichkeiten* und *Wissen über das Potenzial von Aufgaben* zum Anforderungsbereich *Intervention*. „Das Entscheidende bei der Betrachtung von fachdidaktischem Wissen für inklusiven Mathematikunterricht scheint jedoch nicht diese Systematisierung zu sein. Zentral ist die Frage, welche Prinzipien zum Umgang mit Heterogenität im inklusiven Mathematikunterricht besondere Bedeutung erlangen" (Bertram, Albersmann & Rolka, 2020, Abschn. 23). Ausgehend von den Erläuterungen in Abschn. 2.6.1 sind folgende Punkte an dieser Stelle zu berücksichtigen. Für die Initiierung von fachlichen Lernprozessen bei allen Schülerinnen und Schülern ist eine kognitive Aktivierung ebenso zentral wie ein aktiv-entdeckendes Lernen (Knipping et al., 2017, S. 53; Häsel-Weide & Nührenbörger, 2017, S. 10). Wissen über diese Aspekte des individuellen Lernens sind damit ein Bestandteil des fachdidaktischen Wissens für inklusiven Mathematikunterricht. Gleiches gilt für Wissen über gemeinsames Lernen wie beispielsweise zum Lernen am gemeinsamen Gegenstand (siehe Abschn. 2.6).

3.3.4 Organisationswissen (inklusiv)

Das Organisationswissen bezieht sich auf die Funktionslogik und -fähigkeit des Bildungssystems (Baumert & Kunter, 2011, S. 40 f.). Darunter fällt beispielsweise Wissen über das Bildungssystem und seine Rahmenbedingungen, über Schulorganisation, über Rechtsstellung von Schülerinnen und Schülern, Eltern und Lehrkräften sowie über Aufgaben der Schulleitung (Baumert & Kunter, 2011, S. 40 f.).

Nach König et al. (2019, S. 57) bezieht sich das Organisationswissen für inklusiven Unterricht auf die Bewältigung der Anforderungen aus dem Bereich *Management und Organisation* und wird in die Facetten Kooperation/Koordination, Schulorganisation/Rechtsstellung und Bildungssysteme/Rechtsstellung unterteilt.[6] Die Bedeutung einer multiprofessionellen Kooperation im inklusiven Mathematikunterricht ist bereits angesprochen worden (Abschn. 2.6) und wird an dieser Stelle noch einmal explizit aufgegriffen. Eine Kooperation kann sich sowohl auf die Klassenebene als auch auf die Schulebene beziehen (ebd.). Erstere bezieht sich dann beispielsweise auf die Kooperation zwischen Regelschul- und sonderpädagogischer Lehrkraft, letztere auch auf die Zusammenarbeit mit außerschulischen Partnern. Die Zusammenarbeit in multiprofessionellen Teams wird auch als notwendige, aber nicht hinreichende Bedingung für die Verwirklichung inklusiver Bildung verstanden (Bertels, 2018, S. 117 ff.). Das Wissen über die Kompetenzen der jeweils anderen Professionen stellt somit einen Bestandteil des Organisationswissen für inklusiven Mathematikunterricht dar. Im Zusammenhang mit dem Classroom Management (Teil des pädagogischen Wissens) ist auch das Wissen über Kooperationsformen im Team-Teaching als Teil des Organisationswissens von Bedeutung (siehe z. B. Heinrich & Werning, 2013). Beispielsweise können Kooperationsformen unterschieden werden in Abhängigkeit davon, welche Lehrkraft sich schwerpunktmäßig um welche Schülerinnen und Schüler kümmert. Zentral ist dabei, dass sich die verschiedenen Lehrkräfte der Verantwortungsübernahme für alle Schülerinnen und Schüler, aber gleichzeitig auch für jede Schülerin bzw. jeden Schüler individuell, bewusst werden

---

[6] König et al. (2019) wählen statt „Organisationswissen für inklusiven Unterricht" die Bezeichnung „Organisationswissen für Inklusion" (S. 57) und knüpfen damit an ihr Verständnis von inklusiver Bildung an. Damit schlagen König et al. (2019) für das Organisationswissen (und auch für das Beratungswissen) eine andere Bezeichnung vor als für das pädagogische Wissen und das fachdidaktische Wissen für inklusiven Unterricht. In der vorliegenden Arbeit wird jedoch aufgrund der Fokussierung auf inklusiven Mathematikunterricht einheitlich die Bezeichnung „für inklusiven Unterricht" beziehungsweise „für inklusiven Mathematikunterricht" für alle Wissensbereiche verwendet.

(Radhoff et al., 2019, S. 274 f.). Vor dem Hintergrund der Schulorganisation (Facette nach König et al., 2019, S. 57) rücken im Kontext von inklusiver Bildung Aspekte der Schulentwicklung ebenfalls in das Blickfeld des Organisationswissens für inklusiven Mathematikunterricht (Bertram, Albersmann & Rolka, 2020, Abschn. 27). Dabei ist das Ziel einer inklusiven Schulentwicklung, dass für eine Schule die Möglichkeit entsteht, „für alle Schülerinnen und Schüler ein lernförderlicher Entwicklungsraum zu werden" (Werning, 2013, S. 60). Schließlich wird eine Kooperation von Regelschul- und sonderpädagogischer Lehrkraft als förderlich für eine inklusive Schulentwicklung verstanden (beispielsweise im Kontext des Classroom Managements, Krüger, 2015, S. 144), sodass die Aspekte des Organisationswissens an dieser Stelle miteinander verbunden sind.

3.3.5 Beratungswissen (inklusiv)

Das Beratungswissen bezieht sich auf das Wissen, das Lehrkräfte in der Kommunikation mit Laien benötigen (Baumert & Kunter, 2006, S. 482). Typische Beratungsanlässe von Lehrkräften sind zum Beispiel Gespräche mit Eltern und Schülerinnen und Schülern bezogen auf Schullaufbahnberatungen, Lernschwierigkeiten oder Verhaltensprobleme (Baumert & Kunter, 2011, S. 40). Im Rahmen einer Modellierung von Beratungswissen gehen Bruder et al. (2010) zum Beispiel auf die Bedeutung von Berater-Skills (etwa das Wissen über Gesprächsführung) oder die Bewältigung von schwierigen Beratungssituationen ein. Zudem wird eine Verbindung zum pädagogischen und zum fachdidaktischen Wissen hergestellt, da Beratungssituationen stets mit einer Diagnose verbunden sind (ebd.).

Das Beratungswissen für inklusiven Unterricht bezieht sich auf die Bewältigung der Anforderungen in dem Bereich *Beratung und Kommunikation* (König et al., 2019, S. 49). Sowohl für Regelschul- als auch für sonderpädagogische Lehrkräfte wird im Kontext von inklusiver Bildung der Erwerb von Kompetenzen zur Kommunikation und Beratung betont (Benkmann & Gercke, 2018, S. 284). „Im inklusiven Kontext kommt insbesondere die Beratung von Schülerinnen und Schülern sowie deren Eltern im Zusammenhang mit sonderpädagogischen Förderbedarfen zur Geltung" (Bertram, Albersmann & Rolka, 2020, Abschn. 28).

3.4   Kompetenzbereiche der professionellen Handlungskompetenz – affektiv-motivationale Merkmale (inklusiv)

Die professionelle Handlungskompetenz von Lehrkräften besteht neben dem Professionswissen auch aus affektiv-motivationalen Merkmalen. Die folgenden Kapitel erläutern zunächst das grundlegende Verständnis der Kompetenzbereiche Überzeugungen, Selbstregulation und Motivation. Anschließend werden jeweils Überlegungen für die Erweiterung der Kompetenzbereiche für inklusiven Mathematikunterricht angeschlossen.

3.4.1   Überzeugungen (inklusiv)

Überzeugungen werden als subjektiv für wahr gehaltene Annahmen definiert (siehe Abschn. 3.1), wobei für Mathematik epistemologische Überzeugungen zur Wissenskonstruktion, Überzeugungen über das Lernen und Lehren in einem schulischen Gegenstandsbereich und selbstbezogene Fähigkeitskognitionen unterschieden werden (Baumert & Kunter, 2006, S. 497). Insbesondere mit Bezug zu den ersten beiden Aspekten werden in COACTIV Überzeugungen zur Natur des mathematischen Wissens und Überzeugungen zum Lehren und Lernen von Mathematik, sowie die jeweilige lerntheoretische Fundierung dessen betrachtet (Voss et al., 2011, S. 236 ff.). Eine Vielzahl von Studien greift für die Operationalisierung der Überzeugungen auf die Arbeiten von Grigutsch et al. (1998) zur Natur mathematischen Wissens und auf die Unterscheidung von transmissiver und konstruktivistischer Orientierung bezogen auf das Lernen und Lehren von Mathematik zurück – so auch COACTIV. Zentrale Bestandteile und knappe Definitionen der einzelnen Überzeugungen können folgender Auflistung entnommen werden:

- Überzeugungen zur Natur mathematischen Wissens (Bosse, 2017, S. 78 f.; Grigutsch et al., 1998)
  - Schemaaspekt: Mathematik als Sammlung von Begriffen, Regeln, Formeln, Schemata, Definitionen und Aussagen
  - Formalismusaspekt: Mathematik geprägt durch Exaktheit von Definitionen, Strenge bei Beweisen und präzises Vorgehen
  - Prozessaspekt: Mathematik charakterisiert durch Prozesse und Tätigkeiten des Problemlösens, des Erschaffens, Entdeckens und Verstehens

- Anwendungsaspekt: praktischer Nutzen und direkter Anwendungsbezug der Mathematik im alltäglichen sowie beruflichen Leben
- Überzeugungen zum Lehren und Lernen von Mathematik (Wilde & Kunter, 2016, S. 306; Schmotz et al., 2010, S. 287 ff.)
  - transmissive Orientierung: gerichteter Vermittlungsprozess des Wissens und Lernen als Aufnahme und Speicherung von weitergegebenen Informationen
  - konstruktivistische Orientierung: Lernen als aktiver und selbstgesteuerter Prozess der Wissenskonstruktion.

Vor dem Hintergrund, dass in dieser Arbeit eine Weiterentwicklung des Modells zur professionellen Handlungskompetenz von Lehrkräften für inklusiven Mathematikunterricht erfolgt, sind nicht nur die bisher thematisierten Überzeugungen mit Blick auf Mathematikunterricht, sondern insbesondere auch Überzeugungen zu Inklusion von Bedeutung.

Viele Forschungsarbeiten beschäftigen sich mit Überzeugungen zu Inklusion, wobei keine einheitliche Konzeptualisierung von Inklusion in diesem Zusammenhang vorliegt (vgl. Grosche, 2015) und eine Gegenüberstellung von einem engen Inklusionsverständnis (gemeinsamer Unterricht von Schülerinnen und Schülern mit und ohne sonderpädagogischen Unterstützungsbedarf) und einem weiten Inklusionsverständnis (adaptive Förderung aller Lernenden) als Rahmen hinzugezogen wird (Strauß & König, 2017, S. 248). Je nach zugrunde gelegtem Inklusionsverständnis können inklusive Überzeugungen deswegen als Vorstellungen zum Umgang mit speziellem Förderbedarf bei Schülerinnen und Schülern verstanden werden (Wilde & Kunter, 2016, S. 303), oder Inklusion wird als positive Überzeugung im Sinne einer Wertschätzung und Anerkennung von Heterogenität aufgefasst (Grosche, 2015, S. 34). Um den Anforderungen durch inklusive Bildung, auch im Sinne einer Schulreform, gerecht werden zu können (unabhängig vom konkreten Begriffsverständnis), kommen verschiedene Arbeiten zu dem Schluss, dass eine positive Einstellung zu Inklusion[7] relevant ist (Avramidis & Norwich, 2002; Gebhardt et al., 2015; Seifried, 2015; Schmaltz, 2019).

Es können zwei Stränge in der Forschung bezüglich der Einstellungen zu Inklusion ausgemacht werden. Einerseits wurden Instrumente zur Erfassung von Einstellungen zu Inklusion entwickelt (Bosse & Spörer, 2014; Strauß & König, 2017), andererseits beschäftigen sich Arbeiten mit Einflussfaktoren auf die Einstellungen der Lehrkräfte zu Inklusion (z. B. Erfahrungen im inklusiven

---

[7] In der vorliegenden Arbeit werden Strauß und König (2017) folgend die Begriffe Einstellungen und Überzeugungen zu Inklusion synonym verwendet werden.

Unterricht oder Kontakt zu Menschen mit Behinderung; Hellmich & Görel, 2014; Seifried, 2015). Da in dieser Arbeit die Veränderung von Überzeugungen im Sinne der Lernprozesse der Lehrkräfte im Rahmen einer Fortbildungsteilnahme untersucht wird, gilt es an dieser Stelle den Kompetenzbereich der Überzeugungen für inklusiven Unterricht zu erweitern. Dafür spielen Aspekte, mit deren Hilfe Einstellungen zu Inklusion operationalisiert werden, eine zentralere Rolle als die Berücksichtigung verschiedener Einflussfaktoren auf Einstellungen zu Inklusion, sodass eine ausführliche Darstellung nur für Ersteres vorgenommen wird (insbesondere, weil in diesem Kontext eine konkrete Verbindung zu den identifizierten Anforderungsbereichen durch inklusive Bildung hergestellt werden kann). Bezogen auf die verschiedenen Anforderungsbereiche durch inklusive Bildung (Diagnose, Intervention, Management und Organisation sowie Beratung und Kommunikation) und entlang eines engen und weiten Inklusionsverständnisses haben Strauß und König (2017, S. 248) begonnen, ein Rahmenmodell berufsbezogener Überzeugungen zu inklusiver Bildung zu erstellen. Die adaptive Förderung von Lernenden mit Förderbedarf im Regelunterricht (enges Inklusionsverständnis) wird zum Beispiel mit einem höheren Arbeitsaufwand der Lehrkräfte assoziiert und im Kontext des Anforderungsbereichs Management und Organisation betrachtet (ebd.). Einstellungen zur Leistungsbeurteilung und herangezogener Bezugsnormen im Sinne eines weiten Inklusionsverständnisses werden wiederum im Zusammenhang mit dem Anforderungsbereich Diagnose gesehen. Eine Operationalisierung weiterer Einstellungsfacetten steht noch aus (ebd., S. 248 f.), denkbar wäre, dass auch eine Verbindung von Überzeugungen zu Inklusion und der Zusammenarbeit in multiprofessionellen Teams berücksichtigt wird. Im Kontext der Fragebogenentwicklung von Bosse und Spörer (2014) werden folgende Aspekte der Einstellungen zu Inklusion relevant:

- Einstellungen zur Gestaltung inklusiven Unterrichts zum Beispiel mit Blick auf die Umsetzbarkeit von inklusiven Lerngelegenheiten,
- Einstellungen zu Effekten inklusiven Unterrichts auf die Schülerinnen und Schüler sowie
- Einstellungen zum Einfluss des Schülerverhaltens auf inklusiven Unterricht zum Beispiel mit Blick auf die Aufmerksamkeit der Lehrkraft im gemeinsamen Unterricht.

Diese Einstellungen werden insbesondere den Anforderungsbereichen *Diagnose* und *Intervention* zugeordnet, wobei beispielsweise eine Verbindung zum Classroom Management im Sinne des pädagogischen Wissens für inklusiven Unterricht hergestellt werden kann.

3.4.2   Selbstregulation (inklusiv)

In Bezug zur Selbstregulation als weiteren Kompetenzbereich wird vor allem das Belastungserleben der Lehrkräfte betrachtet (Baumert & Kunter, 2006, S. 504), sodass in COACTIV insbesondere die adaptive Selbstregulation, also „ein erfolgreiches Haushalten mit den eigenen Ressourcen" (Klusmann, 2011, S. 277), berücksichtigt wurde. Dieses erfolgreiche Haushalten mit eigenen Ressourcen zeichnet sich durch eine Balance von Ressourceninvestition (Engagement) und Ressourcenerhaltung (Widerstandsfähigkeit) aus (ebd., S. 286). Die Fähigkeit der Selbstregulation wird dabei im Zusammenhang mit der Bewältigung von Anforderungen des Lehrerberufs diskutiert und somit in Verbindung zu beruflichem Erfolg gesehen. Beruflicher Erfolg bezieht sich wiederum auf eine qualitätsvolle Gestaltung des Unterrichts sowie auf das berufliche Wohlbefinden der Lehrkräfte (ebd.).

Im Kontext der Selbstregulation für inklusiven Unterricht „kommt angesichts der wachsenden Anforderungen auch dem Belastungserleben bzw. dem schonenden Umgang mit eigenen Ressourcen eine neue Rolle zu" (Bertram, Albersmann & Rolka, 2020, Abschn. 33). Lehrkräfte äußern insbesondere Sorgen, dass sie nicht allen Schülerinnen und Schülern gerecht werden können (zentrale Anforderung inklusiver Bildung) oder dass ihnen die Zeit fehlt, individuelle Bedürfnisse der Schülerinnen und Schüler zu berücksichtigen oder eine entsprechende Vorbereitung zu leisten (Seifried, 2015, S. 45 f.). Darüber lässt sich eine Verbindung zu den Anforderungsbereichen *Diagnose* und *Intervention* herstellen. Theoretisch wäre es ebenso möglich, dass das berufliche Wohlbefinden durch die Anforderungen der Bereiche *Beratung und Kommunikation* sowie *Management und Organisation* beeinflusst wird, beispielsweise durch veränderte Beratungsanlässe oder durch notwendige Ressourcen für Schulentwicklungsprozesse.

3.4.3   Motivation (inklusiv)

Im Rahmen des Kompetenzbereichs Motivation werden vor allem unterschiedliche Ziele, Präferenzen und Motive von Lehrkräften zusammengefasst (Kunter, 2011, S. 259). Thematisiert werden motivationale Merkmale als Kompetenzbereich, der sich nicht nur auf die Fähigkeit, sondern insbesondere auf die Bereitschaft bezieht, Anforderungen zu bewältigen. In der Lehrermotivationsforschung insgesamt werden drei Bereiche besonders untersucht (Kunter, 2011): Berufswahlmotive (Gründe für die Berufswahl), Selbstwirksamkeitserwartungen (bezogen auf Lehrkräfte vor allem verstanden als Einschätzung der Lehrkräfte, wie gut es ihnen gelingen kann, das Lernen der Schülerinnen und Schüler zu unterstützen) und intrinsische Orientierungen (stabiles positives Erleben bei bestimmten Tätigkeiten oder Inhalten).

Da hohe Selbstwirksamkeitserwartungen ein förderlicher Faktor für die Bewältigung von Anforderungen sein können (Kunter, 2011, S. 262), ist es wenig verwunderlich, dass im Bezug zur Motivation besonders Selbstwirksamkeitserwartungen im inklusiven Unterricht angesichts erweiterter Anforderungen untersucht werden. Zugleich konnte ein Zusammenhang zwischen Überzeugungen und Motivation gezeigt werden: Lehrkräfte, die sich als selbstwirksamer einschätzen, weisen positivere Einstellungen zu Inklusion auf (Seifried, 2015, S 44 f.). Im Rahmen einer Fragebogenentwicklung operationalisieren Bosse und Spörer (2014) das Konstrukt der Selbstwirksamkeitserwartungen anhand der folgenden Aspekte:

- Selbstwirksamkeit bezogen auf die Gestaltung inklusiven Unterrichts,
- Selbstwirksamkeit bezogen auf den Umgang mit Unterrichtsstörungen und
- Selbstwirksamkeit bezogen auf die Zusammenarbeit mit Eltern.

An dieser Stelle können mit Blick auf die Gestaltung von inklusivem Unterricht und den Umgang mit Störungen Verbindungen zu den Anforderungsbereichen *Diagnose* und *Intervention* hergestellt werden. Der Aspekt der Selbstwirksamkeit im Kontext der Zusammenarbeit mit Eltern fällt in den Anforderungsbereich *Beratung und Kommunikation*. Vor dem Hintergrund der Anforderungen aus dem Bereich *Management und Organisation* wäre auch die Untersuchung von Selbstwirksamkeitserwartungen im Schulentwicklungsprozess im Rahmen von inklusiver Bildung von Interesse. Es kann festgehalten werden, dass die intrinsische Motivation, sich mit inklusionspädagogischen Fragestellungen zu beschäftigen – neben den Selbstwirksamkeitserwartungen –, einen Einfluss auf gelingenden inklusiven Unterricht haben kann (Hellmich & Görel, 2014).

Zusammenfassung der theoretischen Grundlagen und Herleitung der Forschungsfragen

In dieser Arbeit werden Lernprozesse von Lehrkräften im Rahmen einer Fortbildung zu inklusivem Mathematikunterricht untersucht. Lernprozesse werden dabei als kognitive Aktivitäten verstanden, die durch Reflexionen bewusst gemacht werden können (vgl. Hasselhorn & Labuhn, 2008) und sich im Kontext des Lehrerlernens auf Veränderungen im Wissen und in affektiv-motivationalen Merkmalen beziehen (Goldsmith et al., 2014, S. 7). Die bisher thematisierten Erkenntnisse zum Lehrerlernen machen deutlich, dass weiterhin Forschungsbedarf mit Blick auf die Analyse gegenstandsbezogener Lernprozesse im Kontext eines inklusiven Mathematikunterrichts besteht, insbesondere weil das Wissen über gegenstandsbezogene Lernprozesse von Lehrkräften für eine effektive und systematische Fortbildungsgestaltung grundlegend ist (Goldsmith et al., 2014, S. 21; Prediger et al., 2017, S. 159 f.). Typische Verläufe des Lehrerlernens sind dabei von besonderer Bedeutung (Prediger, 2019a, S. 30) und bilden das zentrale Erkenntnisinteresse dieser Arbeit. Ziel ist es, daraufhin Implikationen für die Gestaltung von Fortbildungen abzuleiten ebenso wie Implikationen für die Forschung zu Lernprozessen von Lehrkräften (siehe Kap. 8).

Da für die Gestaltung von Fortbildungen nicht nur die Analyse gegenstandsbezogener Professionalisierungsprozesse, sondern auch die Spezifizierung des Professionalisierungsgegenstandes zentral ist (Prediger, 2019a, S. 11), wurde vor dem Hintergrund der Frage, was Lehrkräfte über einen bestimmten Fortbildungsinhalt wissen müssen (vgl. Prediger et al., 2016, S. 97), eine Beschreibungssprache für die Untersuchung gegenstandsbezogener Lernprozesse entwickelt (Kap. 3). Ausgehend von erweiterten Anforderungen an das Handeln von Lehrkräften durch inklusive Bildung wurde das Modell der professionellen Handlungskompetenz von Lehrkräften (Baumert & Kunter, 2006) für inklusiven Mathematikunterricht

J. Bertram, *Lernprozesse von Lehrkräften im Rahmen einer Fortbildung zu inklusivem Mathematikunterricht*, Essener Beiträge zur Mathematikdidaktik, https://doi.org/10.1007/978-3-658-36797-8_4

weiterentwickelt (Bertram, Albersmann & Rolka, 2020). Aufbauend auf der Idee von König et al. (2019) wurden die einzelnen Kompetenzbereiche erweitert, und es wurde verdeutlicht, welche Inhalte vor dem Hintergrund eines inklusiven Mathematikunterrichts von besonderer Bedeutung sind (Abschn. 3.3 und 3.4). In dem Modell werden somit die Bereiche Fachwissen, pädagogisches Wissen (inklusiv), fachdidaktisches Wissen (inklusiv), Organisationswissen (inklusiv), Beratungswissen (inklusiv), Überzeugungen (inklusiv), Selbstregulation (inklusiv) und Motivation (inklusiv) unterschieden. Von besonderer Bedeutung im inklusiven Mathematikunterricht sind, ausgehend von den Ausführungen zum gemeinsamen und individuellen Lernen im inklusiven Mathematikunterricht (Abschn. 2.6.1), zum Beispiel das Lernen am gemeinsamen Gegenstand (fachdidaktisches Wissen inklusiv) oder hinsichtlich affektiv-motivationaler Merkmale die Einstellungen zur Gestaltung inklusiven Unterrichts (Überzeugungen inklusiv). Die Verwendung des Modells der professionellen Handlungskompetenz von Lehrkräften für inklusiven Mathematikunterricht als Beschreibungssprache kommt außerdem dem Gedanken nach, dass – in Anlehnung an ein kompetenztheoretisches Verständnis der Lehrerprofessionalität (vgl. Terhart, 2011) – Lehrerlernen in dieser Arbeit als Kompetenzveränderung/-entwicklung verstanden wird. Demnach werden die Veränderungen im Sinne des Lehrerlernens anhand von Veränderungen in den Kompetenzbereichen im Rahmen einer Fortbildung betrachtet.

In einem ersten Schritt stehen die Analyse und die Beschreibung der Fortbildungsinhalte im Vordergrund. Dies zielt auf die Beantwortung der ersten Forschungsfrage ab:

Forschungsfrage 1: Wie können die Fortbildungsinhalte mittels des Modells der professionellen Handlungskompetenz von Lehrkräften für inklusiven Mathematikunterricht beschrieben werden?

Die Kombination aus der Betrachtung typischer Verläufe des Lehrerlernens und der Verwendung des weiterentwickelten Modells der professionellen Handlungskompetenz von Lehrkräften für inklusiven Mathematikunterricht zur Beschreibung der Lernwege führt zur folgenden zentralen und zweiten Forschungsfrage:

Forschungsfrage 2: Welche typischen Lernwege der Lehrkräfte lassen sich im Rahmen der Fortbildung anhand des Modells der professionellen Handlungskompetenz von Lehrkräften für inklusiven Mathematikunterricht identifizieren und wie können diese beschrieben werden?

Dass Fortbildungen im Allgemeinen, aber auch bezogen auf inklusiven Unterricht Veränderungen im Wissen und in affektiv-motivationalen Merkmalen bewirken können, konnte in mehreren Studien bereits gezeigt werden (vgl. Kap. 2). Die Untersuchung von Lehrerlernen in fachspezifischen Fortbildungen zu inklusivem Unterricht (Implikation bei Waitoller & Artiles, 2013, S. 342) soll jedoch dabei helfen, diese Erkenntnisse vor dem Hintergrund eines inklusiven Mathematikunterrichts zu vertiefen. Deswegen fokussiert die vorliegende Arbeit nicht nur auf die Beschreibung von Lernwegen (als Antwort auf die vorherige Forschungsfrage), sondern geht auch der folgenden dritten Forschungsfrage nach:

Forschungsfrage 3: Welche Verbindungen zwischen Fortbildungsinhalten und typischen Lernwegen der Lehrkräfte lassen sich identifizieren?

Zwei Unterfragen spezifizieren, dass es bei dieser Verbindung der Fortbildungsinhalte und den typischen Lernwegen einerseits um die Frage geht, inwiefern es Hinweise darauf gibt, dass Veränderungen auf Fortbildungsinhalte beziehungsweise den Fortbildungskontext zurückgeführt werden können. Andererseits wird ein Lerntransfer als Teil der Lernprozesse fokussiert – da Fortbildungsinhalte angewendet werden –, sodass der Frage nachgegangen wird, welche weiteren Verbindungen von Lernprozessen und Fortbildungsinhalten anhand von Lerntransferaufträgen identifiziert werden können.

Forschungsfrage 3a: Inwiefern können mögliche Erklärungen für die typischen Lernwege der Lehrkräfte unter Berücksichtigung des Fortbildungsinhaltes angegeben werden?

Forschungsfrage 3b: Welche Fortbildungsinhalte lassen sich in den Bearbeitungen der Lerntransferaufträge identifizieren?

Im folgenden Kapitel wird die empirische Studie vorgestellt, mit Hilfe derer diese Forschungsfragen untersucht werden.

Empirische Studie

5

In diesem Kapitel wird die empirische Studie vorgestellt, in der es um die Untersuchung der Lernprozesse von Lehrkräften im Rahmen einer Fortbildung geht. Dementsprechend wird zunächst die zugrundeliegende Fortbildung „Mathematik & Inklusion" vorgestellt, in deren Kontext die Studie durchgeführt wurde (Abschn. 5.1). Anschließend werden die Datenerhebung, die Vorstellung der Erhebungsinstrumente und die Datenaufbereitung fokussiert (Abschn. 5.2). Schließlich werden die Methoden und die Vorgehensweise der Datenauswertung beschrieben (Abschn. 5.3).

5.1 Inhalt und Teilnehmende der Fortbildung „Mathematik & Inklusion"

Die Fortbildung „Mathematik & Inklusion" wurde von September 2017 bis September 2019 vom Pädagogischen Landesinstitut Rheinland-Pfalz mit wissenschaftlicher Begleitung durch das DZLM durchgeführt. Zunächst werden einige Eckdaten der Fortbildung dargestellt (Abschn. 5.1.1). Anschließend werden die Inhalte der fünf Fortbildungsmodule anhand von Lerngelegenheiten beschrieben (Abschn. 5.1.2). Das Kapitel endet mit der deskriptiven Beschreibung der Lehrkräfte, die an der Fortbildung teilgenommen haben, und fokussiert damit die Stichprobe der vorliegenden Studie (Abschn. 5.1.3).

Ergänzende Information Die elektronische Version dieses Kapitels enthält Zusatzmaterial, auf das über folgenden Link zugegriffen werden kann https://doi.org/10.1007/978-3-658-36797-8_5.

5.1.1　Eckdaten der Fortbildung

Die Fortbildung besteht aus fünf Modulen und wurde von insgesamt zwölf Fortbildenden durchgeführt, sechs mit einer zusätzlichen Qualifikation als Beratungskraft im Bereich Inklusion und sechs mit einer zusätzlichen Qualifikation als Beratungskraft im Bereich Unterrichtsentwicklung Mathematik[1]. Die Fortbildenden waren sowohl für die Planung als auch die Durchführung der fünf Fortbildungsmodule zuständig. Im Rahmen von Planungstreffen, sowie durch einzelne Vorträge während der Fortbildung, erfolgte auch eine Beteiligung von Mitarbeiterinnen des Deutschen Zentrums für Lehrerbildung Mathematik (DZLM). Zwischen den Modulen lagen jeweils mehrere Monate, in denen die Teilnehmenden weiterhin in ihren Schulen tätig waren (in dieser Arbeit mit Distanzphasen bezeichnet). Vier der fünf Fortbildungsmodule waren zweitägig – nur das zweite Modul war eintägig. Die Module wurden in der Regel mit allen Fortbildungsteilnehmenden gleichzeitig durchgeführt. Modul 2 wurde allerdings aus organisatorischen Gründen zwei Mal durchgeführt mit jeweils der Hälfte der teilnehmenden Lehrkräfte und Modul 3 wurde mit den Teilnehmenden einer Schule separat durchgeführt (weil die Teilnehmenden an dem ursprünglichen Termin verhindert waren). Da die Inhalte trotzdem weitgehend identisch blieben, wird diese Besonderheit im weiteren Verlauf dieser Arbeit nicht weiter berücksichtigt.

Für die spätere Betrachtung der Lernwege der Lehrkräfte anhand von drei Phasen, wurde auch die Fortbildung in drei Phasen eingeteilt: Beginn der Fortbildung, Verlauf der Fortbildung und Ende der Fortbildung. Abbildung 5.1 kann die genaue Zuteilung der Fortbildungsmodule und der Distanzphasen zu den einzelnen Phasen des Lernwegs entnommen werden. Anhand dessen wird deutlich, dass die erste Phase des Lernwegs sich auf das erste Modul und die daran anschließende Distanzphase bezieht. Die zweite Phase des Lernwegs umfasst die Zeit von Modul 2 bis einschließlich Modul 4 und den dazwischenliegenden Distanzphasen. Die dritte Phase des Lernwegs bezieht sich auf die letzte Distanzphase und das fünfte Modul. Diese Einteilung weist außerdem eine Passung zu den Inhalten der Fortbildung auf. Zu Beginn der Fortbildung erfolgte eine erste Auseinandersetzung mit dem Thema inklusiver Mathematikunterricht, in den folgenden Modulen wurden einzelne für inklusiven Mathematikunterricht relevante Themengebiete fokussiert und gegen Ende der Fortbildung wurden sowohl die Reflexion

---

[1] An der Gestaltung der einzelnen Module haben immer unterschiedlich viele Fortbildende mit verschiedenen Qualifikationen mitgearbeitet. Die meisten von ihnen waren von Beginn bis zum Ende der Fortbildung an der Planung und Durchführung beteiligt, sodass hier als Größenordnung von zwölf verschiedenen Personen ausgegangen wird.

der Fortbildung als auch die Planung der Weiterarbeit über das Ende der Fortbildung hinaus in den Blick genommen. Die Beschreibung der Lernwege der Lehrkräfte erfolgt somit durch eine Beschreibung der Veränderungen in Wissen und in affektiv-motivationalen Merkmalen von Phase zu Phase.

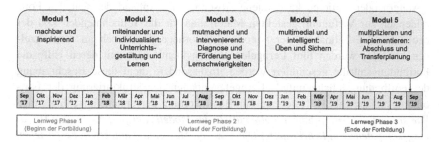

Abbildung 5.1 Zeitlicher Ablauf und Einteilung der Fortbildung bzgl. der Phasen des Lernwegs

Bevor in Abschnitt 5.1.2 die Inhalte dieser Module näher betrachtet werden, folgen einige Anmerkungen zu den an der Fortbildung teilnehmenden Schulen. Die an der Fortbildung interessierten Lehrkräfte bewarben sich in Form von Schulteams (in der Regel bestehend aus einer Mathematiklehrkraft Klasse 5, einer Mathematiklehrkraft Klasse 7 und einer sonderpädagogischen Lehrkraft) für die Fortbildungsteilnahme. Das Projekt startete daraufhin im September 2017 mit Lehrkräften aus zehn Schulen aus Rheinland-Pfalz. Aufgrund äußerer Rahmenbedingungen stiegen zwei Schulen im Verlauf der zweijährigen Fortbildung aus, sodass im September 2019 noch Lehrkräfte von acht Schulen aktiv an der Fortbildung teilgenommen haben. Ebenso gab es auch Schulen, die im Fortbildungsverlauf ihr Schulteam erweitert haben, indem weitere Lehrkräfte der gleichen Schule zur Fortbildung hinzukamen. Jedes Schulteam wurde im Rahmen der Fortbildung (sowohl während der Präsenzphasen als auch während der Distanzphasen) durch jeweils eine Fortbildnerin bzw. einen Fortbildner für Inklusion und eine Fortbildnerin bzw. einen Fortbildner für Unterrichtsentwicklung Mathematik begleitet. Die Fortbildenden unterstützten die Lehrkräfte beispielsweise während der Arbeitsphasen bei den Modulen oder trafen sich für weitere Gespräche sowie Hospitationen mit den Lehrkräften an deren Schulen während der Distanzphasen.

5.1.2 Inhalte der Fortbildungsmodule

In diesem Kapitel werden die Inhalte der fünf Fortbildungsmodule anhand von Lerngelegenheiten beschrieben. Als Lerngelegenheit wird in dieser Arbeit eine Erfahrung bezeichnet, die die vorhandenen Ideen und Praktiken der Lehrkräfte erweitern oder irritieren kann (siehe Abschn. 2.1). Anhand der von den Fortbildenden zur Verfügung gestellten Materialien für die Teilnehmenden und der beobachtenden Teilnahme der Autorin der vorliegenden Arbeit an den einzelnen Modulen wurden fünf Lerngelegenheiten identifiziert, mit deren Hilfe die Fortbildungsinhalte geschildert werden. Insbesondere dient diese Beschreibung der Fortbildungsinhalte mittels Lerngelegenheiten der Strukturierung der Fortbildungsinhalte (als Hilfestellung zur Beantwortung der ersten Forschungsfrage *Wie können die Fortbildungsinhalte mittels des Modells der professionellen Handlungskompetenz von Lehrkräften für inklusiven Mathematikunterricht beschrieben werden?*). Diese Strukturierung ist wiederum für die Untersuchung der Lernwege der Lehrkräfte nützlich, da die dritte Forschungsfrage auf die Untersuchung der Verbindungen zwischen Fortbildungsinhalten und typischen Lernwegen der Lehrkräfte abzielt. Die Nutzung der Lerngelegenheiten zur Strukturierung ermöglicht eine eindeutige Zuordnung aller Fortbildungsinhalte zu einzelnen Lerngelegenheiten, auch wenn die folgenden Beschreibungen der Lerngelegenheiten nicht vollständig überschneidungsfrei sind. Über alle Fortbildungsmodule hinweg werden die folgenden fünf Lerngelegenheiten (kurz LG) unterschieden:

a) *Vortrag/Input:* Die Teilnehmenden erhalten von Fortbildenden oder externen Vortragenden einen Input zu bestimmten Themen. Diese Vorträge greifen dabei in der Regel auf kurze Murmelphasen zurück, in denen die Teilnehmenden in Vortragspausen mit ihren Kolleginnen und Kollegen Fragestellungen aus dem Vortrag diskutieren. Beispielsweise werden Gestaltungsprinzipien inklusiven Mathematikunterrichts thematisiert.

b) *Austausch mit Kolleginnen und Kollegen:* Die Teilnehmenden werden explizit dazu angeregt, in den Austausch mit Kolleginnen und Kollegen anderer Schulen zu kommen. Dies kann sich beispielsweise auf einen Erfahrungsaustausch mit Blick auf die Schulpraxis oder auf die gegenseitige Präsentation von Arbeitsergebnissen im Plenum beziehen.

c) *Arbeit im Schulteam:* Die Teilnehmenden arbeiten mit den Kolleginnen und Kollegen der eigenen Schule zusammen. Oftmals werden gemeinsam Materialien für den eigenen Unterricht entwickelt oder es werden nächste gemeinsame Schritte geplant.

d) *Aktivität:* Die Lehrkräfte nehmen an einer konkreten Lernaktivität beispielsweise in Form einer länger andauernden Gruppenarbeit teil. Damit sind jedoch nicht die reinen Austausch- oder Arbeitsphasen mit Kolleginnen und Kollegen der eigenen oder anderer Schulen im Sinne der vorherigen Lerngelegenheiten gemeint. Eine Aktivität ist beispielsweise die Beobachtung eines diagnostischen Interviews mit Schülerinnen und Schülern.

e) *Workshop:* Die Teilnehmenden arbeiten intensiver zu einem bestimmten Themengebiet. Im Rahmen eines Workshops können verschiedene andere Lerngelegenheiten ebenfalls zum Tragen kommen. In der Regel werden die Workshops auch von den Fortbildenden als solche benannt[2].

Im Folgenden werden die Inhalte der einzelnen Module dargestellt. Neben einer Fokussierung auf die strukturgebenden Lerngelegenheiten wird dabei insbesondere eine Verbindung zu den Gestaltungsprinzipien des DZLM (siehe auch Abschn. 2.4.1, nach Barzel & Selter, 2015) aufgegriffen. Dafür werden exemplarisch einzelne Gestaltungsprinzipien im Kontext der Modulbeschreibungen herausgegriffen, wenngleich eine Orientierung an allen Prinzipien in der gesamten Fortbildung erfolgte. In den Tabellen 5.1 und 5.2 sind zunächst alle Lerngelegenheiten der einzelnen Module – sortiert nach der Art der Lerngelegenheit – zusammenfassend aufgeführt. Anschließend werden die Fortbildungsinhalte der Module in chronologischer Reihenfolge näher erläutert. Insgesamt werden die zentralen Fortbildungsinhalte in diesem Kapitel gebündelt dargestellt, sodass im Rahmen der Ergebnisdarstellung auf diese Übersicht zurückgegriffen werden kann (im Kontext der Beantwortung der ersten Forschungsfrage). Dementsprechend werden die Inhalte der Tabellen 5.1 und 5.2 auch für die Datenanalyse verwendet.

Modul 1

Das Modul 1 dient insbesondere dem Einstieg in das Thema „Mathematik & Inklusion". Zur Einstimmung in das Thema halten die Fortbildenden einen Vortrag mit dem Titel „Mythen und Irrtümer" (LG Vortrag/Input). In diesem Vortrag thematisieren die Fortbildenden irrtümliche Vorstellungen zum Themengebiet Inklusion und verdeutlichen daran, welche Aspekte den Teilnehmenden im Laufe der Fortbildung bewusst werden sollen. Zum Beispiel gehen die Fortbildenden

---

[2] Dies zeigte sich auch in der konkreten Organisation der Workshop-Phasen während der Module, da beispielsweise explizit eine Aufteilung der Schulteams und somit eine arbeitsteilige Auseinandersetzung mit Inhalten erfolgte oder die Teilnehmenden Wahlmöglichkeiten hatten und nicht alle angebotenen Workshops besuchten.

Tabelle 5.1 Fortbildungsinhalte anhand von Lerngelegenheiten für Module 1 und 2

LG	Modul 1	Modul 2
Vortrag/ Input	Mythen und Irrtümer (Vorstellungen zu Inklusion und Inklusionsverständnis); Inklusion im Mathematikunterricht der Sekundarstufe I – Ansätze und Hintergründe	Gestaltungsprinzipien inklusiven Mathematikunterrichts – Vertiefung mittels fachdidaktischer Literatur; Förderkurs „Zahlenjongleur"; Konzept der Hospitationsschulen
Austausch mit Kolleginnen und Kollegen	Kennenlernen der anderen Teilnehmenden	Bisherige Erfahrungen und aktuelle Herausforderungen mit Blick auf Erprobungen in der Schule (z. B. zum Classroom Management und zu den Workshops Klasse 5 und 7)
Arbeit im Schulteam	Austausch über erste Eindrücke und Erfahrungen; Gemeinsame Zielsetzung und Planung der gemeinsamen Weiterarbeit	Planung der gemeinsamen Weiterarbeit
Aktivität		Planung und Gestaltung von inklusivem Mathematikunterricht anhand einer Unterrichtseinheit zum Thema Flächen und Flächeninhalt (auch eigenständige Planungen der Lehrkräfte); Formen des Co-Teachings
Workshop	Klasse 5 – Stellenwertsystem und Grundrechenarten vor dem Hintergrund von Diagnose und Förderung; Klasse 7 – Prozentrechnung vor dem Hintergrund der Planung und Gestaltung einer inklusiven Unterrichtsreihe; Classroom Management (Fokus auf Rituale und Routinen)	

Tabelle 5.2 Fortbildungsinhalte anhand von Lerngelegenheiten für Module 3, 4 und 5

LG	Modul 3	Modul 4	Modul 5
Vortrag/ Input	Lernförderliche Prinzipien im inklusiven Mathematikunterricht mit besonderem Fokus auf dem Förderkurs „Zahlenjongleur"; Diagnostischer Blick auf Lernende – pädagogische Diagnostik und diagnostisches Interview; Vertiefende Grundlagen des Förderkurses „Zahlenjongleur"	Roter Faden zur Algebra; Vertiefende Inhalte zum Förderkurs „Zahlenjongleur" (Fokus auf Terme); Strukturierungsvorschlag zur Algebra mit typischen Fehlern (& Vorstellung der Methode Gruppenrallye)	Bericht von der Numeracy-Tagung; Vertiefung zur pädagogischen Diagnostik; Vertiefung zu diagnostischen Interviews mit einem Fokus auf positive Gesprächsführung
Austausch mit Kolleginnen und Kollegen	Austausch über schönste Momente im Verlauf des ersten Projektjahres von „Mathematik & Inklusion"	Erfahrungsaustausch zur Umsetzung des Förderkurses „Zahlenjongleur"	Präsentation der Schulen als Rückblick zur Projektteilnahme
Arbeit im Schulteam	Diskussion von Ideen zur Umsetzung der Inhalte zum diagnostischen Interview an der eigenen Schule; Erfahrungsaustausch bezogen auf die Workshops und Planung der gemeinsamen Weiterarbeit	Austausch über Ideen zur Umsetzung der Workshopinhalte; Entwicklung von eigenem Unterrichtsmaterial	Erstellung der Präsentationen für den Abschluss des Projekts; Austausch über Weiterarbeit nach dem Projekt unter Berücksichtigung von individuellen Stärken
Aktivität	Beobachtung eines diagnostischen Interviews mit Schülerinnen und Schülern, durchgeführt von Fortbildenden	„Nicht Aufgeben?!" – Mut machende und zum Durchhalten aktivierende Aktivitäten	Lob- und Wertschätzungskultur (z. B. Selbstreflexion und gelungene Teamarbeit)

(Fortsetzung)

Tabelle 5.2 (Fortsetzung)

LG	Modul 3	Modul 4	Modul 5
Workshop	Konkrete Umsetzung und Organisation des Förderkurses sowie Kennenlernen der entsprechenden Materialien; Sprachförderung im inklusiven Mathematikunterricht am Beispiel der Bruchrechnung	Verschiedene Workshops zum Thema Umgang mit Fehlern und lernförderlicher Einsatz von Medien (an beispielhaften Themengebieten der Algebra)	

darauf ein, dass sich verbesserte Leistungen der schwächeren sowie keine verschlechterten Leistungen der stärkeren Schülerinnen und Schüler in heterogenen Lerngruppen zeigen, sodass das Konstrukt einer homogenen Lerngruppe und der Gedanke „In homogenen Lerngruppen lernt es sich besser" als Mythos angesehen werden kann. Insgesamt zeichnet sich dadurch auch ab, welches Inklusionsverständnis der Fortbildung zugrunde liegt. Dieses Verständnis deckt sich mit dem Inklusionsverständnis, dem diese Arbeit folgt (siehe Abschn. 2.6). Beispielsweise wird auch erläutert, dass inklusiver Unterricht jeder Schülerin und jedem Schüler einen individuellen Lernzuwachs ermöglichen soll.

Nach dieser Einstimmung beginnt eine „Stehparty", in deren Rahmen die Lehrkräfte sich mit den anderen Teilnehmenden über ihre Meinungen und Einstellungen zu Inklusion austauschen und sich dadurch kennenlernen (LG Austausch mit Kolleginnen und Kollegen). Es folgt eine Phase der Zielfindung und Reflexion, in der die Schulteams gemeinsam mit den für sie zuständigen Fortbildenden die ersten Eindrücke und Erfahrungen verarbeiten, Ziele für die Weiterarbeit im Rahmen der Fortbildung festhalten und erste Schritte zur konkreten Umsetzung planen (LG Arbeit in Schulteams).

Im weiteren Verlauf der Fortbildung erhalten die Lehrkräfte einen zweiten Input, dieses Mal von einer externen Vortragenden aus dem DZLM. Der Vortrag mit dem Titel „Inklusion im Mathematikunterricht der Sekundarstufe I – Ansätze und Hintergründe" widmet sich vor allem dem aktuellen Forschungsstand zum Themengebiet und vermittelt Grundprinzipien eines inklusiven Mathematikunterrichts (LG Vortrag/Input). Unter anderem werden grundlegende Elemente des individuellen und gemeinsamen Lernens thematisiert, wie sie auch in Abschn. 2.6.1 dargestellt wurden. Nach diesem Vortrag folgen erneut Phasen zur Arbeit in Schulteams und zum Austausch mit Kolleginnen und Kollegen anderer Schulen (LG Austausch mit Kolleginnen und Kollegen, LG Arbeit in Schulteams). Im Fokus steht sowohl ein Austausch über die bisher gesammelten Eindrücke aus den Vorträgen als auch eine Planung mit Blick auf die Fragen „Wo stehen wir?", „Wo wollen wir hin?" und „Wie machen wir das?".

Anschließend werden die Teilnehmenden in zwei Gruppen aufgeteilt und nehmen an unterschiedlichen Workshops teil (LG Workshop)[3]. Der Austausch zwischen den Lehrkräften unterschiedlicher Gruppen ist eine zentrale Zielsetzung einer an die Arbeit in getrennten Gruppen anschließenden Phase. Eine Gruppe nimmt am Workshop Klasse 5 teil. Im Fokus steht insbesondere die Diagnose und Förderung im Kontext des Stellenwertsystems und bezogen auf Grundrechenarten. Die andere Gruppe nimmt am Workshop Klasse 7 teil und lernt eine inklusive Unterrichtsreihe zur Prozentrechnung kennen. Alle Lehrkräfte nehmen im Laufe des ersten Fortbildungsmoduls des Weiteren an einem Workshop zum Classroom Management teil (LG Workshop). Das erste Fortbildungsmodul endet mit einer Arbeitsphase in Schulteams, in denen die Lehrkräfte gemeinsam mit den Fortbildenden individuelle Planungen für die Weiterarbeit besprechen (LG Arbeit in Schulteams).

Hinsichtlich der DZLM-Gestaltungsprinzipien werden folgende Punkte für das erste Fortbildungsmodul festgehalten: Im Sinne einer Kompetenzorientierung (Barzel & Selter, 2015) erfolgt insbesondere durch den Vortrag zu „Mythen & Irrtümer" eine Orientierung an den im Bereich Überzeugungen zu erwerbenden Kompetenzen der teilnehmenden Lehrkräfte. Ebenso werden weitere zu erwerbende Kompetenzen im Rahmen des Vortrags zu Grundprinzipien eines inklusiven Mathematikunterrichts sowie in den Workshops in den Blick genommen. Im Zuge verschiedener Arbeits- und Reflexionsphasen im Team erfolgt eine Reflexionsförderung und eine Kooperationsanregung unter den Teilnehmenden (ebd.).

Modul 2
Dieses Modul fokussiert auf die Unterrichtsgestaltung und das Lernen im inklusiven Mathematikunterricht. Zu Beginn der Veranstaltung finden zwei Gesprächsrunden statt, in denen sich die Lehrkräfte mit den Kolleginnen und Kollegen der anderen Schulen austauschen (LG Austausch mit Kolleginnen und Kollegen). In der ersten Gesprächsrunde steht der Austausch im Hinblick auf bisherige Erfolge

---

[3] Für die Betrachtung von individuellen Lernprozessen in dieser Arbeit wird nicht unterschieden, an welchem Workshop welche Person teilgenommen hat.

und aktuelle Herausforderungen an den jeweiligen Schulen im Vordergrund. Die zweite Gesprächsrunde nimmt stärker einen Austausch zu Erprobungen der Materialien aus den Workshops des ersten Moduls in den Blick.

Die darauffolgende Aktivität legt den Schwerpunkt auf die Prinzipien von inklusivem Unterricht, die in Modul 1 bereits angesprochen wurden und nun vertieft werden (LG Aktivität). Ausgehend von den folgenden drei Leitfragen, welche sich als roter Faden durch alle weiteren Fortbildungsmodule ziehen, wird der Einstieg in eine Unterrichtsreihe zum Thema Flächen und Flächeninhalt mit den Lehrkräften erarbeitet:

- Wurde bei der Planung der Abbau von Hindernissen für das Lernen und die Teilhabe aller berücksichtigt?
- Schließt die Unterrichtseinheit Partner- und Gruppenarbeit sowie Einzelarbeit und Arbeit mit der ganzen Klasse ein?
- Hat jede/r die Möglichkeit, am gemeinsamen Gegenstand kognitiv herausfordernd zu arbeiten?

Als Aufgabe für den Einstieg in diese Unterrichtsreihe wird die sogenannte Zoo-Aufgabe von den Fortbildenden gewählt (ausgehend von einer Idee nach Holzäpfel et al., 2011). Die Lehrkräfte setzen sich anhand der Leitfragen intensiv mit den Möglichkeiten dieser selbstdifferenzierenden Aufgabe auseinander und diskutieren, welche Möglichkeiten die Schülerinnen und Schüler haben, Methoden für den Vergleich der Flächen und der Flächeninhalte zweier Tiergehege zu entdecken. Die Lehrkräfte erhalten daraufhin die Aufgabe, die vorgestellte Zoo-Aufgabe für ihren eigenen Unterricht zu adaptieren – entweder für die Klasse 5 als Einstieg in die Behandlung von Flächeninhalt und Umfang eines Rechtecks oder für die Klasse 7 als Wiederholung, um dann auf die Flächeninhaltsformeln anderer Vierecke einzugehen.

Während der beschriebenen Aktivität lernen die Lehrkräfte außerdem die Würfelmethode kennen, bei der jede Schülerin bzw. jeder Schüler einen Würfel vor sich liegen hat, um damit während einer Arbeitsphase signalisieren zu können, ob beispielsweise Hilfe benötigt wird (LG Vortrag/Input und Aktivität). Im Anschluss an die Aktivität werden im Rahmen eines Vortrags die Gestaltungsprinzipien zu inklusivem Mathematikunterricht anhand der drei Leitfragen vertiefend dargestellt. Mit Hilfe von vor allem fachdidaktischer Literatur werden zentrale Aspekte zum Beispiel bezogen auf das Lernen am gemeinsamen Gegenstand thematisiert (analog zu den Erläuterungen in Abschn. 2.6.1). Im Schulteam wird im weiteren Verlauf des Moduls an der Unterrichtsreihe zum Thema Flächen und Flächeninhalt weitergearbeitet (LG Arbeit im Schulteam). In diesem Kontext wird den Lehrkräften auch eine Differenzierungsmatrix zum Thema Flächeninhalt präsentiert (LG Vortrag/Input). Anhand der Dimensionen kognitive und thematische Komplexität wird der fachdidaktische Gegenstand des Flächeninhalts in der Matrix aufgegliedert.

Im weiteren Verlauf des Moduls informieren sich die Lehrkräfte in Form eines Galeriegangs über mögliche Formen der Zusammenarbeit von Regelschullehrkraft und sonderpädagogischer Lehrkraft (LG Aktivität). Die kennengelernten Formen des Co-Teachings sollen anschließend in einer Arbeitsphase in Schulteams bei der weiteren Planung der Unterrichtseinheit zum Thema Flächen und Flächeninhalt berücksichtigt werden (LG Arbeit im Schulteam). Anschließend werden zwei weitere Vorträge von externen Vortragenden aus dem Pädagogischen Landesinstitut Rheinland-Pfalz gehalten (LG Vortrag/Input). Im ersten Vortrag wird der Förderkurs „Zahlenjongleur" vorgestellt. Das grundlegende Konzept zur Aufarbeitung von gravierenden Verständnislücken im Bereich Grundrechenarten und Zahlenverständnis wird den Teilnehmenden präsentiert, da sie beim nächsten Fortbildungsmodul nähere Informationen dazu erhalten, um den Förderkurs an den eigenen Schulen aufbauen zu können. Eckpfeiler des Kurses sind die Durchführung eines diagnostischen Interviews, Schüler-Eltern-Gespräche und ein wöchentlicher ca. 90-minütiger Förderkurs in Kleingruppen[4]. Im zweiten Vortrag werden Schulen vorgestellt, die als sogenannte Hospitationsschulen in Rheinland-Pfalz tätig sind. An diesen Schulen können die Lehrkräfte eine Hospitation zum Thema individuelle Förderung und inklusiver Unterricht durchführen. Das Fortbildungsmodul endet mit einer Arbeit in den Schulteams, in der die weitere Zusammenarbeit besprochen wird (LG Arbeit im Schulteam).

Während die DZLM-Gestaltungsprinzipien Kompetenzorientierung und Kooperationsanregung (Barzel & Selter, 2015) beispielsweise durch die Thematisierung weiterer zentraler Aspekte eines inklusiven Mathematikunterrichts und die Arbeit im Schulteam ähnlich wie in Modul 1 auch in Modul 2 adressiert werden, kommt im Rahmen des zweiten Moduls vor allem das Gestaltungsprinzip Fallbezug zum Tragen. Durch die intensive Auseinandersetzung mit einem konkreten Beispiel einer Unterrichtseinheit zum Thema Flächen und Flächeninhalt, werden den Teilnehmenden Anregungen und Möglichkeiten aufgezeigt, wie die zentralen Gestaltungsprinzipien inklusiven Mathematikunterrichts in der Praxis umgesetzt werden können (vgl. ebd.).

---

[4] Für weitere Details zum Konzept des Förderkurses „Zahlenjongleur" siehe Bicker und Hafner (2014).

Modul 3

Im Rahmen von Modul 3 werden insbesondere Diagnose- und Fördermöglich-keiten bei Lernschwierigkeiten thematisiert. Zu Beginn des Fortbildungsmoduls wird aufgrund der „Halbzeit" des Projekts eine Reflexion durchgeführt, in der die Lehrkräfte sich mit den anderen Kolleginnen und Kollegen über ihre schönsten Momente des vergangenen Jahres im Rahmen der Fortbildung austauschen (LG Austausch mit Kolleginnen und Kollegen).

Anschließend halten die Fortbildenden einen Vortrag zu lernförderlichen Prin-zipien im inklusiven Mathematikunterricht mit einem besonderen Fokus auf den Förderkurs „Zahlenjongleur" (LG Vortrag/Input). Als Kriterien lernwirksa-men Arbeitens (ausgehend von den Ergebnissen nach Hattie, 2009) werden zum Beispiel Autonomieerleben, Freiwilligkeit, Selbstorganisation, Selbstwirksamkeit, Transparenz, Feedback, Kompetenzerleben, soziale Eingebundenheit und Wert-schätzung thematisiert. Ebenso werden fachdidaktische Leitprinzipien fokussiert, zum Beispiel: Herausfinden, wie Kinder denken, Grundvorstellungen aufbauen sowie Strategien entwickeln, lernen und sammeln. Unter dem Stichwort „diagno-stischer Blick auf Lernende" folgt ein weiterer Vortrag der Fortbildenden, in dem die pädagogische Diagnostik auf der Grundlage von Beobachtungen der Schü-lerinnen und Schüler auf vielfältige Art thematisiert wird (LG Vortrag/Input). In diesem Kontext wird den Lehrkräften außerdem ein beispielhafter Förderplan gezeigt und das Thema bewegtes Lernen wird angesprochen. Insbesondere gehen die Fortbildenden in dem Vortrag vertiefend auf das diagnostische Interview ein. Zentrales Ziel ist es dabei herauszufinden, wie Schülerinnen und Schüler den-ken, sodass vorhandene und nicht vorhandene mathematische Grundvorstellungen auf der Grundlage von Verbalisierungen diagnostiziert werden. Insgesamt werden dadurch verschiedene Grundzüge eines inklusiven Mathematikunterrichts – wie sie auch in Abschnitt 2.6.1 dargestellt wurden – in der Fortbildung aufgegrif-fen. Im Anschluss an den Vortrag haben die Teilnehmenden die Möglichkeit, die Fortbildenden bei der Durchführung eines diagnostischen Interviews mit Schü-lerinnen und Schülern zu beobachten (LG Aktivität). Daraufhin erfolgt eine Phase der Arbeit in Schulteams, in der die Lehrkräfte besprechen, wie die Anre-gungen durch die Beobachtung eines diagnostischen Interviews in der eigenen Schule umgesetzt werden können und welche offenen Fragen diesbezüglich noch bestehen (LG Arbeit im Schulteam).

Im weiteren Verlauf des Fortbildungsmoduls wird das Konzept des Förderkur-ses „Zahlenjongleur" intensiver im Rahmen eines weiteren Vortrags betrachtet (LG Vortrag/Input). Der konkrete Ablauf des Förderkurses rückt außerdem in einem daran anschließenden Workshop in den Vordergrund (LG Workshop). Dafür werden die Lehrkräfte in zwei Gruppen eingeteilt. Eine Gruppe nimmt an dem Workshop zum Förderkurs teil, da diese Lehrkräfte aktiv in die Umsetzung des Förderkurses an der eigenen Schule nach dem Fortbildungsmodul eingebunden sein werden. Die andere Gruppe hat zunächst die Grundlagen des Förderkurses kennengelernt und nimmt anschließend an einem Workshop zum Thema Sprachförderung im inklusiven Mathematikunterricht am Beispiel der Bruchrechnung teil. Im Laufe des Workshops werden beispielsweise verschiedene Anschauungsmittel sowie verschiedene Darstellungsformen (symbolisch, ikonisch, enaktiv) für Brüche diskutiert. Das Modul endet mit einer Arbeitsphase in Schulteams. Zunächst berichten sich die Lehrkräfte gegenseitig von ihren Erfahrungen aus den Workshops und planen dann die gemeinsame Weiterarbeit (LG Arbeit im Schulteam).

Die Reflexionen zu Beginn von Modul 3, die Fokussierung auf weitere zentrale Aspekte eines inklusiven Mathematikunterrichts und die weiteren Möglichkeiten zum Austausch mit Kolleginnen und Kollegen sowie die Arbeit im Schulteam lassen eine Orientierung an den DZLM-Gestaltungsprinzipien Reflexionsanregung, Kompetenzorientierung und Kooperationsanregung erkennen (Barzel & Selter, 2015). Ähnlich wie in Modul 2, werden bei Modul 3 durch die Aktivität zur Beobachtung eines diagnostischen Interviews Möglichkeiten zur Umsetzung der Fortbildungsinhalte in der Praxis aufgezeigt (DZLM-Gestaltungsprinzip Fallbezug, ebd.). An dieser Stelle wird zudem deutlich, dass sowohl innerhalb einzelner Fortbildungsmodule, aber auch durch die Anlage der Fortbildung insgesamt (mit Präsenz- und Distanzphasen), das DZLM-Gestaltungsprinzip der Lehr-Lern-Vielfalt – hier durch eine Mischung aus Input- und Erprobungsphasen – berücksichtigt wird (ebd.).

Modul 4

Dieses Modul ist dem Thema Üben und Sichern im inklusiven Mathematikunterricht gewidmet. Am Anfang des Moduls erfolgt unter der Überschrift „Nicht aufgeben?! – Überlebenskit (nicht nur) für den Schulalltag" eine Aktivität, die den Teilnehmenden Mut geben und zum Durchhalten animieren soll (LG Aktivität). Insbesondere durch ein hohes Belastungserleben an einzelnen Schulen entschieden sich die Fortbildenden dazu, dies in Form eines Austauschs zwischen den Lehrkräften verschiedener Schulen zu gestalten.

Anschließend folgen die Lehrkräfte einem Vortrag zum Thema „Roter Faden zur Algebra" (LG Vortrag/Input). Anhand verschiedener Beispielaufgaben werden in dem Vortrag die grundlegenden Inhalte des Algebraunterrichts von Klasse 5 bis 8 überblicksartig dargestellt. Der Fokus liegt auf der Verdeutlichung der Inhalte, die für langfristige Lernprozesse eine wichtige Voraussetzung darstellen. An den Vortrag schließt eine Workshopphase an (LG Workshop). In dieser steht die Gestaltung von Übungsphasen im inklusiven Unterricht im Mittelpunkt. Dabei ist besonders der Umgang mit Fehlern relevant und wird anhand der Fragestellung „Wie können Schülerinnen und Schüler gemeinsam an ihren Fehlern arbeiten?" in allen Workshops thematisiert. Das „intelligente Üben" im Sinne eines „Arbeitens an eigenen Fehlern" wird ergänzt um einen multimedialen Aspekt. Demnach wird in den Workshops zudem der lernförderliche Einsatz von Medien insbesondere beim Umgang mit Fehlern betrachtet. Im Anschluss an die Workshops erfolgt ein Austausch über die Workshoperfahrungen in Schulteams. Dabei wird der Fokus auf die Frage gelegt, welche Umsetzungsmöglichkeiten für den eigenen Unterricht bestehen und welche Materialien diesbezüglich entwickelt und eingesetzt werden sollen (LG Arbeit im Schulteam). Die Erfahrungen mit dem Förderkurs „Zahlenjongleur" werden im weiteren Verlauf des Fortbildungsmoduls thematisiert. Dafür tauschen sich die Lehrkräfte zunächst mit Kolleginnen und Kollegen anderer Schulen über die Erfahrungen aus (LG Austausch mit Kolleginnen und Kollegen).

Anschließend erfolgt ein Vortrag, in dem die Inhalte des Förderkurses weiter vertieft werden (LG Vortrag/Input). Dabei rücken insbesondere Fördermöglichkeiten im Themengebiet Algebra bezogen auf Terme in den Vordergrund. Außerdem betrachten die Lehrkräfte im Rahmen einer Aktivität verschiedene Materialien zur Umsetzung des Vierphasenmodells (nach Wartha & Schulz, 2011) in verschiedenen Teilbereichen der Algebra (LG Aktivität). In einem weiteren Vortrag wird ein Strukturierungsvorschlag zur Algebra für den Unterricht präsentiert (LG Vortrag/Input). In dem Vortrag werden abschließend die lernförderlichen Prinzipien eines inklusiven Unterrichts erneut aufgegriffen. Außerdem wird die Methode „Gruppenrallye" für das Einüben und Festigen von Wissen vorgestellt. Im Fokus der Methode steht der Lernzuwachs, den die Mitglieder einer Gruppe individuell bei Übungsaufgaben erreicht haben. In diesem Kontext wird auch diskutiert, inwiefern ein Wettbewerbscharakter lernförderlich sein kann. Das Fortbildungsmodul endet mit einer Arbeitsphase in Schulteams, in der die Lehrkräfte Materialien für den eigenen (Algebra-)Unterricht entwickeln (LG Arbeit im Schulteam).

Die verschiedenen Fortbildungsinhalte bei Modul 4 zum Thema Üben und Sichern im inklusiven Mathematikunterricht können insbesondere vor dem Hintergrund der DZLM-Gestaltungsprinzipien Kompetenzorientierung und Kooperationsanregung betrachtet werden (Barzel & Selter, 2015). An verschiedenen Stellen berücksichtigen die Fortbildenden in der Fortbildung beispielsweise das Vorwissen oder die aktuelle Schulsituation der teilnehmenden Lehrkräfte. Dies wird im Rahmen von Modul 4 besonders darin deutlich, dass die Fortbildenden das Belastungserleben der Lehrkräfte aufgreifen. Diese Punkte verdeutlichen beispielhaft die Ausrichtung der Fortbildung am DZLM-Gestaltungsprinzip der Teilnehmendenorientierung (ebd.).

Modul 5

Das Modul 5 dient insbesondere dem Fortbildungsabschluss, indem Projektergebnisse präsentiert und Transferplanungen vorgenommen werden. Da im Rahmen des letzten Fortbildungsmoduls ein Abschluss auch mit externen Gästen stattfindet, beginnt das Modul bereits mit Vorbereitungen der dafür notwendigen Präsentationen in den Schulteams. Ausgehend von einer anderen Tagung zum Thema Numeracy[5], an der einige der Lehrkräfte ebenfalls teilgenommen haben, erfolgt ein Vortrag über Eindrücke von dieser Tagung (LG Vortrag/Input). Im weiteren Verlauf der Fortbildung finden zwei weitere Vorträge statt, die beide dazu dienen, bereits thematisierte Inhalte der anderen Fortbildungsmodule zu vertiefen (LG Vortrag/Input). Einerseits wird auf den sogenannten Wahrnehmungsbaum im Bezug zur pädagogischen Diagnostik eingegangen und es werden beispielsweise einzelne Sinneswahrnehmungen detaillierter betrachtet. Andererseits wird unter dem Stichwort einer gelungenen/positiven Gesprächsführung das diagnostische Interview ein weiteres Mal thematisiert. Anschließend wird in der Fortbildung das Thema „Kultur von Lob- und Wertschätzung" im Rahmen einer Aktivität adressiert (LG Aktivität). Zunächst nehmen die Teilnehmenden dafür eine Selbstreflexion mit Blick auf eigene Stärken vor. In einem weiteren Schritt werden Gelingensbedingungen für Teamarbeit präsentiert und es erfolgt ein Austausch in den Schulteams darüber, was sie an ihren Kolleginnen und Kollegen besonders schätzen. In diesem Zusammenhang werden außerdem Aspekte einer wertschätzenden Schulkultur thematisiert. Daraus erwächst eine weitere Arbeitsphase in Schulteams, in der die Weiterarbeit im Schulteam für die Zeit nach dem Projekt unter der Berücksichtigung der individuellen Stärken der einzelnen Lehrkräfte besprochen wird (LG Arbeit im Schulteam). Der Abschluss des Projekts erfolgt mit externen Gästen und richtet insbesondere den Fokus auf das, was die Schulen im Laufe des zweijährigen Projektes erreicht haben. Dadurch entsteht ein Austausch zwischen den Kolleginnen und Kollegen verschiedener Schulen anhand der jeweils erstellten Präsentationen (LG Austausch mit Kolleginnen und Kollegen). Insgesamt sind dadurch auch im letzten Modul die DZLM-Gestaltungsprinzipien Kompetenzorientierung und Reflexionsförderung (Barzel & Selter, 2015) von zentraler Bedeutung. Durch den besonderen Fokus auf den

---

[5] Das neuseeländische Projekt Numeracy bildete die Grundlage für die Entwicklung des Förderkurses „Zahlenjongleur". Es umfasst ein neunstufiges Lernentwicklungsmodell, ein darauf aufbauendes diagnostisches Interview und passende Fördermaterialien (Bicker & Hafner, 2014, S. 38).

Austausch unter den Teilnehmenden und die Planung der gemeinsamen Weiterarbeit über das Fortbildungsende hinaus, ist auch das DZLM-Gestaltungsprinzip
der Kooperationsanregung von Bedeutung.

Zwischenfazit
An dieser Stelle soll vor dem Hintergrund der Merkmale wirksamer Fortbildungen (siehe Abschn. 2.4.2; insbesondere nach Lipowsky & Rzejak, 2019)
aufgezeigt werden, inwiefern die Fortbildung auf einer deskriptiven Ebene
als eine effektive Fortbildung angesehen werden kann. Grundlage dafür bieten die bereits angeführten Überlegungen zur Berücksichtigung der DZLM-
Gestaltungsprinzipien (Barzel & Selter, 2015). Die Verteilung der Fortbildungsmodule und die daraus resultierende Abwechslung aus Präsenzmodulen und
Distanzphasen eröffnet die Verschränkung von Input-, Erprobungs- und Reflexionsphasen. Durch beispielsweise die Betrachtung konkreter Unterrichtseinheiten
sowie diagnostischer Interviews erfolgen ein fachlicher Fokus und eine Orientierung an fachlichen Lernprozessen der Schülerinnen und Schüler. Des Weiteren
wird durch die initiierte Umsetzung eines Förderkurses in der Schule zum
Beispiel Gelegenheiten zum Erleben der eigenen Wirksamkeit der Lehrkräfte
angeregt. Im Rahmen der weiteren Thematisierung von zentralen Aspekten eines
inklusiven Mathematikunterrichts erfolgt ein Einbezug wissenschaftlicher Expertise. Schließlich erhalten die Lehrkräfte durch die enge Zusammenarbeit mit den
Fortbildenden eine Art Coaching und durch die Anlage der Fortbildung, dass die
Lehrkräfte in Schulteams teilnehmen, haben die Lehrkräfte Gelegenheiten zur
Kooperation. Über diese Merkmale wirksamer Fortbildungen hinaus, kann die
Fortbildung „Mathematik & Inklusion" auch vor dem Hintergrund der Überlegungen zur Gestaltung von Fortbildungen zu inklusivem Mathematikunterricht
betrachtet werden (siehe Abschn. 2.6.2). So wird die Möglichkeit der gemeinsa-
men Teilnahme von Regelschul- und sonderpädagogischen Lehrkräften eröffnet
und zentrale Inhalte zu Differenzierungsmöglichkeiten sowie zu Diagnose und
Förderung werden thematisiert (vgl. Scherer 2019).

5.1.3 Teilnehmende der Fortbildung (Stichprobe)

In Abschnitt 5.1.1 wurde bereits erwähnt, dass zunächst zehn und im späteren
Verlauf der Fortbildung acht Schulen an dem Projekt „Mathematik & Inklusion"
teilnahmen. Für diese Arbeit werden nur Lehrkräfte dieser acht Schulen berücksichtigt, da dadurch sichergestellt werden kann, dass mindestens eine Lehrkraft

pro Schule an der gesamten Fortbildung teilgenommen hat. Da es um die Betrachtung individueller Lernwege der Lehrkräfte geht, wird ein weiteres Kriterium zur Eingrenzung der an der Studie teilnehmenden Lehrkräfte herangezogen. Nur wenn von den Lehrkräften Daten zu ihrem Lernweg in mindestens zwei der drei Phasen (Beginn, Verlauf und Ende der Fortbildung, siehe Abschn. 5.1.1) vorliegen, – sodass von einer Veränderung zwischen den Phasen gesprochen werden kann – werden sie im Rahmen dieser Arbeit weiter berücksichtigt. Von den ca. 25 Lehrkräften, die bei den Fortbildungsmodulen anwesend waren, werden aufgrund des genannten Kriteriums in dieser Arbeit 20 Lehrkräfte als an der Studie teilnehmende Lehrkräfte betrachtet.

In diesem Kapitel werden somit diese 20 Lehrkräfte als Stichprobe für die qualitative Studie anhand deskriptiver Merkmale näher beschrieben (die dafür zugrundeliegenden Daten wurden mithilfe eines Fragebogens erhoben, siehe Abschn. 5.2.2). Dieses Vorgehen kann vor dem Hintergrund von drei Ebenen der Stichprobenentscheidung in qualitativen Studien (nach Akremi, 2014, S. 265 ff.) folgendermaßen verdeutlicht werden: Die erste Ebene bezieht sich auf die Entwicklung der Forschungsfragen und des Forschungsdesigns sowie auf die Datenerhebung. In diesem Kontext wurden alle an der Fortbildung teilnehmenden Lehrkräfte als Grundgesamtheit betrachtet und es erfolgte die Sammlung des Datenmaterials. Die zweite Ebene fokussiert die Datenauswertung, sodass nach einer Sichtung des erhobenen Materials die oben erläuterte begründete Auswahl der auszuwertenden Daten erfolgte. Die dritte Ebene bezieht sich schließlich auf die Datenpräsentation, sodass im Folgenden stets Entscheidungen begründet werden, welche „Teile der Daten für welchen Zweck präsentiert werden" (Akremi, 2014, S. 266).

Die 20 an der Studie teilnehmenden Lehrkräfte (16 weiblich), verteilen sich auf die acht Schulen wie folgt: Von fünf Schulen haben je drei Personen teilgenommen, von zwei Schulen je zwei Personen und von einer Schule eine Person. Der folgenden Tabelle 5.3 kann entnommen werden, wie sich die Lehrkräfte auf entsprechende abgeschlossene Studiengänge verteilen, auch wenn sie zum Zeitpunkt der Fortbildungsteilnahme alle im inklusiven Mathematikunterricht der Sekundarstufe I tätig sind. Außerdem haben 14 der 20 Lehrkräfte Mathematik (als Haupt- oder Nebenfach) studiert.

Während der Fortbildung sind die meisten Lehrkräfte an integrierten Gesamtschulen oder Realschulen Plus tätig[6]. Insgesamt machten die Lehrkräfte folgende Angaben zu Schulformen, an denen sie bereits unterrichtet haben (vgl. Tab. 5.4):

---

[6] Weitere Informationen zu diesen Schularten in Rheinland-Pfalz gibt es unter: https://bildung-rp.de/schularten.html [Stand 18.05.2021].

Tabelle 5.3　Verteilung der Lehrkräfte entsprechend der von ihnen abgeschlossenen Studiengänge

Studium	Anzahl der Lehrkräfte
Lehramt für Grundschulen (Primarstufe)	1
Lehramt für Haupt-, Real und Gesamtschulen (Sekundarstufe I)	9
Lehramt für Gymnasien und Gesamtschulen (Sekundarstufe II)	2
Lehramt Sonderpädagogik	7
Anderes Studium	1

Tabelle 5.4　Verteilung der Lehrkräfte anhand ihrer Tätigkeit an verschiedenen Schulformen

Tätigkeit der Lehrkräfte an verschiedenen Schulformen	Anzahl der Lehrkräfte
Grundschule	2
Hauptschule	5
Realschule	6
Realschule Plus	12
Integrierte Gesamtschule	10
Förderschule	7
Gymnasium	2

　　　Die Unterrichtserfahrungen der Lehrkräfte bezogen auf inklusiven Mathematikunterricht können wie folgt zusammengefasst werden. Eine Lehrkraft hat das Fach Mathematik vor der Fortbildungsteilnahme noch nicht unterrichtet, zwei Lehrkräfte unterrichten Mathematik seit weniger als drei Jahren, acht Lehrkräfte seit 3–15 Jahren und neun Lehrkräfte unterrichten Mathematik seit über 15 Jahren. Bezogen auf diese Unterrichtserfahrungen im Fach Mathematik gab eine Lehrkraft an, dass sie seit weniger als einem Jahr im inklusiven Mathematikunterricht tätig ist, sieben Lehrkräfte gaben an, 1–3 Jahre im inklusiven Mathematikunterricht zu arbeiten, sechs Lehrkräfte sind seit 4–6 Jahren im inklusiven Mathematikunterricht tätig und zwei Lehrkräfte gaben an, seit mehr als 7 Jahren im inklusiven Mathematikunterricht zu arbeiten. Vier Lehrkräfte machten keine Angabe dazu. Schließlich können die Lehrkräfte danach eingeteilt werden, in welcher Rolle sie sich für die Fortbildung angemeldet haben: Sechs Lehrkräfte nehmen als Mathematiklehrkraft für Klasse 5, sieben Lehrkräfte als Mathematiklehrkraft für Klasse 7 und sechs Lehrkräfte als sonderpädagogische Lehrkraft an der Fortbildung teil. Eine Lehrkraft ordnete sich sowohl als Mathematiklehrkraft für Klasse 7 als auch als sonderpädagogische Lehrkraft ein.

5.2 Datenerhebung, Erhebungsinstrumente und Datenaufbereitung

Im Kontext der vorliegenden empirischen Studie wurden über den gesamten Fortbildungszeitraum von zwei Jahren Daten über die Lernprozesse der Lehrkräfte erhoben. Zunächst wird das Design der Studie (Abschn. 5.2.1) näher betrachtet, um anschließend die einzelnen Erhebungsinstrumente vorzustellen. Neben der Präsentation der eingesetzten Fragebögen (Abschn. 5.2.2) geht es insbesondere um die Darstellung der eingesetzten Reflexionsaufträge in den Portfolios (Abschn. 5.2.3) und die Vorstellung der eingesetzten Lerntransferaufträge (Abschn. 5.2.4). Schließlich werden die durchgeführten Interviews fokussiert, indem der entwickelte Interviewleitfaden präsentiert wird (Abschn. 5.2.5). Im Kontext der Darstellung der einzelnen Erhebungsinstrumente wird außerdem darauf eingegangen, wie die jeweilige Aufbereitung der erhobenen Daten erfolgte. Das Kapitel endet mit einer Zusammenschau der verschiedenen Erhebungsinstrumente und einem Überblick, welches Datenmaterial die Grundlage für die Datenauswertung bildet (Abschn. 5.2.6).

5.2.1 Design der Studie

Die qualitative Studie, die dieser Arbeit zugrunde liegt, nutzt Selbstberichte von Lehrkräften, um ihren Lernprozess im Verlauf der zweijährigen Fortbildung „Mathematik & Inklusion" zu untersuchen. Für die Datenerhebung wurden Fragebögen, Portfolios und Interviews genutzt (siehe Abschn. 2.3.2 für allgemeine Überlegungen zur Erfassung von Lernprozessen und Abschn. 5.2.2 bis 5.2.5 für die Präsentation der einzelnen Erhebungsinstrumente). Der Einsatz verschiedener qualitativer Erhebungsmethoden geht mit dem Anspruch der Triangulation in dieser Arbeit einher. Triangulation bedeutet, dass ein Gegenstand mit mehreren Methoden untersucht wird, sodass die „Vielschichtigkeit des Untersuchten" (Flick, 2014, S. 419), umfassender berücksichtigt werden kann, als es ein einziger Zugang allein ermöglichen würde (ebd.). Dieses Kapitel dient zunächst dazu, insbesondere den zeitlichen Ablauf der Datenerhebung in Verbindung mit dem Fortbildungsverlauf darzustellen.

Für einen pre-post-Vergleich von Veränderungen im Wissen und in affektiv-motivationalen Merkmalen der Lehrkräfte wurde ein Eingangsfragebogen vor Beginn der Fortbildung und ein Ausgangsfragebogen nach Abschluss des letzten Fortbildungsmoduls eingesetzt (siehe Abschn. 5.2.2). Die Rekonstruktion entsprechender Veränderungen erfolgt im Laufe der zwei Jahre mittels Reflexionsaufträgen und Lerntransferaufträgen in Form von insgesamt neun Portfolios (Abschn. 5.2.3 und 5.2.4). Neben diesen schriftlichen Erhebungsmethoden, die vor allem den Lernprozess von möglichst vielen Teilnehmenden abbilden, wurden Interviews als mündliche Erhebungsmethode hinzugefügt, die tiefere Einblicke in die Lernprozesse einzelner weniger Lehrkräfte ermöglichen. Im Rahmen der Interviews wurde ein stimulated recall-Verfahren eingesetzt (siehe Abschn. 5.2.5; vgl. Lyle, 2003; Messmer, 2015).

Der nachfolgenden Abbildung 5.2 können die Zeitpunkte der einzelnen Datenerhebungen im Rahmen der gesamten Fortbildung entnommen werden. Ein Sternchen kennzeichnet dabei, dass in dem entsprechenden Portfolio ein Lerntransferauftrag neben den Reflexionsaufträgen zum Einsatz gekommen ist und zwei Sternchen weisen darauf hin, dass der entsprechende Lerntransferauftrag auch für die Datenauswertung in der vorliegenden Arbeit genutzt wird (siehe auch Abschn. 5.2.4).

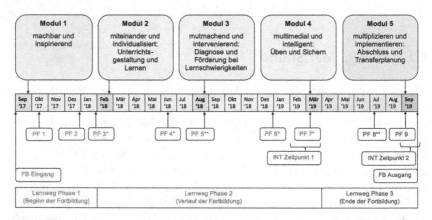

Abbildung 5.2 Zeitlicher Ablauf der Datenerhebungen (PF = Portfolio, * = mit Lerntransferauftrag, ** = Lerntransferauftrag wird für die Auswertung verwendet, INT = Interview, FB = Fragebogen)

Aus Abbildung 5.2 geht auch hervor, dass drei Portfolios zu Beginn der Fortbildung (Lernweg Phase 1), vier Portfolios im Verlauf der Fortbildung (Lernweg Phase 2) und zwei Portfolios gegen Ende der Fortbildung (Lernweg Phase 3) zum Einsatz kamen, wobei sowohl die Präsenz- als auch Distanzphasen der Fortbildung berücksichtigt wurden. Da in den Interviews bereits Erfahrungen der Lehrkräfte aus der Fortbildung thematisiert werden sollen, werden Interviews nicht schon zu Beginn der Fortbildung (Lernweg Phase 1) durchgeführt, sondern erst im Verlauf beziehungsweise am Ende der Fortbildung (Lernweg Phasen 2 und 3). Einige Lehrkräfte werden zu einem der beiden Zeitpunkte, andere zu beiden Zeitpunkten interviewt. Durch ein zusätzliches zweites Interview mit der gleichen Person können Inhalte aus dem ersten Gespräch, nach weiterer Zeit im inklusiven Mathematikunterricht, in einem zweiten Gespräch vertiefend betrachtet und vor dem Hintergrund des weiter vorangeschrittenen Lernprozesses reflektiert werden. Aus praktischen Gründen war es weder möglich alle Lehrkräfte einmal, noch alle zunächst einmal interviewten Lehrkräfte ein zweites Mal, zu interviewen. In Abschnitt 5.2.6 wird genauer darauf eingegangen, von welchen Lehrkräften welche Daten für die Auswertung vorliegen.

5.2.2 Fragebögen

Vor Beginn und nach Ende der Fortbildung wurde jeweils ein Fragebogen eingesetzt (siehe auch Anhang im elektronischen Zusatzmaterial). In diesem Kapitel wird insbesondere das Ziel des Einsatzes der jeweiligen Fragen thematisiert. Insgesamt werden die Erkenntnisse aus den Fragebögen flankierend genutzt, um neben der Prozessbegleitung durch die Reflexionsaufträge in den Portfolios einen Einblick in das Wissen und die affektiv-motivationalen Merkmale der Lehrkräfte im vorher-nachher-Vergleich zu bekommen.

Im Eingangsfragebogen werden zunächst demographische Angaben abgefragt. Die durch diese Fragen gewonnenen Einsichten wurden bereits in Abschnitt 5.1.3 zur Präsentation der an der Fortbildung teilnehmenden Lehrkräfte anhand deskriptiver Merkmale verwendet. Beispielsweise wurden über geschlossene Items die Berufserfahrungen der Lehrkräfte ebenso erfragt, wie die Funktion der Lehrkräfte, in der sie an der Fortbildung teilnehmen (als Mathematiklehrkraft der Klasse 5, der Klasse 7 oder als sonderpädagogische Lehrkraft). Anschließend beantworten die Lehrkräfte verschiedene offene Fragen. Die erste Frage „Warum nehmen Sie an dieser Fortbildung teil?" dient dazu, die Teilnahmemotivation der Lehrkräfte zu erfassen. Mit Hilfe des folgenden kurzen Zwischentextes wird anschließend ein Fragenblock zu inklusivem Mathematikunterricht eingeleitet:

„Wir verstehen unter Inklusion im schulischen Bereich ‚einen gleichberechtigten Zugang zu Bildung für alle und das Erkennen sowie Überwinden von Barrieren. Dadurch können sich alle Kinder und Jugendliche aktiv in das gemeinsame Leben und Lernen einbringen.' (Kultusministerkonferenz 2011, S. 3)". Anschließend werden die Lehrkräfte gefragt, mit welchen didaktischen und methodischen Elementen sie bisher ihren inklusiven Mathematikunterricht gestalten, und wie sie beabsichtigen, ihren inklusiven Mathematikunterricht didaktisch und methodisch weiterzuentwickeln. Um die Einstellungen der Lehrkräfte auch explizit in den Blick zu nehmen, beantworten die Lehrkräfte auch eine Frage zu Charakteristika eines inklusiven Mathematikunterrichts aus ihrer Sicht. Die abschließende offene Frage in dem Fragebogen dient im weiteren Verlauf der Datenerhebung als Startpunkt der adaptiven Zielverfolgung in den Portfolios (siehe Abschn. 5.2.3). Demnach bearbeiten die Lehrkräfte zuletzt den Auftrag: „Dieses persönliche Lernziel möchte ich im Rahmen der Fortbildung „Mathematik & Inklusion" verfolgen:". Der Fragebogen enthielt außerdem weitere geschlossene Items – die für die Auswertung in der vorliegenden Arbeit aber nicht weiter berücksichtigt werden – zum Beispiel zu Vorstellungen zum Lehren und Lernen von Mathematik, die vor dem Hintergrund einer Erkundung der Überzeugungen der Teilnehmenden bereits ausgewertet wurden (Bertram et al., 2019)[7].

Der Ausgangsfragebogen, welcher nach der Fortbildung eingesetzt wurde (am Ende des letzten Fortbildungsmoduls), ist analog zum Eingangsfragebogen aufgebaut. Zu Beginn werden die gleichen Fragen zum demographischen Hintergrund und zur Berufserfahrung gestellt, um diese Informationen auch von den Lehrkräften zu erfragen, die erst im Verlauf der zwei Jahre in die Fortbildung eingestiegen sind und von denen deswegen kein Eingangsfragebogen vorliegt. Aus dem gleichen Grund endet der erste Fragenblock mit der geschlossenen Frage, seit wann die Lehrkräfte an der Fortbildung teilgenommen haben. Für die vorliegende Arbeit von besonderem Interesse sind folgende Fragen und Überlegungen: Im Sinne einer retrospektiven Selbsteinschätzung beantworten die Lehrkräfte analoge Fragen zur Eingangserhebung bezogen auf die Motivation zur Teilnahme („Warum haben Sie an der Fortbildung teilgenommen?") und die Gestaltung ihres inklusiven Mathematikunterrichts. Für Letzteres wird eine Gegenüberstellung der Fragen „Denken Sie zurück an die Zeit vor der Fortbildung. Mit welchen didaktischen und methodischen Elementen haben Sie Ihren inklusiven Mathematikunterricht vor Beginn der Fortbildung gestaltet?" und

---

[7] In dieser Auswertung zeigte sich anhand der Stichprobenmittelwerte beispielsweise eine Ablehnung der Transmissionsorientierung und eine Zustimmung der Konstruktionsorientierung seitens der untersuchten Lehrkräfte (Bertram et al., 2019, S. 118).

„Denken Sie an Ihren inklusiven Mathematikunterricht zum jetzigen Zeitpunkt. Mit welchen didaktischen und methodischen Elementen gestalten Sie Ihren inklusiven Mathematikunterricht aktuell?" verwendet. Diese Gegenüberstellung zielt auf selbstwahrgenommene Veränderungen der Lehrkräfte hinsichtlich der didaktischen und methodischen Gestaltung ihres inklusiven Mathematikunterrichts ab. Außerdem beantworteten die Lehrkräfte erneut die Frage zu den Charakteristika eines inklusiven Mathematikunterrichts aus ihrer Sicht.

Insgesamt sind die Fragebögen derart konzipiert worden, „dass verschiedene Kompetenzbereiche in den Antworten der Lehrkräfte identifiziert werden können" (Bertram, Albersmann & Rolka, 2020, Kapitel 37). Die offenen Fragen zur Gestaltung des inklusiven Mathematikunterrichts eröffnen beispielsweise die Möglichkeit, verschiedene Wissensfacetten zu adressieren. Die weiteren offenen Fragen ermöglichen, dass sich die Antworten der Lehrkräfte auch auf affektiv-motivationale Merkmale beziehen können. Diese Verbindung der Antworten in den Fragebögen mit den Kompetenzbereichen des Modells (siehe Kap. 3) ist insbesondere zur Beantwortung der Forschungsfragen 2 und 3 bedeutsam (siehe Kap. 4). Für die weitere Auswertung werden die Fragen des Eingangsfragebogens dem Lernweg Phase 1 (Beginn der Fortbildung) und die Fragen des Ausgangsfragebogens dem Lernweg Phase 3 (Ende der Fortbildung) zugeordnet.

5.2.3 Portfolios – Reflexionsaufträge

Zur Datenerhebung wurden im Rahmen dieser Arbeit Reflexionsaufträge eingesetzt (siehe auch Abschn. 2.3.2.3 für die dazugehörigen theoretischen Grundlagen). Diese wurden in Anlehnung an das selbstregulierte Lernen (nach Schmitz & Schmidt, 2007) formuliert und aus methodischer Perspektive in Form von Portfolios (als Möglichkeit zur Dokumentation und Reflexion von Lernprozessen, nach Gläser-Zikuda et al., 2011) eingesetzt. Grundlage für diese Form der Datenerhebung ist das Verständnis von Lernprozessen als kognitive Aktivitäten, die durch Reflexionen bewusst gemacht werden können (vgl. Hasselhorn & Labuhn, 2008). Die Reflexionsaufträge sind somit zum Einsatz gekommen, um Lernprozesse sichtbar zu machen. Durch die Bedeutung der adaptiven Zielverfolgung im Kontext des selbstregulierten Lernens werden Reflexionsaufträge zu Lernzielen und deren Veränderung verwendet. Je nach Zeitpunkt des Portfolioeinsatzes (siehe Abschn. 5.2.1) sind weitere Reflexionsaufträge, zum Beispiel bezogen auf die Zusammenarbeit der Lehrkräfte in ihrem Schulteam, hinzugekommen. Im Folgenden werden die Reflexionsaufträge einzelner ausgewählter Portfolios vorgestellt. Es geht vor allem darum, deutlich zu machen, warum welche Reflexionsaufträge eingesetzt wurden (Begründung und Ziel des Einsatzes der einzelnen Aufträge).

Während die Portfolios der Phase zu Beginn der Fortbildung ausführlich vorgestellt werden, erfolgt eine verkürzte Darstellung der Portfolios in den Phasen Verlauf und Ende der Fortbildung, da sich das Prinzip der Formulierung der Reflexionsaufträge im Sinne der adaptiven Zielverfolgung in einem Wechselspiel aus prä- und postaktionalen Aufträgen fortsetzt.

Für den Lernweg Phase 1 (zu Beginn der Fortbildung) füllten die Lehrkräfte drei Portfolios aus. Das Portfolio 1 beginnt mit einem einleitenden Text, in dem die Lehrkräfte gebeten werden, sich das persönliche Lernziel aus dem Eingangsfragebogen wieder in Erinnerung zu rufen und gegebenenfalls Veränderungen daran vorzunehmen. Daran anknüpfend nehmen die Lehrkräfte zu den in Tabelle 5.5 aufgeführten Reflexionsaufträgen Stellung. Das Portfolio 1 füllten die Lehrkräfte im Anschluss an das erste Fortbildungsmodul aus.

Tabelle 5.5 Reflexionsaufträge in Portfolio 1 und deren Begründung

Reflexionsauftrag in Portfolio 1	Begründung und Ziel des Einsatzes	Kurzform
Mein persönliches Lernziel:	Start der adaptiven Zielverfolgung, indem das persönliche Lernziel das erste Mal nach einem Fortbildungsmodul formuliert und in Anlehnung an das Lernziel aus dem Eingangsfragebogen (vor Fortbildungsbeginn) festgehalten wird.	PF 1 Lernziel
Um mein Lernziel zu erreichen, habe ich folgende Schritte geplant:	Erste Formulierung von Planungsschritten, um im Sinne der präaktionalen Phase des selbstregulierten Lernens das Lernziel zu verfolgen.	PF 1 Planung Lernziel
In folgenden Punkten finde ich mein persönliches Lernziel in den gemeinschaftlichen Zielen wieder…, aber in diesen Aspekten passen die Ziele nicht zueinander…	Vor dem Hintergrund der Zusammenarbeit im Schulteam und der gemeinsamen Planung der Weiterarbeit anhand von gemeinsamen Zielen beim ersten Fortbildungsmodul erfolgt ein Abgleich dieser mit den individuellen Lernzielen.	PF 1 Team

(Fortsetzung)

Tabelle 5.5 (Fortsetzung)

Reflexionsauftrag in Portfolio 1	Begründung und Ziel des Einsatzes	Kurzform
Diese drei wichtigen Momente nehme ich aus dem ersten Modul „machbar und inspirierend: Inklusion und Schul-/ Unterrichtsentwicklung" mit…, weil…	Wichtige Momente der Fortbildung können als Reflexion der Fortbildung festgehalten werden und liefern Ansatzpunkte für aus den Augen der Lehrkräfte zu diesem Zeitpunkt bedeutsame Lerngelegenheiten aus Modul 1.	PF 1 Reflexion Fortbildung

Portfolio 2 kam in der ersten Distanzphase mit etwas zeitlichem Abstand zum ersten Fortbildungsmodul zum Einsatz. Die Reflexionsaufträge in Portfolio 2 greifen die vergangene Zeit zum ersten Modul sowie die in dieser Zwischenzeit gesammelten Erfahrungen der Lehrkräfte in ihrem inklusiven Mathematikunterricht auf. Die eingesetzten Reflexionsaufträge sowie Begründungen und Ziele können der folgenden Tabelle 5.6 entnommen werden.

Portfolio 3 beginnt mit einem einleitenden Text, in dem die Lehrkräfte gebeten werden, ein neues Lernziel zu formulieren oder das alte Lernziel zu modifizieren, falls es sich verändert hat, oder es erneut festzuhalten, falls es sich nicht verändert hat. Außerdem werden die Lehrkräfte gebeten, ihre Antworten zu begründen. Darauf aufbauend umfasst das Portfolio die folgenden Reflexionsaufträge (vgl. Tab. 5.7). Das Portfolio wurde gegen Ende der ersten Distanzphase und damit vor dem zweiten Modul und vor Beginn der zweiten Phase des Lernweges eingesetzt.

Der Wechsel zwischen Aufträgen zur Planung (präaktional) und zur Reflexion (postaktional) bezüglich des persönlichen Lernziels der Lehrkräfte wurde im Verlauf der Fortbildung fortgesetzt. Dass diese Abwechslung aus Formulierungen von Lernzielen, von geplanten Schritten zur Lernzielverfolgung/-erreichung und entsprechenden Reflexionen in dem intendierten Sinne funktioniert, wurde beispielhaft im Rahmen einer Einzelfallanalyse[8] für die Portfolios 1 bis 3 betrachtet (Bertram, 2021). Aufgrund des Fokus auf individuelle Lernprozesse rückten Reflexionsaufträge, die die gemeinsame Arbeit in Schulteams thematisierten, zunächst in den Hintergrund. In der zweiten Phase des Lernwegs kamen vier weitere Portfolios zum Einsatz. Die Berücksichtigung der verschiedenen

---

[8] Eine Einzelfallanalyse dient der umfassenden Untersuchung und Beschreibung eines einzelnen Falls (vgl. Hering & Schmidt, 2014) – in diesem Kontext einer einzelnen Lehrkraft.

Tabelle 5.6 Reflexionsaufträge in Portfolio 2 und deren Begründung

Reflexionsauftrag in Portfolio 2	Begründung und Ziel des Einsatzes	Kurzform
Diese drei Erfahrungen im inklusiven Mathematikunterricht sind für mich mit Blick auf die Inhalte der Fortbildung besonders wichtig…, weil…	Eine Reflexion der Fortbildungsinhalte ermöglicht den Rückschluss auf Lerngelegenheiten, die sich auch in der ersten Distanzphase und damit im inklusiven Mathematikunterricht der Lehrkräfte als für sie persönlich bedeutsam erwiesen haben.	PF 2 Reflexion Distanz
Die bisherige Zusammen-arbeit in der PLG schätze ich mit Blick auf mein persönliches Lernziel wie folgt ein: … Gründe dafür sind: …	Vor dem Hintergrund der Zusammenarbeit im Schulteam auch in den Distanzphasen wird ihre Bedeutung für das persönliche Lernziel festgehalten.	PF 2 Team
Mit Blick auf mein formuliertes persönliches Lernziel konnte ich schon Folgendes erreichen…, weil… Deswegen bezeichne ich meinen Lernprozess als…	Es erfolgt eine Reflexion des persönlichen Lernziels und der für dessen Verfolgung/Erreichung zuvor geplanten Schritte im Sinne der postaktionalen Phase des selbstregulierten Lernens. Außerdem wird der bisherige Lernprozess insgesamt durch die Lehrkräfte selbst fokussiert/reflektiert.	PF 2 Reflexion Lernziel und Lernprozess
In der Zeit bis zum nächsten Fortbildungsmodul verfolge ich diese drei Vorsätze, um meinem Lernziel näher zu kommen:	Weitere Planungen zur Verfolgung des persönlichen Lernziels im Rahmen der laufenden Distanzphase als Beginn einer neuen präaktionalen Phase werden festgehalten.	PF 2 Planung Lernziel

Tabelle 5.7   Reflexionsaufträge in Portfolio 3 und deren Begründung

Reflexionsauftrag in Portfolio 3	Begründung und Ziel des Einsatzes	Kurzform
Mein persönliches Lernziel:	Das Lernziel wird basierend auf den weiteren Erfahrungen aus der Distanzphase erneut betrachtet und gegebenenfalls modifiziert.	PF 3 Lernziel
Diese Vorsätze aus dem Portfolio Teil 2 konnte ich folgendermaßen umsetzen…	In Rückbezug zum letzten Portfolio reflektieren die Lehrkräfte ihre zuletzt geplanten Schritte, zunächst mit einem Blick auf umgesetzte Vorsätze (postaktional).	PF 3 Reflexion Lernziel umgesetzt
Diese Vorsätze aus dem Portfolio Teil 2 konnte ich bisher noch nicht umsetzen…, weil…	In Rückbezug zum letzten Portfolio reflektieren die Lehrkräfte ihre zuletzt geplanten Schritte, hier mit einem Blick auf bisher nicht umgesetzte Vorsätze (postaktional).	PF 3 Reflexion Lernziel nicht umgesetzt
Während der Erprobungsphase in meinem inklusiven Mathematikunterricht sind folgende Schwierigkeiten aufgetreten: … Diese konnte ich überwinden, indem… // Diese konnte ich nicht überwinden, weil…	Es erfolgt eine Reflexion des Lernprozesses in Form einer Reflexion von aufgetretenen Schwierigkeiten (Hürden/Hindernissen) im Lernprozess bezogen auf die letzte Distanzphase und wie mit diesen umgegangen wurde.	PF 3 Reflexion Distanz
Mit Blick auf mein persönliches Lernziel nehme ich mir für das nächste Modul vor…	Die Lehrkräfte planen nächste Schritte zur Verfolgung/Erreichung des persönlichen Lernziels bezogen auf das bevorstehende Fortbildungsmodul 2 (präaktional).	PF 3 Planung Lernziel

Distanzphasen und Präsenzmodule in Verbindung mit dem Wechsel aus präaktionalen Planungen und postaktionalen Reflexionen wird weiterhin betrachtet. Das erweiterte Prozessmodell der Selbstregulation nach Schmitz und Schmidt (2007) bildet die Grundlage für die Formulierung der Reflexionsaufträge (siehe Abschn. 2.3.2.3). In dem Modell wird auch die aktionale Phase des Lernens berücksichtigt, in der die Lernenden ihre Ziele verfolgen. Da jedoch die konkrete Praxis der Lehrkräfte und die Umsetzung ihrer Ziele in der vorliegenden Arbeit nicht direkt beobachtet wurde, können keine direkten Aussagen zur aktionalen Phase getroffen werden. Über die Antworten der Lehrkräfte auf Reflexionsaufträge in den postaktionalen Phasen kann jedoch berücksichtigt werden, welche Ziele – den Selbstberichten der Lehrkräfte folgend – umgesetzt wurden und welche nicht. Die konkreten Formulierungen der einzelnen Portfolioaufträge (für alle eingesetzten Portfolios), die für die Auswertung in dieser Arbeit herangezogen werden, können dem Anhang im elektronischen Zusatzmaterial entnommen werden. Hervorgehoben werden soll an dieser Stelle, dass in Portfolio 9 aufgrund des Endes der Fortbildung noch einmal explizit Fragen zu gelungenen und nicht gelungenen Situationen der Zusammenarbeit im Team (Förderschul- und Regelschullehrperson) im Rückblick auf die gesamte Fortbildung aufgenommen wurden.

Die konkrete Formulierung und die Diskussion aller Reflexionsaufträge erfolgte in einer kleinen Runde (in der Regel ca. 3–4 Personen) von erfahrenen Mathematikdidaktikerinnen und -didaktikern kontinuierlich im gesamten Verlauf der Fortbildung. Insgesamt bilden die mittels der Portfolios erhobenen Daten die Grundlage zur Beantwortung der zweiten und dritten Forschungsfrage (siehe Kap. 4).

5.2.4 Portfolios – Lerntransferaufträge

In den Portfolios 3 bis 8 wurden zusätzlich zu den Reflexionsaufträgen (siehe Abschn. 5.2.3) Portfolioaufträge zum Lerntransfer eingesetzt, da der Lerntransfer einen besonders wichtigen Teil von Lernprozessen darstellt (Abschn. 2.1.1). Diese Lerntransferaufträge zielen darauf ab, dass die Lehrkräfte aus der Fortbildung Gelerntes anwenden sollen, wobei sie beispielsweise insbesondere die Möglichkeit eröffnen, die Wissensfacetten pädagogisches Wissen (inklusiv) und fachdidaktisches Wissen (inklusiv) zu adressieren. In diesem Kontext sind die Fragen „Was wird transferiert?" und „Wohin wird es transferiert?" zentral (siehe Abschn. 2.3.2.4; nach Barnett & Ceci, 2002). Die Antwort auf die Frage „Was wird transferiert?" bezieht sich in dieser Arbeit auf den Fortbildungsinhalt und damit insbesondere auf die in Abschnitt 5.1.2 beschriebenen Lerngelegenheiten der einzelnen Fortbildungsmodule. Die Antwort auf die Frage „Wohin wird es transferiert?" bezieht sich auf die Lerntransferaufträge, die im Folgenden näher erläutert werden.

Der erste Lerntransferauftrag (Portfolio 3) fokussiert auf Differenzierungsziele, die beiden Lerntransferaufträge in Portfolio 4 und 6 fokussieren auf die Gestaltung einer inklusiven Lerneinheit anhand eines konkreten Aufgabenbeispiels und damit auf die Leitfragen aus der Fortbildung (siehe Abschn. 5.1), und die Lerntransferaufträge in Portfolio 5, 7 und 8 fokussieren auf Aspekte der Diagnose und Förderung in Verbindung mit dem gemeinsamen Lernen anhand von Schülerprofilen (wobei der Auftrag in Portfolio 7 explizit den Umgang mit Fehlern in den Blick nimmt). Aufgrund der engen Begrenzung auf Differenzierungsziele im Lerntransferauftrag in Portfolio 3 – statt eines umfassenderen Blicks auf inklusiven Mathematikunterricht, wie er in den anderen Aufträgen eingenommen wird – und aufgrund einer ungünstigen Aufgabenstellung in Portfolio 6 (die Aufgabe war für einige Lehrkräfte nicht lösbar), wurden nur die übrigen vier Lerntransferaufträge für eine weitere Datenauswertung in Betracht gezogen (Portfolios 4, 5, 7 und 8). Die endgültige Entscheidung, nur die zwei Aufträge aus Portfolio 5 und 8 näher zu betrachten und an späterer Stelle für die Auswertung zu verwenden, fiel aufgrund folgender Überlegungen: Die Betrachtung der Lerntransferaufträge in Portfolio 5 und 8 führt zu einer Fokussierung auf Aspekte der Diagnose und Förderung in Verbindung mit dem gemeinsamen Lernen anhand von Schülerprofilen, sodass diese zwei Aufträge untereinander gut in Beziehung gesetzt werden können. Über die konkrete Anbindung an mehrere Lerngelegenheiten aus verschiedenen Fortbildungsmodulen sind diese beiden Portfolioaufträge außerdem besonders geeignet zur Beantwortung der Forschungsfrage 3b (*Welche Fortbildungsinhalte lassen sich in den Bearbeitungen der Lerntransferaufträge identifizieren?*). Darüber hinaus decken die Lerntransferaufträge in Portfolio 5 und 8 zwei der drei Phasen des Lernwegs ab und ermöglichen damit die Betrachtung des Lerntransfers zu zwei verschiedenen Zeitpunkten im Rahmen der Fortbildung.

Im Rahmen der folgenden Vorstellung der beiden für die Auswertung in der vorliegenden Arbeit herangezogenen Lerntransferaufträge, wird insbesondere darauf eingegangen, welche Fortbildungsinhalte, d. h. welche Inhalte der Lerngelegenheiten, für die Bearbeitung des jeweiligen Auftrags als besonders bedeutsam angesehen werden. Zudem wird der jeweilige Auftrag vor dem Hintergrund des Orientierungsrahmens nach Barnett und Ceci (2002) auf einem Kontinuum zwischen nahem und fernem Transfer verortet und es wird der Punkt „cuing retrieval" nach Schunk (2012) aufgegriffen (d. h. es wird angegeben, welche Hinweise auf den im Auftrag fokussierten Fortbildungsinhalt die Lehrkräfte erhalten haben; siehe auch Abschn. 2.1.1). Dies ermöglicht ein besseres Verständnis der Anwendungssituation („Wohin wird es transferiert?") und kann beispielsweise dabei helfen, die verschiedenen Lerntransferaufträge miteinander zu vergleichen.

Vor dem Hintergrund der zuvor erläuterten theoretischen Grundlagen zum Lerntransfer (siehe Abschn. 2.3.2.4) kann außerdem festgehalten werden, dass die Lerntransferaufträge – bezogen auf den Transferinhalt (nach Barnett & Ceci, 2002) – auf allgemeine Fähigkeiten abzielen, die angewendet werden sollen (gelernte Fähigkeit), dass es eher um die Genauigkeit oder die Qualität und nicht um die Geschwindigkeit bei der Anwendung geht (Veränderung der Performanz) und dass in der Regel konkrete Hinweise eingesetzt werden, um zu verdeutlichen, auf welche Fortbildungsinhalte sich die Portfolioaufträge beziehen (Gedächtnisanforderung). Außerdem ist der Punkt „generalizability" (siehe Abschn. 2.1.1; nach Schunk, 2012, S. 222) bei allen Aufträgen gegeben, da jeder Auftrag die Gelegenheit bietet, Wissen und Fertigkeiten auf andere Inhalte oder andere Umstände zu beziehen.

Der Lerntransferauftrag in Portfolio 5 fokussiert vor dem Hintergrund einer Diagnose und Förderung auf ein von den Lehrkräften selbst erstelltes Schülerprofil. Dabei sollen die Lehrkräfte zunächst eine Schülerin bzw. einen Schüler aus ihrem inklusiven Mathematikunterricht charakterisieren. Die Lehrkräfte sollen insbesondere auf die Lernschwierigkeiten und auf den Förderbedarf sowie auf die Lernpotenziale und Lernbedürfnisse der Schülerin bzw. des Schülers eingehen. Anschließend sollen die Lehrkräfte eine gemeinsame Lernsituation, durch die diese Schülerin bzw. dieser Schüler in den Unterricht eingebunden werden kann, beschreiben. Methodische Aspekte dieser Einbindung werden dabei durch die Aufgabenstellung bereits aufgegriffen, sodass eine Fokussierung auf eine inhaltliche gemeinsame Lernsituation erfolgen kann. Um durch die Lehrkräfte außerdem selbst eine Verbindung zum Fortbildungsinhalt herstellen zu lassen, bearbeiteten die Lehrkräfte zusätzlich den folgenden weiteren Auftrag im Portfolio: „Diese Fortbildungsinhalte haben mir besonders bei der Beschreibung des Profils der Schülerin bzw. des Schülers und der Ausgestaltung der gemeinsamen Lernsituation geholfen:". Abbildung 5.3 zeigt einen Auszug aus dem Portfolio mit der konkreten Aufgabenstellung für die Lehrkräfte.

Dieser Portfolioauftrag knüpft durch die Aufforderung, eine Schülerin bzw. einen Schüler zu beschreiben, an die Lerngelegenheiten „Diagnostischer Blick auf Lernende – pädagogische Diagnostik und diagnostisches Interview" (Vortrag/Input) und „Beobachtungen eines diagnostischen Interviews mit Schülerinnen und Schülern, durchgeführt von Fortbildenden" (Aktivität) im Rahmen

Beschreiben Sie eine Schülerin oder einen Schüler aus Ihrem inklusiven Mathematikunterricht. Fokussieren Sie dabei sowohl die Lernschwierigkeiten und den Förderbedarf, als auch die Lernpotentiale und Lernbedürfnisse der Schülerin bzw. des Schülers. Gehen Sie insbesondere auf ihre bzw. seine mathematischen Fertigkeiten und Fähigkeiten ein.

2a. Profil der Schülerin bzw. des Schülers (Lernschwierigkeiten und Förderbedarf sowie Lernpotentiale und Lernbedürfnisse)

Um diese Schülerin bzw. diesen Schüler in den Unterricht einzubinden, können Sie einerseits den Unterricht in geeigneter Weise methodisch gestalten, z.B. im Rahmen von Gruppen- und Partnerarbeiten. Andererseits können Sie auch bei der Planung einer gemeinsamen Unterrichtssequenz bewusst durch die inhaltliche Ausgestaltung des Themas die Einbindung dieser Schülerin bzw. dieses Schülers in den Unterricht ermöglichen, z.B. durch eine konkrete Aufgabe.

2b. Beschreibung einer gemeinsamen Lernsituation (z.B. konkrete Aufgabe), durch die diese Schülerin bzw. dieser Schüler inhaltlich in den Unterricht eingebunden werden kann (z.B. Arbeitsauftrag mit Handlungsmöglichkeiten dieser Schülerin bzw. dieses Schülers) Erklären Sie, warum genau diese gemeinsame Lernsituation aus Ihrer Sicht auf das Profil der Schülerin bzw. das Profil des Schülers passt.

Abbildung 5.3 Lerntransferauftrag in Portfolio 5

von Modul 3 (siehe auch Abschn. 5.1.2) an. Die Beschreibung einer gemeinsamen Lernsituation zur inhaltlichen Einbindung der Schülerin bzw. des Schülers berücksichtigt einerseits die Inhalte des Vortrags zu lernförderlichen Prinzipien im inklusiven Mathematikunterricht mit besonderem Fokus auf den Förderkurs „Zahlenjongleur" (Modul 3) – wenn auch im Portfolio nicht explizit der Förderkurs angesprochen wird – sowie andererseits die Prinzipien zur Gestaltung von inklusivem Mathematikunterricht im Sinne des gemeinsamen Lernens (thematisiert in Modul 1 und in Modul 2). Ein expliziter Verweis auf konkrete Inhalte des Moduls 3 in Form eines „cuing retrieval" (siehe Abschn. 2.1.1; nach Schunk, 2012, S. 222) ist bei diesem Portfolioauftrag nicht gegeben. Die Einordnung auf dem Kontinuum zwischen nahem und fernem Transfer entlang der verschiedenen Dimensionen des Orientierungsrahmens nach Barnett und Ceci (2002) kann der folgenden Tabelle 5.8 entnommen werden. Bei dieser Einordnung wurde an einigen Stellen auch dann eine Zuordnung zum Transfer „zwischen nah und fern" oder zum „fernen" Transfer gewählt, wenn es kein direktes Pendant der Anwendungssituation in einer Lerngelegenheit der Fortbildung gibt. Insgesamt wird dieser Portfolioauftrag deswegen als Aufgabe eines Transfers „zwischen nah und fern" mit Tendenz zum „nahen" Transfer eingeordnet.

Der Lerntransferauftrag in Portfolio 8 fokussiert auf die Gestaltung von gemeinsamen Lernsituationen sowie auf das individuelle Lernen der Schülerinnen und Schüler basierend auf einem vorgegebenen Schülerprofil. Abbildung 5.4 zeigt einen Auszug aus dem Portfolio mit der konkreten Aufgabenstellung für die Lehrkräfte und das vorgegebene Schülerprofil sowie die zentrale Fragestellung, die die Lehrkräfte in diesem Kontext bearbeiten sollen.

Dieser Portfolioauftrag knüpft an keine spezifische Lerngelegenheit an, sondern es wird explizit darauf hingewiesen, dass alle Fortbildungsinhalte zur Bearbeitung des Auftrags berücksichtigt werden können. Die Gestaltung des Schülerprofils basiert unter anderem auf Beschreibungen von Lehrkräften und Erfahrungen aus anderen Lehrerfortbildungen der Arbeitsgruppe für Didaktik der Mathematik (Ruhr-Universität Bochum). Die zentralen Aspekte eines inklusiven Mathematikunterrichts (siehe auch Abschn. 2.6.1) werden bei diesem Portfolioauftrag vor allem durch die Benennung von individuellem und gemeinsamem Lernen in der Aufgabenstellung adressiert. Sowohl die Inhalte zu den Prinzipien zur Gestaltung inklusiven Mathematikunterrichts aus der Fortbildung als auch die thematisierten Inhalte zur Diagnose und Förderung können bei dieser Aufgabe zum Tragen kommen. Um durch die Lehrkräfte außerdem selbst eine Verbindung zum Fortbildungsinhalt herstellen zu lassen, bearbeiteten die Lehrkräfte zusätzlich den folgenden weiteren Auftrag im Portfolio: „Diese bisherigen Erfahrungen im Rahmen der Fortbildung haben mir besonders bei der Bearbeitung dieses Auftrags geholfen". Da in den Portfolios gegen Ende der Fortbildung auch die Bedeutung der Zusammenarbeit in den Schulteams wieder stärker in den Mittelpunkt rückt, sollen die Lehrkräfte durch den folgenden Auftrag auch in Portfolio 8 auf diese Zusammenarbeit eingehen: „In diesem Zusammenhang stelle ich mir die Kooperation zwischen Regel- und Förderschullehrperson wie folgt vor". Durch den expliziten Bezug zu bisherigen Fortbildungsinhalten ist der Punkt „cuing retrieval" gegeben (siehe Abschn. 2.1.1; nach Schunk, 2012, S. 222). Die Einordnung auf dem Kontinuum zwischen nahem und fernem Transfer entlang der verschiedenen Dimensionen des Orientierungsrahmens nach Barnett und Ceci (2002) kann Tabelle 5.9 entnommen werden. Bei dieser Einordnung wurde erneut an einigen Stellen auch dann eine Zuordnung zum Transfer „zwischen nah und fern" oder

Tabelle 5.8 Einordnung des Lerntransferauftrags aus Portfolio 5 in den Orientierungsrahmen zum nahen und fernen Lerntransfer

Dimension	Erklärung (siehe auch Abschn. 2.3.2.4)	Einordnung Transfer			Begründung/ weitere Erklärung
		Nah	Dazwi-schen	Fern	
Wissen	Wissensbasis, auf die die Fähigkeit angewendet wird		x		Wissen über Diagnose und Förderung von Schülerinnen und Schülern im inklusiven Mathematikunterricht (insbesondere im Rahmen des gemeinsamen Lernens)
Physischer Kontext	Bezug zur physischen Umgebung	x			Portfolio wurde bei Modul 3 vor Ort ausgefüllt und kam damit am gleichen Ort der Fortbildungs-durchführung zum Einsatz
Zeitlicher Kontext	Zeit zwischen Lernen und Anwenden	x			Portfolio wurde beim gleichen Modul ausgefüllt, bei dem auch die Beschäftigung mit dem Themenblock erfolgt
Funktiona-ler Kontext	Funktion, für die die Fähigkeit gelernt wurde		x		Wissen für das Erstellen von Diagnose- und Fördermöglichkeiten für Schülerinnen und Schülern
Sozialer Kontext	Gelernt und angewendet alleine oder in Kooperation mit Anderen		x		Kein weiterer Austausch konkret über den Fortbildungsinhalt vor Ort und alleinige Bearbeitung des Portfolios
Modalität	Weg des Lernens und der Anwendung		x		Gelernt mittels eines Vortrags und einer Aktivität und angewendet in schriftlicher Form

Langsam nähert sich das Ende der Fortbildung „Mathematik & Inklusion". Berücksichtigen Sie deshalb bei dem folgenden Auftrag gerne alle bisherigen Fortbildungsinhalte.

Nachstehend finden Sie ein Profil einer Schülerin aus einer fünften Klasse, die nach den Schulferien in Klasse sechs kommt. Bitte lesen Sie sich dieses zunächst aufmerksam durch. Anschließend geht es darum zu beschreiben, wie Sie diese **Schülerin im Rahmen der nächsten Reihe in den gemeinsamen Unterricht einbinden** können.

- Wählen Sie dafür gerne selber ein Thema aus Klasse 6 aus. *(Nutzen Sie gegebenenfalls auch ihre Unterrichtserfahrung früherer Jahre oder ein Thema, das möglichst nah an den Themen der Klasse 6 liegt und beschreiben Sie ein Beispiel mit Blick auf die im Projekt gewonnenen Kompetenzen.)*
- Sie können sowohl eine Einstiegs-, Erarbeitung-, Sicherungs- als auch eine Übungsphase der Einheit fokussieren.
- Betrachten Sie zunächst, welche **individuellen fachlichen Lernziele** Sie für die Schülerin in der nächsten Unterrichtsreihe vorsehen.
- Beschreiben Sie davon ausgehend insbesondere, wie **gemeinsame Lernsituationen** mit anderen Schülerinnen und Schülern **inhaltlich gestaltet** werden können.

Schülerprofil von Sophie (kommt nach den Ferien in Klasse 6)

- Förderschwerpunkt Lernen
- kann lebensnahe und handlungsbasierte Aufgaben besonders gut bewältigen
- kann ihr Wissen nicht einfach abrufen, oftmals scheinen bereits behandelte Inhalte gelöscht (beispielsweise sind die Grundrechenarten nicht gefestigt und nur nach Wiederholungen präsent, ein grundlegendes Zahlenverständnis ist allerdings vorhanden)
- traut sich wenig zu in Mathematik, gibt sich aber nicht auf
- weiß, wo sie sich Hilfe holen kann
- fällt es schwer Arbeitsaufträge selbstständig zu lesen und zu verstehen
- benötigt eine Strukturierung durch klare Handlungsanweisungen

---

2a. Planung eines Ausschnittes der nächsten Unterrichtsreihe, sodass Sophie in den gemeinsamen Unterricht eingebunden wird (Thema, Unterrichtsphase, fachliche Lernziele für Sophie und inhaltliche Gestaltung einer gemeinsamen Lernsituation)

Abbildung 5.4 Lerntransferauftrag in Portfolio 8

zum „fernen" Transfer gewählt, wenn es kein direktes Pendant der Anwendungssituation in einer Lerngelegenheit der Fortbildung gibt. Insgesamt wird dieser Portfolioauftrag deswegen als Aufgabe eines Transfers „zwischen nah und fern" eingeordnet.

Tabelle 5.9   Einordnung des Lerntransferauftrags aus Portfolio 8 in den Orientierungsrahmen zum nahen und fernen Lerntransfer

Dimension	Erklärung (siehe auch Abschn. 2.3.2.4)	Einordnung Transfer			Begründung/ weitere Erklärung
		Nah	Dazwischen	Fern	
Wissen	Wissensbasis, auf die die Fähigkeit angewendet wird		x		Wissen über gemeinsames und individuelles Lernen bezogen auf ein Schülerprofil und eine gemeinsame Lernsituation (auch in Verbindung zur Arbeit in Schulteams)
Physischer Kontext	Bezug zur physischen Umgebung		x		Portfolio wurde an einem anderen Ort ausgefüllt und nicht dort, wo die Fortbildung stattfand
Zeitlicher Kontext	Zeit zwischen Lernen und Anwenden			x	Portfolio wurde in der Distanzphase zwischen Modul 4 und Modul 5 ausgefüllt. Da der Auftrag die gesamten Fortbildungsinhalte in den Blick nimmt, wird die Aufgabe auf dieser Dimension als ferner Transfer eingestuft.
Funktionaler Kontext	Funktion, für die die Fähigkeit gelernt wurde	x			Gestaltung von individuellem und gemeinsamem Lernen im inklusiven Mathematikunterricht
Sozialer Kontext	Gelernt und angewendet alleine oder in Kooperation mit Anderen	x			Keine explizite Austauschphase dazu während der Fortbildung und alleinige Bearbeitung des Portfolios

(Fortsetzung)

Tabelle 5.9 (Fortsetzung)

Dimension	Erklärung (siehe auch Abschn. 2.3.2.4)	Einordnung Transfer			Begründung/ weitere Erklärung
		Nah	Dazwischen	Fern	
Modalität	Weg des Lernens und der Anwendung		x		Gelernt mittels verschiedener Lerngelegenheiten und angewendet in schriftlicher Form

Abschließend kann festgehalten werden, dass beide Lerntransferaufträge einen expliziten Bezug zu inklusivem Mathematikunterricht aufweisen und eine Anwendung der Fortbildungsinhalte nahelegen. Im Vergleich der Lerntransferaufträge in Portfolio 5 und 8 zeigt sich, dass der Auftrag in Portfolio 5 eine gezielte Anbindung an einzelne Lerngelegenheiten der Fortbildung aufweist und insbesondere anhand der Dimension „zeitlicher Kontext" stärker als Auftrag eines nahen Transfers aufgefasst werden kann als der Auftrag in Portfolio 8. Außerdem eröffnet der Lerntransferauftrag in Portfolio 8 expliziter die Anwendung der Fortbildungsinhalte aller bisherigen Lerngelegenheiten. Schließlich kann vor allem der Lerntransferauftrag in Portfolio 8 als schriftliche Vignette aufgefasst werden. Das vorgegebene Schülerprofil ist dabei als Fall zu verstehen, bei dem erworbene Kompetenzen zur Anwendung kommen können (vgl. Friesen, 2017, S. 41 ff.; vgl. von Aufschnaiter et al., 2017, S. 86). Die konkrete Formulierung und die Diskussion der Ideen der Lerntransferaufträge erfolgte in einer kleinen Runde (in der Regel ca. 3–4 Personen) von erfahrenen Mathematikdidaktikerinnen und -didaktikern.

5.2.5   Interviews

Neben den bereits erläuterten schriftlichen Erhebungsinstrumenten fokussiert dieses Kapitel auf Interviews als mündliches Erhebungsinstrument. Durch die Befragung der Lehrkräfte in Form von Interviews sollen die Aspekte aus den Portfolios erweitert und vertieft werden, sodass selbstberichtete Veränderungen der Lehrkräfte in ihrem Wissen und ihren affektiv-motivationalen Merkmalen anschließend rekonstruiert werden können. Damit dienen die aus den Interviews gewonnenen Daten der Beantwortung der zweiten und dritten Forschungsfrage (siehe Kap. 4).

Für die Untersuchung von individuellen Lernprozessen erfolgt die Befragung einzelner Lehrkräfte in halbstandardisierten Einzelinterviews (Döring & Bortz, 2016, S. 358 ff.). Halbstandardisiert bedeutet, dass ein Interviewleitfaden verwendet wird, der offene Fragen enthält, aber einen gewissen Spielraum für individuelle Anpassungen bietet (ebd.) – diese Art von Interview wird auch als Leitfadeninterview bezeichnet (vgl. Kruse, 2015, S. 203 f.). Die Interviews wurden telefonisch oder persönlich geführt. Im weiteren Verlauf dieses Kapitels werden die Interviewleitfäden (für Zeitpunkt 1 und Zeitpunkt 2) näher beschrieben. Ein zentraler Bestandteil der Interviews ist außerdem ein stimulated recall-Verfahren (vgl. Lyle, 2003; Messmer, 2015). Als Stimulus wurden den Lehrkräften die eigenen Antworten auf einzelne Portfolioeinträge (siehe Abschn. 5.2.3) vorgelegt und sie wurden aufgefordert, ihre Gedanken dazu explizit zu äußern (nach Messmer, 2015, Kapitel 9).

Nach einem einführenden Gespräch, in dem das Ziel der Interviews (Gespräch über den individuellen Lernprozess), Formalitäten (z. B. Aufzeichnung der Interviews) und Fragen der Lehrkräfte geklärt werden, beginnt das erste Interview mit einem offenen Einstiegsfragenblock. Dieser Block dient als Einstieg in das Gespräch über den Lernprozess der Lehrkraft und greift selbstwahrgenommene Veränderungen im Wissen über Inklusion und Mathematik, Veränderungen in der Gestaltung ihres inklusiven Mathematikunterrichts und bisherige wichtige Erkenntnisse durch die Fortbildungsteilnahme auf. Die konkreten Fragen können Tabelle 5.10 entnommen werden. Je nach Antwort der Lehrkraft können durch die Interviewerin Nachfragen gestellt werden, beispielsweise um Antworten durch Beispiele konkretisieren oder kurze Antworten ausführlicher geben zu lassen. Die Fragen in diesem und dem nachfolgenden Frageblock können als Fragen der Erzählaufforderung (Helfferich, 2014, S. 565 f.) klassifiziert werden, da sie die Lehrkräfte dazu animieren sollen, ihre Erfahrungen aus der Fortbildung und ihrem inklusiven Mathematikunterricht zu berichten.

Im weiteren Interviewverlauf folgen zwei Fragenblöcke, deren Reihenfolge flexibel an den bisherigen Gesprächsverlauf angepasst werden kann. Die Gestaltung des Interviewleitfadens kommt an dieser Stelle der Anforderung nach, dass ein „Anschmiegen an den Erzählfluss" (Helfferich, 2014, S. 567) ermöglicht werden soll, um beispielsweise größere thematische Sprünge zu vermeiden. Der Fragenblock „adaptive Zielverfolgung" greift die Portfolioaufträge im stimulated recall-Verfahren auf, und der Fragenblock „Inklusion als Herausforderungen im Mathematikunterricht" stellt gezielte Fragen zu zentralen Aspekten eines inklusiven Mathematikunterrichts (siehe auch Tab. 5.10). Diese beiden Fragenblöcke werden im Folgenden detaillierter dargestellt. Das Interview endet mit einer offenen Ausstiegsfrage, die den Lehrkräften ermöglicht, zu den bereits angesprochenen Aspekten noch etwas zu ergänzen.

Tabelle 5.10 Zentrale Fragen aus dem Interviewleitfaden für ein erstes Gespräch

Erstes Gespräch
Einstiegsfragenblock
Erzählen Sie doch zunächst mal, inwiefern Sie im Laufe der Fortbildungsteilnahme etwas über Inklusion und Mathematik dazugelernt haben.
Inwiefern hat sich Ihr inklusiver Mathematikunterricht durch die Fortbildungsteilnahme verändert?
Was war bisher die für Sie wichtigste Erkenntnis durch Ihre Fortbildungsteilnahme?
Fragenblock „adaptive Zielverfolgung"
Im ersten Portfolio hatten Sie folgendes persönliches Lernziel für die Fortbildung formuliert (Zettel mit erstem Lernziel wird vorgelegt). Nehmen Sie doch dazu bitte noch mal Stellung.
Inwiefern hat sich Ihr persönliches Lernziel seit Beginn der Fortbildung beziehungsweise im Verlauf der Fortbildung verändert?
Welche Schritte oder Vorsätze konnten Sie insgesamt bisher erreichen, um Ihrem Lernziel näher zu kommen? (Zettel mit zuletzt formulierten Planungen zur Lernzielerreichung vorlegen)
Welche Schritte planen Sie weiterhin, um Ihr Lernziel zu erreichen?
Bitte beschreiben Sie Ihren bisherigen Lernprozess insgesamt.
Fragenblock „Inklusion als Herausforderung im Mathematikunterricht"
Welche Rolle spielt die Zusammenarbeit in multiprofessionellen Teams für Sie im Rahmen Ihres inklusiven Mathematikunterrichts?
Welche Rolle spielt das gemeinsame Lernen am gemeinsamen Gegenstand für Sie im Rahmen Ihres inklusiven Mathematikunterrichts?
Welche Rolle spielt die Individualisierung für Sie im Rahmen Ihres inklusiven Mathematikunterrichts?

Im Detail geht es im Fragenblock zur adaptiven Zielverfolgung um die Thematisierung der Lernziele der Lehrkräfte, die sie im Fortbildungsverlauf verfolgen (analog zu Reflexionsaufträgen im Sinne des selbstregulierten Lernens, siehe Abschn. 5.2.3). Zunächst wurde den Lehrkräften das erste Ziel, das sie in den Portfolios festgehalten hatten (zu Beginn der Fortbildung) im Sinne des stimulated recall-Verfahrens wieder vorgelegt. Nachdem sie dazu Stellung genommen haben, werden die Lehrkräfte gefragt, inwiefern sich dieses Ziel im bisherigen Fortbildungsverlauf verändert hat. Im Anschluss daran erhielten die

Lehrkräfte – erneut als Stimulus – die zuletzt im Portfolio formulierten Vorsätze beziehungsweise Planungsschritte, um das Lernziel zu verfolgen. Ähnlich wie in den Portfolios fokussiert die Frage bisher umgesetzte Schritte, um dem Lernziel näher zu kommen, im Sinne der postaktionalen Phase, und greift damit eine Reflexion im Lernprozess auf. Ebenfalls analog zu den Portfolios werden die Lehrkräfte anschließend gefragt, welche weiteren Schritte sie planen, um ihr Lernziel zu erreichen (präaktional). Die letzte Frage in diesem Fragenblock fordert die Lehrkräfte dazu auf, ihren gesamten bisherigen Lernprozess zu beschreiben. Dabei geht es insbesondere mit Blick auf den inklusiven Mathematikunterricht beispielsweise um Fortschritte oder Hürden im Lernprozess. In seltenen Fällen war es notwendig, von diesem Vorgehen abzuweichen, beispielsweise wenn von den Lehrkräften die entsprechenden Portfolioeinträge fehlten. Die Lehrkräfte wurden in diesem Fall beispielsweise alternativ dazu aufgefordert, sich zu überlegen, was zu Beginn der Fortbildung ein Lernziel für sie war. Darüber hinaus gab es Fragen, die in den Interviews an die individuellen Gegebenheiten der Lehrkräfte angepasst wurden, welche an dieser Stelle nicht explizit aufgegriffen werden. Sollten diese Aspekte relevant sein, werden sie jedoch bei der Auswertung der Interviews berücksichtigt.

Der Fragenblock zu Inklusion als Herausforderung im Mathematikunterricht berücksichtigt zentrale Aspekte eines inklusiven Mathematikunterrichts (siehe auch Abschn. 2.6.1). Deswegen werden die Lehrkräfte gefragt, welche Rolle die Zusammenarbeit in multiprofessionellen Teams, das gemeinsame Lernen am gemeinsamen Gegenstand und die Individualisierung in ihrem inklusiven Mathematikunterricht spielen. Die erste Frage nimmt die Zusammenarbeit von Mathematiklehrkräften und sonderpädagogischen Lehrkräften in den Blick. Die zweite Frage berücksichtigt das gemeinsame Lernen aller Schülerinnen und Schüler auf ihrem jeweiligen Niveau an einem gemeinsamen fachlichen Gegenstand. Die dritte Frage fokussiert eine Individualisierung im Sinne einer bestmöglichen Förderung jeder Schülerin bzw. jedes Schülers anhand des jeweiligen individuellen Lernstandes. Mögliche Nachfragen in diesem Themenblock zielen auf die Benennung von konkreten Beispielen für gelungene und nicht gelungene Situationen ab oder fordern den expliziten Bezug zur Fortbildungsteilnahme.

Für Lehrkräfte, die ein zweites Mal interviewt wurden, wird vom Aufbau her ein analoger Leitfaden verwendet (siehe Tab. 5.11). Als offene Einstiegsfrage wird das erste Interview aufgegriffen, und der inklusive Mathematikunterricht der Lehrkräfte in der Zwischenzeit wird fokussiert. Anschließend gibt es wieder zwei Fragenblöcke. Der Fragenblock zur adaptiven Zielverfolgung nutzt in analoger Weise wieder ein stimulated recall-Verfahren, sodass die Lehrkräfte zum zuletzt festgehaltenen Lernziel Stellung nehmen und anschließend gebeten werden zu erläutern, inwiefern sich dieses Lernziel bis zum aktuellen Zeitpunkt verändert hat (postaktional). Mit Blick auf das nahende Ende der Fortbildung zum zweiten Interviewzeitpunkt fokussieren die weiteren Fragen in diesem Block auf den Lernprozess während der gesamten Fortbildung sowie auf das Lernziel und die geplanten Schritte nach offiziellem Ende der Fortbildung bezogen auf den inklusiven Mathematikunterricht der Lehrkräfte. Der andere Fragenblock im zweiten Interview geht auf gelungene Situationen im inklusiven Mathematikunterricht ein. Die Lehrkräfte werden gebeten, eine gelungene Situation aus dem inklusiven Mathematikunterricht der vergangenen Wochen zu schildern. Dabei werden sie auch gefragt, warum dies eine gelungene Situation für sie darstellt, und inwiefern ein Zusammenhang zwischen der gelungenen Situation und der Fortbildungsteilnahme hergestellt werden kann. Das Interview endet mit der Frage, was die wichtigste Erkenntnis durch die Fortbildungsteilnahme war, und ob es Aspekte gibt, die abschließend noch ergänzt werden sollen.

Tabelle 5.11 Zentrale Fragen aus dem Interviewleitfaden für ein zweites Gespräch

Zweites Gespräch
Einstiegsfragenblock
Unser letztes Gespräch liegt bereits ein halbes Jahr zurück. Inwiefern hat sich Ihr inklusiver Mathematikunterricht seitdem verändert?
Fragenblock „adaptive Zielverfolgung"
Im letzten Portfolio, das ich von Ihnen erhalten habe, hatten Sie folgendes persönliches Lernziel für die Fortbildung formuliert (Zettel mit Lernziel wird vorgelegt). Nehmen Sie dazu bitte einmal Stellung.
Inwiefern hat sich dieses persönliche Lernziel bis zum jetzigen Zeitpunkt verändert?
Bitte beschreiben Sie Ihren bisherigen Lernprozess während der gesamten Fortbildung.
Welches persönliche Lernziel im Rahmen Ihres inklusiven Mathematikunterrichts verfolgen Sie über das offizielle Ende der Fortbildung hinaus?
Welche Schritte planen Sie weiterhin, um dieses Lernziel zu erreichen?
Fragenblock „Gelungene Situation im Mathematikunterricht"
Bitte beschreiben Sie eine gelungene Situation aus Ihrem inklusiven Mathematikunterricht der letzten Wochen.
Warum stellt dies für Sie eine gelungene Situation dar?
Inwiefern sehen Sie einen Zusammenhang zwischen der gelungenen Situation und Ihrer Fortbildungsteilnahme?

Die bisher präsentierten Inhalte der finalen Interviewleitfäden wurden im Rahmen eines Pilotierungsinterviews mit einer Fortbildungsteilnehmerin zuvor getestet. Nach dem Pilotierungsinterview wurden vor allem Fragen, die bei der Beantwortung deutlich machten, dass die Interviewte Inhalte wiederholte (und verschiedene Fragen somit auf den gleichen Inhalt abzielten) aus dem Leitfaden entfernt. Die zentrale Idee der zwei Fragenblöcke und die entsprechenden Inhalte konnten hingegen als gewinnbringend ausgemacht werden, sodass auch das Pilotierungsinterview später inhaltlich mit ausgewertet und für die Analyse des Lernprozesses dieser Lehrkraft herangezogen wird.

Die von der Autorin dieser Arbeit durchgeführten Interviews wurden mithilfe von Diktiergeräten aufgezeichnet und im Anschluss durch Hilfskräfte der Arbeitsgruppe für Didaktik der Mathematik (Ruhr-Universität Bochum) transkribiert. Für die Transkription wurde das Programm MAXQDA verwendet. Grundlage für die Transkription waren dabei verschiedene Transkriptionsregeln, die in Anlehnung an Kuckartz (2018, S. 167 f.) formuliert wurden.

5.2.6 Zusammenschau der Erhebungsinstrumente und zugrundeliegendes Datenmaterial

Zuvor wurden der Ablauf der Datenerhebung (Abschn. 5.2.1) und die einzelnen Erhebungsinstrumente (Abschn. 5.2.2 bis 5.2.5) betrachtet. Dieses Kapitel dient einem zusammenfassenden Überblick zu den einzelnen Erhebungsinstrumenten vor dem Hintergrund des Kapitel 4 vorgestellten Erkenntnisinteresses der Studie in dieser Arbeit. Tabelle 5.12 können die jeweilige Zielsetzung des Einsatzes und der Datentyp mit zugrundeliegenden methodischen Überlegungen entnommen werden.

Die mit den verschiedenen Erhebungsinstrumenten erhobenen Daten, welche im weiteren Verlauf dieser Arbeit als Grundlage für die Auswertung herangezogen werden, werden im Folgenden mit Blick auf die Stichprobe genauer betrachtet. Von den 20 in die Studie einbezogenen Lehrkräften liegen unterschiedlich viele Daten zur Analyse der Lernprozesse vor. Der nachfolgenden Tabelle 5.13 kann entnommen werden, von welcher Lehrkraft welche Daten analysiert werden können. Schwankungen sind insbesondere auf die verschiedenen Zeitpunkte der Datenerhebung zurückzuführen. Beispielsweise liegen von den Portfolios, die während eines Moduls ausgefüllt wurden, Daten von mehr Lehrkräften vor, als von Portfolios, die in Distanzphasen ausgefüllt wurden.

Da die Portfolios aus jeweils verschieden vielen Reflexions- und Lerntransferaufträgen bestehen, wurde auch eine deskriptive Auswertung auf der Ebene

Tabelle 5.12 Zusammenschau der Erhebungsinstrumente

Erhebungs- instrument	Zielsetzung des Einsatzes	Datentyp und methodische Überlegungen
Fragebögen (Abschn. 5.2.2)	Pre-post-Vergleich mit Blick auf Veränderungen im Wissen und in affektiv-motivationalen Merkmalen; Erfassung demographischer Merkmale	Schriftlich; Offene Fragen zum Beispiel zur didaktischen und methodischen Gestaltung des inklusiven Mathematikunterrichts sowie zur Teilnahmemotivation; Antworten ermöglichen die Betrachtung der verschiedenen Kompetenzbereiche im Sinne des Modells der professionellen Handlungskompetenz von Lehrkräften für inklusiven Mathematikunterricht
Portfolios – Reflexionsaufträge (Abschn. 5.2.3)	Rekonstruktion von Veränderungen im Wissen und in affektiv-motivationalen Merkmalen	Schriftlich; Reflexionsaufträge, entwickelt vor dem Hintergrund der adaptiven Zielverfolgung im Sinne des selbstregulierten Lernens; Antworten ermöglichen die Betrachtung der verschiedenen Kompetenzbereiche im Sinne des Modells der professionellen Handlungskompetenz von Lehrkräften für inklusiven Mathematikunterricht
Portfolios – Lerntransfer (Abschn. 5.2.4)	Fokussierung auf einen zentralen Teil von Lernprozessen, den Lerntransfer (als Anwendung des in der Fortbildung Gelernten)	Schriftlich; Aufträge konstruiert zur Erfassung von Lerntransfer; explizite Anbindung an den Fortbildungsinhalt
Interviews (Abschn. 5.2.5)	Rekonstruktion und tiefere Betrachtung von Veränderungen im Wissen und in affektiv-motivationalen Merkmalen	Mündlich; Transkribiert (MAXQDA); Halbstandardisierte Einzelbefragung mit Fokus auf adaptive Zielverfolgung mit Hilfe eines stimulated recall-Verfahrens und Thematisierung zentraler Aspekte von inklusivem Mathematikunterricht

Tabelle 5.13 Zugrundeliegendes Datenmaterial je Lehrkraft (LK = Lehrkraft, FB = Fragebogen, PF = Portfolios und INT = Interview)

Person	FB Eingang	FB Ausgang	PF1	PF2	PF3	PF4	PF5	PF6	PF7	PF8	PF9	INT Zeitpunkt 1	INT Zeitpunkt 2
LK1	x	x	x	x	x	x	x		x		x		
LK2	x	x	x	x	x	x	x		x		x		
LK3	x	x	x	x	x	x	x	x	x	x	x	x	x
LK4	x	x	x	x	x	x	x	x	x	x	x		
LK5	x	x	x	x	x	x	x	x	x	x	x		
LK6	x	x					x	x	x	x	x		x
LK7	x		x	x	x	x	x	x	x				
LK8	x		x	x	x	x	x	x	x			x	x
LK9	x	x	x	x	x	x	x	x	x		x		
LK10	x	x	x	x	x		x	x			x		
LK11	x			x	x		x		x	x		x	
LK12	x		x	x	x	x	x		x				
LK13	x					x	x	x	x	x		x	
LK14	x	x	x	x	x	x	x						
LK15	x	x	x	x	x	x	x	x	x				
LK16	x		x	x	x	x	x		x	x	x	x	x
LK17	x		x	x	x	x	x	x					
LK18	x	x	x	x	x	x	x	x	x	x	x	x	x
LK19	x		x	x	x		x		x			x	
LK20	x	x	x	x	x		x		x		x		
n =	19	12	17	18	18	15	20	12	17	8	11	7	5

der einzelnen Portfolioaufträge vorgenommen. Insgesamt wurden 48 Portfolioaufträge (davon 6 als Teil der Lerntransferaufträge) eingesetzt. Die Formulierung eines Lernziels wird beispielsweise als ein Portfolioauftrag gewertet. Tabelle 5.14 gibt die relativen Häufigkeiten der ausgefüllten Portfolioaufträge an.

Tabelle 5.14 Deskriptive Auswertung der vorhandenen Portfolioaufträge (relativer Anteil der ausgefüllten Portfolioaufträge gemessen an 48 Aufträgen insgesamt, gerundet)

Person	Ausgefüllte Portfolioaufträge	Person	Ausgefüllte Portfolioaufträge
LK1	67 %	LK11	60 %
LK2	79 %	LK12	60 %
LK3	96 %	LK13	52 %
LK4	98 %	LK14	54 %
LK5	92 %	LK15	58 %
LK6	56 %	LK16	100 %
LK7	65 %	LK17	50 %
LK8	65 %	LK18	85 %
LK9	83 %	LK19	46 %
LK10	67 %	LK20	73 %

Die Erkenntnis darüber, dass die Lehrkräfte verschieden viele Portfolioaufträge ausgefüllt haben und auch, dass der Umfang der Datengrundlage pro Lehrkraft variiert, wurde bei der weiteren Datenauswertung berücksichtigt (siehe Abschn. 5.3.3).

5.3   Datenauswertung

In diesem Kapitel werden die Methoden und die Vorgehensweise der Datenauswertung thematisiert. Die Daten werden mithilfe einer qualitativen Inhaltsanalyse ausgewertet, die zunächst vorgestellt wird (Abschn. 5.3.1). Im Rahmen dieser Analyse steht die Arbeit mit Kategorien im Vordergrund, sodass in einem nächsten Schritt das erstellte Kategoriensystem mittels Definitionen der Kategorien präsentiert wird (Abschn. 5.3.2). Zuletzt wird das konkrete Vorgehen der Datenauswertung in Rückbezug zu den formulierten Forschungsfragen erläutert, wobei die Typenbildung im Anschluss an die qualitative Inhaltsanalyse im Vordergrund steht (Abschn. 5.3.3).

5.3.1 Qualitative Inhaltsanalyse als Auswertungsmethode

Zur Auswertung der qualitativen Daten (offene Fragen aus den Fragebögen, Antworten in den Portfolios und Transkripte der Interviews) wird in dieser Arbeit eine qualitative Inhaltsanalyse durchgeführt. In diesem Kapitel wird die Methode der qualitativen Inhaltsanalyse deswegen als Auswertungsmethode vorgestellt. Es geht dabei sowohl um die Erläuterung der Methode an sich als auch um die Beschreibung des in dieser Arbeit gewählten Vorgehens. Es ist an dieser Stelle wichtig anzumerken, dass es „die" qualitative Inhaltsanalyse nicht gibt (Schreier, 2014, Kapitel 4), sondern dass verschiedene Autorinnen und Autoren – oftmals in Abhängigkeit davon, auf welche Forschungstradition sie sich berufen – verschiedene Merkmale einer qualitativen Inhaltsanalyse anführen. Insbesondere im deutschsprachigen Raum werden die Ausführungen von Mayring (2010) und Kuckartz (2018) oftmals für die Datenauswertung herangezogen. Diese beiden Ansätze unterscheiden sich beispielsweise vor dem Hintergrund der Frage, ob das Kategoriensystem theoriegeleitet entsteht oder ob Kategorien (auch) am Material gebildet werden (Schreier, 2014, Kapitel 2). Das Vorgehen in dieser Arbeit beruht in erster Linie auf den Überlegungen von Mayring (2010), greift aber an einzelnen Stellen für detailliertere Erläuterungen auch auf Ausführungen von Kuckartz (2018) zurück. Umso wichtiger ist es deswegen, das gewählte Vorgehen im Sinne einer qualitativen Inhaltsanalyse genau zu beschreiben.

Nach Mayring (2010, S. 13) steht die Anwendung eines Kategoriensystems auf das zu untersuchende Material im Zentrum einer qualitativen Inhaltsanalyse, sodass sie auch als kategoriengeleitete Textanalyse bezeichnet wird. Es ist deswegen nicht verwunderlich, dass Schreier (2014, Kapitel 4) das Kategoriensystem auch als „Herzstück" einer qualitativen Inhaltsanalyse bezeichnet. In dieser Arbeit dienen die erweiterten Kompetenzbereiche des Modelles der professionellen Handlungskompetenz von Lehrkräften für inklusiven Mathematikunterricht (Kap. 3) als Kategorien. Das folgende Abschnitt 5.3.2 expliziert die Kompetenzbereiche des Modells als Kategorien und fokussiert auf die Beschreibung der Inhalte der Kategorien. Die ersten Schritte einer qualitativen Inhaltsanalyse (Festlegen der Forschungsfrage, Auswahl des Materials und Erstellen des Kategoriensystems; nach Schreier, 2014, Kapitel 58) sind damit bereits erfolgt.

In einem weiteren Schritt geht es darum, anhand des Materials die Analyse-, die Kodier- und die Kontexteinheit zu definieren (Schreier, 2014, Kapitel 39). Die Analyseeinheit entspricht einem Fall, das bedeutet, dass eine Lehrkraft als Fall und damit als Analyseeinheit dient. Liegen von einer Lehrkraft Daten aus Fragebögen (offene Fragen), Portfolios (Reflexionsaufträge und Lerntransferaufträge) und Interviews (ein oder zwei Transkripte) vor, werden diese zu einem

Fall zusammengefasst. Kodiereinheiten sind diejenigen Textstellen, die sich einer
Kategorie zuordnen lassen (ebd.) beziehungsweise der minimale Textteil, der in
eine Kategorie fallen kann (Mayring, 2010, S. 59). Da die Lehrkräfte in den
Portfolios teilweise in Stichworten auf die Reflexionsaufträge geantwortet haben,
zählt in der vorliegenden Arbeit bereits ein einzelnes Wort als Kodiereinheit.
Kontexteinheiten legen den größten Textbestandteil fest, der zu einer Kategorie gehören kann (ebd.) und ermöglichen, dass auch weitere Materialien in die
Interpretation, d. h. für das Verständnis der Kodiereinheit, herangezogen werden
können (Schreier, 2014, Kapitel 39). In der vorliegenden Arbeit ist die Kontexteinheit in der Regel die gesamte Antwort einer Lehrkraft auf eine Frage (sowohl
in den Fragebögen als auch in den Portfolios und in den Interviews). Ist es jedoch
allein mit dieser Antwort nicht möglich, die Textstelle zu interpretieren, so werden sowohl alle vorliegenden Daten der Person selbst als auch die Materialien
der Fortbildung (siehe Abschn. 5.1) als Kontextinformationen für die Interpretation herangezogen. Mayring (2010, S. 59) verwendet zudem den Begriff der
Auswertungseinheit, um die Reihenfolge der Textteile festzulegen. Dies bezieht
sich in der vorliegenden Arbeit besonders auf das konkrete Vorgehen bei der
Datenanalyse und wird deswegen in Abschn. 5.3.3 aufgegriffen.

Nach der Definition der verschiedenen Einheiten erfolgt im Verlauf einer
qualitativen Inhaltsanalyse eine Probekodierung mit einer anschließenden Evaluation und Modifikation des Kategoriensystems (Schreier, 2014, Kapitel 58).
Diese Schritte werden ebenso wie die Hauptkodierung in Abschnitt 5.3.3 näher
betrachtet. Im Anschluss an diese Analyseschritte können weitere Auswertungen
und Ergebnisdarstellungen angeschlossen werden (ebd.). Beispielsweise können
Typen gebildet werden, das Kategoriensystem kann ausführlicher beschrieben
werden, es können Zusammenhänge ausgearbeitet werden oder es können Ein-
zelfallanalysen durchgeführt werden (ebd.). Zur Identifikation von typischen
Lernwegen erfolgt in dieser Arbeit im Anschluss an die qualitative Inhaltsanalyse
eine Typenbildung (siehe Abschn. 5.3.3).

Es werden zudem verschiedene Verfahren einer qualitativen Inhaltsanalyse
unterschieden (Schreier, 2014, Kapitel 6 ff.; Kuckartz, 2018, S. 48 ff.; Mayring,
2010, S. 63 ff.). In diesem Kontext kann das in dieser Arbeit gewählte Vorgehen
unter anderem als inhaltlich-strukturierende Inhaltsanalyse verstanden werden,
da inhaltliche Aspekte im Material identifiziert und systematisch beschrieben
werden. Während Mayring (2010) insbesondere auf die anschließende Paraphra-
sierung und Zusammenfassung anhand der einzelnen Kategorien fokussiert, liegt
der Schwerpunkt in dieser Arbeit nicht auf einer zusammenfassenden Darstellung der Ergebnisse pro Kategorie. Beispielsweise werden nicht alle Äußerungen

der Lehrkräfte zum Kompetenzbereich „Organisationswissen inklusiv" zusammenfassend dargestellt (vgl. auch Vorgehen in Bertram, Albersmann & Rolka, 2020), sondern es werden die Lehrkräfte und die bei ihnen im zeitlichen Verlauf kodierten Kompetenzbereiche betrachtet. Dieses Vorgehen erscheint insbesondere vor dem Hintergrund der Forschungsfragen 2 und 3 sinnvoll, da es um die Beschreibung und mögliche Erklärung von Lernwegen geht (siehe Kap. 4). Da es außerdem um die Analyse von typischen Verläufen im Lernweg geht, kann das Vorgehen aus der Mischung von qualitativer Inhaltsanalyse und Typenbildung in dieser Arbeit auch im Sinne einer typenbildenden Inhaltsanalyse verstanden werden (Schreier, 2014, Kapitel 35; Mayring, 2010, S. 98 ff.).

5.3.2 Kategoriensystem

Bezogen auf eine qualitative Inhaltsanalyse (Abschn. 5.3.1) spielt das Kategoriensystem für die Datenauswertung eine entscheidende Rolle. In diesem Kapitel wird deswegen auf die Entstehung des Kategoriensystem, die Definition der einzelnen Kategorien und die verschiedenen Ankerbeispiele zu den Kategorien eingegangen. Insgesamt sollte das Kategoriensystem folgende Merkmale erfüllen (nach Kuckartz, 2018, S. 103):

• Bildung des Kategoriensystems in enger Verbindung zu Fragestellungen und Zielen des Projekts,
• nicht zu feingliedrig und nicht zu umfangreich,
• enthält eine möglichst genaue Beschreibung der Kategorien,
• formuliert mit Perspektive auf den späteren Ergebnisbericht,
• getestet an einer Teilmenge des Materials.

Das Kategoriensystem, welches der Datenauswertung in dieser Arbeit zugrunde liegt, wurde in enger Verbindung zu den Fragestellungen (siehe Forschungsfragen in Kap. 4) erstellt. Um das Modell der professionellen Handlungskompetenz von Lehrkräften für inklusiven Mathematikunterricht und damit die einzelnen Kompetenzbereiche sowohl in den Daten der Lehrkräfte als auch in den Fortbildungsinhalten identifizieren zu können, werden diese Kompetenzbereiche als Kategorien genutzt. Daraus resultiert auch, dass das Kategoriensystem aus einer praktikablen Anzahl von acht Kategorien besteht. Es folgt die genaue Beschreibung der Kategorien, wobei als ausführliche Grundlage dessen die Ausführungen in Kapitel 3 zu betrachten sind. Die Testung einer ersten Version des Kategoriensystem ist bereits im Rahmen der Arbeit Bertram, Albersmann und Rolka (2020) zur Identifizierung von Kompetenzbereichen zu Beginn der Fortbildung (Auswertung einiger offener Items aus dem Eingangsfragebogen) erfolgt. Die weitere Arbeit mit diesem Kategoriensystem wird in Abschnitt 5.3.3 thematisiert. Wie zuvor bereits erläutert, werden die Kompetenzbereiche (Fachwissen, pädagogisches Wissen (inklusiv), fachdidaktisches Wissen (inklusiv), Organisationswissen (inklusiv), Beratungswissen (inklusiv), Überzeugungen (inklusiv), Selbstregulation (inklusiv) und Motivation (inklusiv)) als Kategorien für die qualitative Inhaltsanalyse genutzt. Dabei erfolgt eine Kategoriendefinition zunächst vor dem Hintergrund der jeweiligen Kompetenzbereiche ohne die inklusive Erweiterung. Anschließend wird in jeder Kategorie unter dem Stichwort „inklusiver Fokus" aufgegriffen, welche Inhalte unter der Perspektive eines inklusiven Mathematikunterrichts besondere Relevanz erlangen. In der nachfolgenden Tabelle 5.15 finden sich die Definitionen der Kategorien.

Tabelle 5.15   Kategorienbeschreibungen

KATEGORIE: FACHWISSEN
o Vertieftes Hintergrundwissen über Inhalte des schulischen Curriculums, z. B. auch in Form von Wissen über Lehrpläne
o Verschiedene Formen mathematischen Wissens, wie zum Beispiel ein umfassendes mathematisches Verständnis des Schulstoffes oder mathematisches Wissen von Erwachsenen über die Schulzeit hinaus
o Lehrkräfte sprechen selbst vom Fachwissen

KATEGORIE: PÄDAGOGISCHES WISSEN (INKLUSIV)
o Kenntnisse über Lernen und Lehren, die sich auf die Gestaltung von Unterrichtssituationen beziehen und fachunabhängig sind • Aspekte der Unterrichtsplanung im Allgemeinen (d. h. ohne fachdidaktischen Bezug); umfasst auch „Werkzeuge", die bei der Unterrichtsplanung zum Einsatz kommen, sofern sie keinen fachdidaktischen Bezug aufweisen
o Wissen über Lernen und Lernende (z. B. motivationspsychologisches Wissen, Unterschiede in den Voraussetzungen der Lernenden) • Unterschiede in den Voraussetzungen der Lernenden verstanden als nicht fachbezogene Voraussetzungen, sondern fächerübergreifende Aspekte
o Wissen über Umgang mit der Klasse als sozialem Gefüge (z. B. Klassenführung, soziale Konflikte)
o Wissen über methodisches Repertoire (z. B. Lehr-Lern-Methoden, Individualdiagnostik, räumliche, materiale und mediale Gestaltung von Lernumgebungen) • Materiale Gestaltung von Lernumgebungen, bedeutet auch, dass Bezüge zu Büchern oder Arbeitsheften dieser Kategorie zugeordnet werden, wenn sie nicht explizit einen fachdidaktischen Fokus aufweisen

(Fortsetzung)

Tabelle 5.15 (Fortsetzung)

- Mediale Gestaltung umfasst zum Beispiel auch den Einsatz von Videos oder Apps, sofern nicht explizit ein fachdidaktischer Fokus erkennbar ist
- Individualdiagnostik umfasst auch Tests und Klassenarbeiten sowie weitere Aspekte der Leistungsbewertung, die keinen klaren mathematikdidaktischen Bezug aufweisen

Inklusiver Fokus:

○ Diagnostische Klärung von Förderbedarfen
○ Methodisch-organisatorische Differenzierungsmaßnahmen (Unterscheidung von innerer und äußerer Differenzierung) zum Umgang mit Heterogenität
  - Differenzierung auch im Rahmen der Leistungsbewertung sowie alternative Bewertungen zu Noten
  - Differenzierungsmatrix als Werkzeug zur Strukturierung von Unterricht, wenn ein Bezug zu inklusivem Unterricht deutlich wird
  - Betrachtung der Schülerinnen und Schüler, je nachdem ob sie im E- oder G-Kurs sind (Erweiterungs- und Grundkurs an Gesamtschulen)
○ Aspekte wie Handlungsorientierung, offener Unterricht, Praxisbezug, Lebensweltbezug usw. insofern sie im Kontext eines inklusiven Unterrichts thematisiert werden
○ Balance von individuellem und gemeinsamem Lernen
  - Verstanden als methodische Balance zum Beispiel im Sinne der Mischung von Sozialformen
  - Zum gemeinsamen Lernen (das nicht eindeutig fachdidaktisch gedacht wird) zählt beispielsweise auch die Einbindung von Schülerinnen und Schülern mit sonderpädagogischem Unterstützungsbedarf
○ Lernen mit allen Sinnen
○ Einsatz von Material, explizit für Schülerinnen und Schüler mit sonderpädagogischem Unterstützungsbedarf
○ Im Sinne eines weiten Inklusionsverständnisses auch Äußerungen, die auf besonders schwache sowie starke/begabte Schülerinnen und Schüler abzielen

KATEGORIE: FACHDIDAKTISCHES WISSEN (INKLUSIV)

○ Wissen über das Potenzial von Aufgaben
○ Wissen über multiple Repräsentations- und Erklärungsmöglichkeiten
○ Wissen über Schülervorstellungen
  - Dazu gehört das Wissen über mögliche Fehlvorstellungen und Aspekte des Umgangs mit Fehlern
  - Versprachlichen von Inhalten, also dass Schülerinnen und Schüler ihre Gedanken zum Beispiel beim Lösen einer Aufgabe in mündlicher Form äußern (um Lern- und Denkprozesse der Schülerinnen und Schüler zu verstehen)
○ Wissen über Prinzipien wie zum Beispiel kognitive Aktivierung, Vielfalts-Prinzip für Zugangsweisen, entdeckendes Lernen und produktives Üben
○ Aspekte der Unterrichtsplanung mit konkretem fachdidaktischem Bezug

Inklusiver Fokus:

○ Vernetzung von Darstellungsformen, entdeckendes Lernen, Anwendungsorientierung usw.

(Fortsetzung)

Tabelle 5.15   (Fortsetzung)

- Visualisierungen und Handlungsorientierung, wenn sie einen fachdidaktischen Bezug aufweisen (z. B. mit Blick auf individuelle Lösungswege bei Aufgaben)
- ○ Selbstdifferenzierende Aufgaben (auch Vielfalts-Prinzip für Zugangsweisen)
  - Blütenaufgaben, da sie eine Selbstdifferenzierung beinhalten
  - Low floor high ceiling Aufgaben
  - Zieldifferente Aufgabenstellungen (wenn Bezüge zu Lernzieldifferenz oder Zielgleichheit erkennbar sind; sowie Anknüpfen an die unterschiedlichen Lernniveaus der Schülerinnen und Schüler)
  - Anpassungen von Aufgaben vor dem Hintergrund der Zugänglichkeit für Schülerinnen und Schüler mit sonderpädagogischem Unterstützungsbedarf
- ○ Verstehensorientierte und diagnosegeleitete Förderung
  - Förderkurs „Zahlenjongleur" (durch inhärenten Bezug zu einer verstehensorientierten und diagnosegeleiteten Förderung)
- ○ Lernen am gemeinsamen Gegenstand, Balance von individuellem und gemeinsamem Lernen im Sinne des fachlichen von- und miteinander Lernens
- ○ Sicherung von Verstehensgrundlagen, Berücksichtigung langfristiger Lernprozesse
- ○ Materialien bei fachdidaktischem und inklusionsdidaktischem Bezug
- ○ Vor dem Hintergrund der Fortbildung auch Äußerungen zum Vierphasenmodell, zu diagnostischen Interviews (da es um eine fachbezogene Diagnose geht) und dem Einsatz der Unterrichtsreihe „Zoo-Aufgabe"

KATEGORIE: ORGANISATIONSWISSEN (INKLUSIV)

- ○ Wissen über Bildungssysteme und ihre Rahmenbedingungen, über Schulorganisation, Rechtsstellung von Schülerinnen und Schülern, Eltern und Lehrkräften sowie über Aufgaben von Schulleitungen
  - Die Schulorganisation betrifft zum Beispiel auch die Kursstruktur an Gesamtschulen
- ○ Austausch mit anderen Schulen und Ideen von Kolleginnen und Kollegen; ebenso wie Beratungen der Lehrkräfte/der Schule durch außenstehende Personen

Inklusiver Fokus:

- ○ Multiprofessionelle Kooperation sowohl zwischen Regelschullehrkraft und sonderpädagogischer Lehrkraft als auch zwischen Lehrkräften und außerschulischen Partnern
  - Wissen über Kooperationsformen im Team-Teaching
  - Doppelbesetzung im (Mathematik-)Unterricht sowie Benennungen zur Zusammenarbeit oder zum Austausch von Regelschullehrkraft und sonderpädagogischer Lehrkraft
  - Bezüge zu Zuständigkeiten von Regelschullehrkraft und sonderpädagogischer Lehrkraft
  - Kooperationsformen im Team-Teaching können sich hier beispielsweise auch auf äußere Differenzierungsformen beziehen
  - Zur Zusammenarbeit mit außerschulischen Partnern gehört auch die Zusammenarbeit mit den Fortbildenden (Beratungskräfte für Inklusion und Beratungskräfte für Unterrichtsentwicklung Mathematik)
- ○ Aspekte der Schulentwicklung
  - Benennung von Schwerpunkt- oder Inklusionsschule

(Fortsetzung)

Tabelle 5.15 (Fortsetzung)

KATEGORIE: BERATUNGSWISSEN (INKLUSIV)

○ Wissen, das Lehrkräfte in der Kommunikation mit Laien benötigen
  • Zum Beispiel für Beratungsgespräche zu Schullaufbahnen, Lernschwierigkeiten
    oder Verhaltensproblemen mit Schülerinnen und Schülern und Eltern (auch
    Berücksichtigung der Rolle der Eltern)
○ Wissen über Gesprächsführung
○ Wissen über die Bewältigung von schwierigen Beratungssituationen
○ Beziehungsarbeit mit den Schülerinnen und Schülern; auch Beratungen der
  Schülerinnen und Schüler beispielsweise bezogen auf ihre Selbstständigkeit
○ Äußerungen zur Rolle des Schulabschlusses im Sinne einer Vorbereitung auf das
  Erwachsenenleben, wenn ein beratender Gedanke enthalten ist
Inklusiver Fokus:
○ Beratung von Schülerinnen und Schülern im Zusammenhang mit sonderpädagogischen
  Unterstützungsbedarfen
○ Äußerungen in der Form, dass für Schülerinnen und Schüler mit sonderpädagogischem
  Unterstützungsbedarf manche Dinge wichtiger sind als diejenigen, die im Lehrplan
  stehen
○ Vorbereitung von Schülerinnen und Schülern mit sonderpädagogischem
  Unterstützungsbedarf auf das Erwachsenenleben

KATEGORIE: ÜBERZEUGUNGEN (INKLUSIV)

○ Subjektiv für wahr gehaltene Annahmen über Phänomene oder Objekte der Welt
○ Überzeugungen zur Natur mathematischen Wissens (Schema-, Formalismus-, Prozess-
  und Anwendungsaspekt) und zum Lernen und Lehren von Mathematik (transmissive
  und konstruktive Orientierung)
○ Wertungen über die Wichtigkeit bestimmter Inhalte, die eine Einstellung zum Thema
  erkennen lassen
Inklusiver Fokus:
○ Vorstellungen zum Umgang mit speziellen sonderpädagogischen
  Unterstützungsbedarfen (enges Inklusionsverständnis) sowie positive Überzeugung im
  Sinne einer Wertschätzung von Heterogenität (weites Inklusionsverständnis)
○ Einstellungen zur Gestaltung inklusiven Unterrichts (z. B. Umsetzbarkeit von
  inklusiven Lerneinheiten), zu Effekten inklusiven Unterrichts auf Schülerinnen und
  Schüler und zum Einfluss des Schülerverhaltens auf inklusiven Unterricht (z. B.
  Aufmerksamkeit der Lehrkraft im gemeinsamen Unterricht)
  • Äußerungen, die den Gedanken eines guten gemeinsamen Unterrichts widerspiegeln
  • Beide Lehrkräfte sind für alle Schülerinnen und Schüler verantwortlich

KATEGORIE: SELBSTREGULATION (INKLUSIV)

○ Erfolgreiches Haushalten mit eigenen Ressourcen als Balance von
  Ressourceninvestition (Engagement) und Ressourcenerhaltung (Widerstandsfähigkeit);
  Belastungserleben und berufliches Wohlbefinden
○ Äußerungen im Sinne einer (Selbst-)Reflexion, beispielsweise auch über gelungene
  (z. B. Erfolgserlebnisse) und nicht gelungene Aspekte (z. B. schlechte Erfahrungen)
  sowie selbstwahrgenommene (Nicht-)Veränderungen

(Fortsetzung)

Tabelle 5.15 (Fortsetzung)

○ Reflexion von interessanten Fortbildungsinhalten oder explizite Reflexionen des
  eigenen Lernprozesses
Inklusiver Fokus:
○ Sorge der Lehrkräfte, nicht allen Schülerinnen und Schülern gerecht werden zu
  können; Belastungserleben durch erweiterte Anforderungen
○ Fehlende Zeit, zum Beispiel um entsprechende Vorbereitungen zu leisten zur
  Berücksichtigung individueller Bedürfnisse der Schülerinnen und Schüler
○ Wahrnehmung von (Nicht-)Veränderungen und Reflexionen im obigen Sinne, die einen
  expliziten Bezug zu inklusivem (Mathematik-)Unterricht aufweisen

KATEGORIE: MOTIVATION (INKLUSIV)

○ Ziele, Präferenzen und Motive von Lehrkräften
○ Berufswahlmotive, Selbstwirksamkeitserwartungen und intrinsische Orientierungen
Inklusiver Fokus:
○ Ziele, Präferenzen und Motive, die sich auf inklusiven (Mathematik-)Unterricht
  beziehen, auch zum Beispiel in Form der Thematisierung von Schülerinnen und
  Schülern mit sonderpädagogischem Unterstützungsbedarf oder der
  Auseinandersetzung mit Inklusion insgesamt
○ Selbstwirksamkeit im inklusiven Unterricht (bezogen auf z. B. den Umgang mit
  Unterrichtsstörungen oder die Zusammenarbeit mit Eltern)
○ Intrinsische Motivation, sich mit inklusionspädagogischen Fragestellungen zu
  beschäftigen; auch der Wunsch, Kenntnisse im Bereich Inklusion zu erweitern

Die Ankerbeispiele zu den Kategorienbeschreibungen sowohl für die Analyse der Fortbildungsinhalte (Forschungsfrage 1) als auch für die Auswertung
der Daten der Lehrkräfte (Forschungsfrage 2) befinden sich im elektronischen
Zusatzmaterial.

5.3.3 Vorgehen bei der Datenauswertung

Zur Beantwortung der Forschungsfragen (siehe Kap. 4) wurden die Daten der
Lehrkräfte und die Beschreibungen der Fortbildungsinhalte für die weitere Analyse aufbereitet. Die Auswertung der Daten der Lehrkräfte erfolgte mittels
qualitativer Inhaltsanalyse und einer daran anknüpfenden Typenbildung, deren
methodische Grundlagen bereits in Abschnitt 5.3.1 und 5.3.2 dargestellt wurden. Für die Verbindung der beiden Methoden wird festgehalten, dass als erstes
die Daten fallbezogen ausgewertet werden, indem die Daten jeder Lehrkraft
kodiert werden. Daran schließt eine fallübergreifende Auswertung an, bei der

einander ähnliche Einzelfälle zu Typen zusammengefasst werden (vgl. Döring & Bortz, 2016, S. 541 ff.). Wie in Abschnitt 5.3.1 bereits beschrieben, kann in diesem Fall auch von einer typenbildenden qualitativen Inhaltsanalyse gesprochen werden (Schreier, 2014, Kapitel 34 f.). In der vorliegenden Arbeit dient die Typenbildung somit der weiteren Auswertung der Ergebnisse der qualitativen Inhaltsanalyse und die zugrunde gelegten Kategorien der qualitativen Inhaltsanalyse bilden den Merkmalsraum zur Typenbildung (ebd.). Im Folgenden werden deswegen zunächst zentrale Schritte der qualitativen Inhaltsanalyse und dann zentrale Schritte der Typenbildung erläutert.

Qualitative Inhaltsanalyse der Daten der Lehrkräfte
Nachdem die Daten der Lehrkräfte (Antworten in Fragebögen, Portfolios und Interviews) zu Fällen zusammengefasst und in MAXQDA eingepflegt wurden, erfolgte eine Probekodierung (an ca. 10 % des Datenmaterials), in dessen Rahmen das Kategoriensystem angewendet, verfeinert und überarbeitet wurde. Für die technische Umsetzung wurden die Kompetenzbereiche des Professionswissens (Fachwissen, pädagogisches Wissen, fachdidaktisches Wissen, Organisationswissen und Beratungswissen) und der affektiv-motivationalen Merkmale (Überzeugungen, Selbstregulation und Motivation) als Kategorien und der jeweilige inklusive Fokus als Subkategorie aufgefasst. Der eigentliche Kodierdurchgang erfolgte von Lehrkraft 1 bis Lehrkraft 20 und innerhalb der Fälle sind die Daten der Lehrkräfte chronologisch geordnet (Eingangsfragebogen, Portfolios, ggf. Interviews und Ausgangsfragebogen). In einem ersten Durchgang wurden die Daten mit den acht Kategorien der Kompetenzbereiche kodiert. In einem weiteren Durchgang wurden die bereits kodierten Textstellen erneut betrachtet, wobei der inklusive Fokus und damit die Subkategorien kodiert werden. Dieses Vorgehen basierte insbesondere auf dem Verständnis, dass der inklusive Fokus den Kompetenzbereichen und damit den Kategorien inhärent ist. Es erfolgte demnach eine Untersuchung des bereits kodierten Materials vor dem Hintergrund der Frage, welche Aspekte der einzelnen Kompetenzbereiche für einen inklusiven Mathematikunterricht von besonderer Bedeutung sind (siehe auch Kap. 3). Dafür wurden in der Reihenfolge der Kategorien (angefangen bei der Kategorie „pädagogisches Wissen" bis zur Kategorie „Motivation") die bereits kodierten Textstellen der Lehrkräfte erneut betrachtet, und wenn ein inklusiver Fokus erkennbar war, wurde diese Textstelle der entsprechenden Subkategorie (pädagogisches Wissen inklusiv, fachdidaktisches Wissen inklusiv, Organisationswissen inklusiv, Beratungswissen inklusiv, Überzeugungen inklusiv, Selbstregulation inklusiv und Motivation inklusiv) zugeordnet. Innerhalb der sieben Kategorien erfolgt dadurch eine Art Gewichtung einzelner Textstellen, wenn sie einen inklusiven Fokus aufweisen.

Dies soll an einem Beispiel verdeutlicht werden: Wurde bei einer Lehrkraft beispielsweise 10 Mal der inklusive Fokus in der Kategorie pädagogisches Wissen
(inklusiv) kodiert, so fließen diese Kodierungen doppelt in die Gesamtzahl aller
Codes zum pädagogischen Wissen (inklusiv) bei der Lehrkraft ein. Wurde bei
beispielsweise 6 weiteren Stellen kein inklusiver Fokus kodiert, kommen insgesamt 26 Codes (10 für den inklusiven Fokus doppelt gewichtet, also 20 Codes,
plus die 6 Codes ohne inklusiven Fokus) für das pädagogische Wissen (inklusiv)
bei der Lehrkraft zustande.

Für die Kodierung wurde ein Kodierleitfaden angefertigt, der Kategorien-
definitionen, Ankerbeispiele sowie allgemeine Kodierregeln enthält (Kuckartz,
2018, S. 40; Mayring, 2010, S. 103). Das Kategoriensystem befindet sich in
Abschnitt 5.3.2 und die Kodierregeln sowie die Ankerbeispiele können dem
Anhang im elektronischen Zusatzmaterial entnommen werden. Ein für das Verständnis der weiteren Datenauswertung zentraler Aspekt wird jedoch an dieser
Stelle kurz aufgegriffen:

> Da ein Textabschnitt, sogar ein einziger Satz, mehrere Themen enthalten kann, ist
> folglich auch die Codierung mit mehreren Kategorien möglich. Bei der inhaltlich
> strukturierenden qualitativen Inhaltsanalyse können innerhalb einer Textstelle meh-
> rere Hauptthemen und Subthemen angesprochen sein. Folglich können einer Text-
> stelle auch mehrere Kategorien zugeordnet werden. So codierte Textstellen können
> sich überlappen oder verschachtelt sein. (Kuckartz, 2018, S. 102)

Die Auswertung aller Daten wurde durch die Autorin der vorliegenden Arbeit
durchgeführt. Ein Qualitätskriterium der Anwendung einer qualitativen Inhaltsanalyse ist die Forderung nach einer Übereinstimmung von Kodierenden bei der
Anwendung der Kategorien und folglich bei der Auswertung der Daten im Sinne
des Kodierens (Kuckartz, 2018, S. 206 ff.). Der zuvor erwähnte Kodierleitfaden kam auch für eine Interkodierung durch eine wissenschaftliche Hilfskraft
zum Einsatz. Das Interkodieren erfolgte im Rahmen dieser Arbeit in drei Schritten. Die weitere für das Interkodieren eingesetzte Person machte sich zunächst
mit den theoretischen Grundlagen des Kategoriensystems und dem Umgang mit
MAXQDA vertraut. Als erstes erfolgte basierend auf dem Kodierleitfaden ein
Testlauf mit den Daten einer Lehrkraft. Dafür wurde eine Lehrkraft unter den
vier Lehrkräften mit zwei Interviews zufällig ausgewählt. Durch die für die
Zufallsauswahl zugrunde gelegten vier Lehrkräfte mit zwei Interviews wurde
sichergestellt, dass die interkodierende Person einen Probedurchgang an einem
möglichst umfangreichen Fall durchführen konnte (d. h. dass Daten ausgewertet wurden, die aus den verschiedenen Datenquellen Fragebögen, Portfolios und
Interviews stammen). In einem Gespräch wurden Unklarheiten besprochen, und

es erfolgte eine Überarbeitung des Kodierleitfadens. Anschließend wurden in einem zweiten Schritt neun weitere Lehrkräfte zufällig ausgewählt, wobei erneut berücksichtigt wurde, dass eine weitere Lehrkraft mit zwei Interviews, zwei Lehrkräfte mit einem Interview und sechs Lehrkräfte ohne Interview gewählt wurden, um die Verteilung der Datenquellen in der gesamten Stichprobe auch beim Interkodieren abzubilden. Insgesamt erfolgte somit eine Interkodierung der Daten von 50 % der Lehrkräfte.

Zur Bestimmung der Interkoder-Übereinstimmung wurde die Berechnung von Codeüberlappungen an Segmenten von mindestens 80 % mit Hilfe von MAXQDA durchgeführt. Der Prozentsatz berücksichtigt dabei den Spielraum des individuellen Erstellens von Sinneinheiten, die kodiert werden. Für die Daten der neun Lehrkräfte ergibt sich eine Interkoder-Übereinstimmung von 72 % und ein Kappa von 0.69, welche als gute Interkoder-Übereinstimmung interpretiert werden kann (vgl. Döring & Bortz, 2016, S. 346)[9]. In einem dritten und letzten Schritt wurden die Textstellen, an denen die Kodierungen nicht übereinstimmten, gemeinsam diskutiert, bis Entscheidungen getroffen werden konnten. Wie auch in anderen (Qualifikations-)Arbeiten war es im Rahmen der vorliegenden Arbeit nicht möglich, das gesamte Datenmaterial von einer zweiten Person kodieren zu lassen (vgl. Kuckartz, 2018, S. 105). Zum Abschluss des Kodierens aller Lehrkräfte wurden jedoch auch die Daten von den restlichen zehn Lehrkräften, die nur von der Autorin der vorliegenden Arbeit kodiert wurden, hinsichtlich der diskutierten Entscheidungen überprüft (dafür wurden zuvor gemeinsame Entscheidungen besonders bei kritischen Textstellen festgehalten).

Typenbildung anhand der Daten der Lehrkräfte
Das Ergebnis des Kodierens im Rahmen der qualitativen Inhaltsanalyse wird in einem nächsten Schritt für eine Typenbildung verwendet. Zentral ist dafür die Verteilung der kodierten Textstellen auf die verschiedenen Kompetenzbereiche. Zunächst wird bestimmt, in welcher Phase der Fortbildung (zu Beginn, im Verlauf und gegen Ende, siehe Abschn. 5.2) bei den einzelnen Lehrkräften welcher Kompetenzbereich wie oft, in Relation zu allen kodierten Textstellen bei der Lehrkraft in der entsprechenden Phase, vorkommt. Die Relativierung dient insbesondere dazu, den unterschiedlichen Umfang der Daten der Lehrkräfte zu berücksichtigen (siehe auch Abschn. 5.2.6). Wurden die Daten einer Lehrkraft in der ersten Phase (zu Beginn der Fortbildung) beispielsweise mit 100 Codes über alle Kompetenzbereiche hinweg versehen und davon sind 35 Codes dem pädagogischen

---

[9] Die Berechnung von Kappa erfolgte nach Brennan und Prediger (1981) mit Hilfe von MAXQDA.

Wissen (inklusiv) zuzuordnen, dann beträgt die gesuchte Kennzahl 35 %. Damit kann die folgende Aussage getroffen werden: Die Äußerungen der Lehrkraft in der ersten Phase beziehen sich zu 35 % auf das pädagogische Wissen (inklusiv). Dadurch wird zunächst das Kriterium zur Betrachtung von Ausprägungen, die im Material besonders häufig vorkommen, für die Typenbildung herangezogen. Dieses Kriterium wird von Mayring (2010, S. 98) im Rahmen der typenbildenden Inhaltsanalyse vorgeschlagen.

Nachdem für alle Lehrkräfte und für alle Phasen die entsprechenden Prozentwerte berechnet wurden, wird ein weiteres Kriterium von Mayring (2010, S. 98) im Sinne der typenbildenden Inhaltsanalyse herangezogen. Dieses besagt, dass besonders extreme Ausprägungen berücksichtigt werden können. Über die Lehrkräfte hinweg erwiesen sich Werte von über 40 % als solche extremen Ausprägungen. Daraufhin wurden die Lehrkräfte danach typisiert, ob und wenn ja in welchem Kompetenzbereich sie die meisten Codes aufweisen. Ein Typ entstand beispielsweise durch die Eigenschaft, dass die 40 %-Marke in keiner Phase und in keinem Kompetenzbereich überschritten wurde. Die anderen Typen zeichnen sich dadurch aus, dass mindestens in einer Phase in einem Kompetenzbereich die 40 %-Marke überschritten wurde. Das Ergebnis der Typenbildung kann Abschnitt 6.2 entnommen werden. Da einige Lehrkräfte in einem zweiten Kompetenzbereich auch Werte nahe der 40 %-Marke aufweisen, wurde die Entscheidung getroffen, für die weiteren Beschreibungen und die Bezeichnung der Typen zusätzlich auf den am zweithäufigsten kodierten Kompetenzbereich Bezug zu nehmen. Damit konnten Typen gebildet werden, in denen Lehrkräfte bezogen auf ihre Ähnlichkeit anhand der am häufigsten kodierten Kompetenzbereiche (als Charakteristikum ihres Lernweges) klassifiziert werden.

Nachdem der Merkmalsraum definiert (Kompetenzbereiche) und das Kriterium für die Typenbildung festgelegt wurde, geht es in einem nächsten Schritt um die allgemeine Beschreibung der Typologie und um die Zuweisung der Lehrkräfte zu den Typen (siehe Abschn. 6.2) sowie um die Beschreibung der Charakteristika der einzelnen Fälle und deren Zusammenhänge (vgl. Kuckartz, 2018, S. 147 f.). Zu dieser Beschreibung gehört auch die Auswahl von Prototypen für die entsprechenden Typen und deren detaillierte Betrachtung (Mayring, 2010, S. 98 ff.) – auch vor dem Hintergrund der Frage, wie nah oder fern die Fälle zum Zentrum des Typs sind (Kuckartz, 2018, S. 151). Dieses Zentrum der jeweiligen Typen wurde mit Hilfe des arithmetischen Mittels bestimmt. Für jede Phase und für jeden Kompetenzbereich wurde ein Mittelwert unter denjenigen Lehrkräften gebildet, die einem Typen angehören. Somit können „Durchschnitts-Typen" sowohl für die Beschreibung der entstandenen Typen im Allgemeinen als auch für die Auswahl der Lehrkräfte, die im Sinne einer Einzelfallanalyse detaillierter betrachtet werden sollen, herangezogen werden. Es wurde deswegen pro Typ eine Lehrkraft ausgewählt, die den jeweiligen Typen am besten repräsentiert, indem die Verteilung der Kodierungen auf die Kompetenzbereiche einer Lehrkraft am ehesten der Verteilung der Kodierungen auf die Kompetenzbereiche im Durchschnitts-Typen entspricht.

Mit Blick auf die Frage, welche Veränderungen die Lehrkräfte im Rahmen der Fortbildung durchlaufen – also die Entwicklung des Wissens und der affektiv-motivationalen Merkmale von Phase 1 zu Phase 2 und zu Phase 3 – wurde auch der Versuch unternommen, diese Veränderungen als Kriterium für die Typenbildung zu verwenden. Beispielsweise wurde betrachtet, ob es Lehrkräfte gibt, bei denen im Verlauf der Fortbildung ein Kompetenzbereich immer bedeutsamer wurde, oder ob der Fokus der Lehrkräfte auf einen Kompetenzbereich besonders häufig wechselte. Doch die Veränderungen der Lehrkräfte erwiesen sich als so unterschiedlich, dass anhand dessen keine Typisierung möglich war. Diese starken Unterschiede in den Veränderungen zeigen sich auch bei dem zuvor beschriebenen und gewählten Kriterium über besonders extreme Ausprägungen („40 %-Marke"), da die Veränderungen von Phase zu Phase auch bei den Lehrkräften eines Typs sehr unterschiedlich verlaufen können. Deswegen wird nicht nur die Lehrkraft je Typ vorgestellt, die am ehesten dem Durschnitts-Typen entspricht, sondern auch eine weitere Lehrkraft pro Typ. Bei der Auswahl eines Einzelfalls, die nicht auf einer quantitativen Einheit basiert, ist vor allem die „sorgfältige Lektüre der Textsegmente" (Kuckartz, 2018, S. 158) von Bedeutung. Dementsprechend wurde nicht nur die Kodierung der Daten der Lehrkräfte und das entsprechende Vorkommen der Kompetenzbereiche bei der weiteren Auswahl berücksichtigt, sondern es wurden zudem die Inhalte der kodierten Textstellen für die weitere Auswahl herangezogen. Dies ermöglicht es, eine größere Vielfalt in den einzelnen Typen der Lernwege der Lehrkräfte anhand ihrer Äußerungen zu berücksichtigen. Schließlich erscheint es auch deswegen sinnvoll, zwei Lehrkräfte pro Typ zu beschreiben, weil die qualitative Fallauswahl stets darauf abzielt, „die für die Forschungsfragestellung relevante Heterogenität und Varianz der Fälle" (Kelle et al., 2017, S. 50) gut abzubilden.

Für die Beschreibung der ausgewählten Lehrkräfte im Sinne einer Einzelfallanalyse ist es notwendig, die kodierten Textsegmente weiter zu verdichten, um dadurch die Veränderungen im Sinne der Lernprozesse rekonstruieren und als Lernwege darstellen zu können. Für diese Verdichtung wurden fallbezogene thematische Zusammenfassungen, sogenannte Summarys, erstellt (Kuckartz, 2018, S. 111 ff.). Insbesondere aufgrund des umfangreichen Materials und weil Äußerungen zu den Kompetenzbereichen im gesamten Material einer Lehrkraft verteilt sind, bietet es sich an, Zusammenfassungen zu erstellen (ebd.). Durch eine systematische thematische Zusammenfassung wird das Material „zum einen komprimiert, zum anderen pointiert und auf das für die Forschungsfrage wirklich Relevante reduziert" (ebd., S. 111). Es werden somit zu jedem Kompetenzbereich alle Äußerungen der ausgewählten Lehrkräfte pro Phase gesammelt und zusammengefasst. Dabei wird jeweils berücksichtigt, welche Inhalte vor dem Hintergrund eines inklusiven Mathematikunterrichts von besonderer Bedeutung sind, also welche Inhalte auch in den Subkategorien kodiert wurden. Wenn von einer Lehrkraft zu jeder Phase Daten vorliegen und in jeder Phase alle Kategorien kodiert wurden, können maximal 24 Summarys (8 Kompetenzbereiche × 3 Phasen) pro Lehrkraft entstehen. Mit Blick auf die Frage nach Veränderungen zwischen den Phasen wurden in einem weiteren Schritt die Summarys der Kompetenzbereiche nach Phasen getrennt betrachtet, sodass daraus eine entsprechende Fallbeschreibung entstanden ist (siehe Abschn. 6.2).

Qualitative Inhaltsanalyse der Beschreibungen der Fortbildungsinhalte
Bezogen auf die Auswertung der Beschreibung der Fortbildungsinhalte wurde ein zu der qualitativen Inhaltsanalyse für die Daten der Lehrkräfte analoges Vorgehen gewählt. Einziger Unterschied in der Kodierung ist, dass lediglich die acht Kategorien ohne den inklusiven Fokus für die Module kodiert wurden. Dies geschah ausgehend von dem Gedanken, dass in der Fortbildung alle Inhalte vor dem Hintergrund eines inklusiven Mathematikunterrichts thematisiert wurden. Die Beschreibung der Fortbildungsinhalte des ersten Moduls wurde in den Testlauf mit der interkodierenden Person einbezogen. Die restlichen vier Module wurden analog zu dem Vorgehen bei den Daten der Lehrkräfte einer gesamten Kodierung durch eine weitere Person unterzogen. Diesbezüglich wurde eine Interkoder-Übereinstimmung von 87 % und ein Kappa von 0.85 bestimmt, welche als sehr gute Interkoder-Übereinstimmung interpretiert werden kann (vgl. Döring & Bortz, 2016, S. 346)[10]. Das heißt, dass 100 % der Beschreibungen der Fortbildungsinhalte von zwei Personen kodiert wurden. Für die weitere Auswertung der Beschreibung der Fortbildungsinhalte zur Beantwortung der ersten Forschungsfrage, wurde außerdem eine Verbindung zwischen

---

[10] Die Berechnung von Kappa erfolgte nach Brennan und Prediger (1981) mit Hilfe von MAXQDA.

den kodierten Kompetenzbereichen und den strukturgebenden Lerngelegenheiten hergestellt. Demnach wurde für jede Lerngelegenheit betrachtet, welche Kompetenzbereiche kodiert und somit durch die Lerngelegenheit adressiert wurden (siehe Abschn. 6.1).

Ergebnisse 6

In diesem Kapitel werden die Ergebnisse der empirischen Untersuchung vorgestellt. In Abschnitt 6.1 wird die erste Forschungsfrage fokussiert, sodass die Fortbildungsinhalte mittels des Modells der professionellen Handlungskompetenz für inklusiven Mathematikunterricht beschrieben werden. Abschnitt 6.2 geht auf die Beschreibung typischer Lernwege mittels des genannten Modells ein und thematisiert somit die Ergebnisse der Datenanalyse der Lehrkräfte. In Abschnitt 6.3 rückt die Forschungsfrage zu möglichen Erklärungen der Lernwege durch eine Verbindung zum Fortbildungsinhalt in den Vordergrund.

Im Rahmen der gesamten Ergebnisdarstellung werden für die Kompetenzbereiche des Modells der professionellen Handlungskompetenz für inklusiven Mathematikunterricht folgende Abkürzungen verwendet:

Wenn in den Beschreibungen der Fortbildungsinhalte oder den Daten der Lehrkräfte mehrere Kompetenzbereiche identifiziert werden konnten, werden sie in der Regel in derselben Reihenfolge angegeben, wie Sie im Rahmen der Modellvorstellung in Kapitel 3 (bzw. in Tabelle 6.1 von oben nach unten) aufgeführt werden. Wird von dieser Reihenfolge abgewichen, so werden dadurch Schwerpunktsetzungen verdeutlicht, die in den Beschreibungen der Fortbildungsinhalte oder den Daten der Lehrkräfte identifiziert werden konnten.

J. Bertram, *Lernprozesse von Lehrkräften im Rahmen einer Fortbildung zu inklusivem Mathematikunterricht*, Essener Beiträge zur Mathematikdidaktik, https://doi.org/10.1007/978-3-658-36797-8_6

Tabelle 6.1 Übersicht der Kompetenzbereiche mit Abkürzungen

Kompetenz bereich	Kennzeichnung im Text	Kennzeichnung im Text für inklusiven Fokus
Fachwissen	Fachwissen (FW)	
Pädagogisches Wissen (inklusiv)	Pädagogisches Wissen (PW)	Pädagogisches Wissen inklusiv (PW+)
Fachdidaktisches Wissen (inklusiv)	Fachdidaktisches Wissen (FDW)	Fachdidaktisches Wissen inklusiv (FDW+)
Organisations-wissen (inklusiv)	Organisationswissen (OW)	Organisationswissen inklusiv (OW+)
Beratungswissen (inklusiv)	Beratungswissen (BW)	Beratungswissen inklusiv (BW+)
Überzeugungen (inklusiv)	Überzeugungen (Ü)	Überzeugungen inklusiv (Ü+)
Selbstregulation (inklusiv)	Selbstregulation (S)	Selbstregulation inklusiv (S+)
Motivation (inklusiv)	Motivation (M)	Motivation inklusiv (M+)

6.1 Beschreibung der Fortbildungsinhalte mittels des Modells der professionellen Handlungskompetenz von Lehrkräften für inklusiven Mathematikunterricht

In Abschnitt 5.1.2 wurden die Fortbildungsinhalte der einzelnen Module und ihre Lerngelegenheiten Vortrag/Input, Austausch mit Kolleginnen und Kollegen, Arbeit im Schulteam, Aktivität und Workshop bereits vorgestellt. Die Beschreibungen dieser Fortbildungsinhalte wurden anschließend mit einer qualitativen Inhaltsanalyse ausgewertet. Zur Beantwortung der ersten Forschungsfrage *Wie können die Fortbildungsinhalte mittels des Modells der professionellen Handlungskompetenz von Lehrkräften für inklusiven Mathematikunterricht beschrieben werden?* werden im Folgenden die Lerngelegenheiten der einzelnen Module mit den entsprechend adressierten Kompetenzbereichen präsentiert. Dabei wird außerdem berücksichtigt, welcher Phase die Module zugeordnet werden. Die Beschreibung der Fortbildungsinhalte mittels der Kompetenzbereiche dient insbesondere als Vorbereitung zur späteren Betrachtung der möglichen Erklärungen für die Lernwege der Lehrkräfte durch eine Verbindung zu den Fortbildungsinhalten (Abschnitt 6.3).

Phase 1 (Beginn der Fortbildung) Modul 1
Die Lerngelegenheiten des ersten Fortbildungsmoduls können folgendermaßen mit Hilfe der Kompetenzbereiche beschrieben werden: Der Vortrag/Input zum Inklusionsverständnis fokussiert schwerpunktmäßig auf die Kompetenzbereiche Überzeugungen (Ü) und pädagogisches Wissen (PW), der Vortrag zu Inklusion im Mathematikunterricht der Sekundarstufe I auf fachdidaktisches Wissen (FDW). Im Rahmen der Lerngelegenheiten zum Austausch unter Kolleginnen und Kollegen und zur Arbeit im Schulteam rücken insbesondere die Kompetenzbereiche Organisationswissen (OW) und Motivation (M) in den Vordergrund. Die Workshops zum Stellenwertsystem, der Prozentrechnung und zum Classroom Management adressieren in erster Linie das fachdidaktische (FDW) sowie das pädagogische Wissen (PW).

Phase 2 (Verlauf der Fortbildung) Module 2–4
Die drei Vorträge des zweiten Moduls zu Gestaltungsprinzipien inklusiven Mathematikunterrichts, dem Förderkurs „Zahlenjongleur" und dem Konzept der Hospitationsschulen adressieren die Kompetenzbereiche pädagogisches Wissen (PW), fachdidaktisches Wissen (FDW) und Organisationswissen (OW). Diese drei Kompetenzbereiche kommen auch im Rahmen des Austauschs mit Kolleginnen und Kollegen sowie der Arbeit im Schulteam zum Tragen, wobei aufgrund des Austauschs über Erfahrungen und der gemeinsamen Planung der Weiterarbeit auch die Kompetenzbereiche Selbstregulation (S) und Motivation (M) bedeutsam sind. Schließlich fokussieren die Aktivitäten zur Planung und Gestaltung inklusiven Mathematikunterrichts am Beispiel der Unterrichtseinheit zum Thema Flächen und zu Formen des Co-Teachings die Kompetenzbereiche pädagogisches Wissen (PW), fachdidaktisches Wissen (FDW) und Organisationswissen (OW).

Die Vorträge, in denen lernförderliche Prinzipien im inklusiven Mathematikunterricht, diagnostische Interviews und der Förderkurs „Zahlenjongleur" in Modul 3 thematisiert werden, lassen sich den Kompetenzbereichen pädagogisches Wissen (PW) und fachdidaktisches Wissen (FDW) zuordnen. Der Austausch mit Kolleginnen und Kollegen über schöne Momente aus der Fortbildung adressiert die Kompetenzbereiche Organisationswissen (OW) und Selbstregulation (S). Die Arbeit im Schulteam, sowohl bezogen auf die Diskussion zum diagnostischen Interview, als auch hinsichtlich der Planung der gemeinsamen Weiterarbeit, wird den Kompetenzbereichen fachdidaktisches Wissen (FDW), Organisationswissen (OW), Selbstregulation (S) und Motivation (M) zugeordnet. Die Aktivität, in deren Kontext die Lehrkräfte die Durchführung eines diagnostischen Interviews beobachten, kann insbesondere dem fachdidaktischen Wissen (FDW) zugeordnet werden. Die beiden Workshops zum „Zahlenjongleur" und der Sprachförderung im inklusiven Mathematikunterricht adressieren vor allem die Kompetenzbereiche pädagogisches Wissen (PW) und fachdidaktisches Wissen (FDW).

In Modul 4 können verschiedene Vorträge zum Themengebiet Algebra und zum Förderkurs als Lerngelegenheiten betrachtet werden, die die Kompetenzbereiche pädagogisches Wissen (PW) und fachdidaktisches Wissen (FDW) adressieren. Durch den Austausch über den Förderkurs und die Entwicklung von eigenem Unterrichtsmaterial können die Lerngelegenheiten zur Zusammenarbeit mit Kolleginnen und Kollegen der eigenen und anderer Schulen den Kompetenzbereichen pädagogisches Wissen (PW), fachdidaktisches Wissen (FDW), Organisationswissen (OW) und Motivation (M) zugeordnet werden. Die Mut machende Aktivität adressiert das Organisationswissen (OW) sowie die Selbstregulation (S) und die Workshops zum lernförderlichen Einsatz von Medien lassen sich den Kompetenzbereichen pädagogisches Wissen (PW) und fachdidaktisches Wissen (FDW) zuordnen.

Phase 3 (Ende der Fortbildung) Modul 5
Die Vorträge im Rahmen des letzten Moduls (u. a. zu diagnostischen Interviews) adressieren die Kompetenzbereiche pädagogisches Wissen (PW) und fachdidaktisches Wissen (FDW). Rückblick und Ausblick im Zuge des Austauschs mit Kolleginnen und Kollegen und der Arbeit im Schulteam werden den Kompetenzbereichen Organisationswissen (OW), Selbstregulation (S) und Motivation (M) zugeordnet. Die letzte Aktivität bezieht sich auf eine Lob- und Wertschätzungskultur und adressiert die Kompetenzbereiche pädagogisches Wissen (PW), Organisationswissen (OW), Überzeugungen (Ü) und Selbstregulation (S).

Zusammenfassung
Abschließend werden die Fortbildungsinhalte entlang der Phasen anhand des Modells der professionellen Handlungskompetenz von Lehrkräften für inklusiven Mathematikunterricht zusammenfassend beschrieben. Dabei werden an dieser Stelle diejenigen Kompetenzbereiche hervorgehoben, die in der entsprechenden Phase eine besondere Rolle gespielt haben, beispielsweise weil besonders viele oder umfangreiche Lerngelegenheiten diese Kompetenzbereiche ansprechen. Die Abbildung 6.1 enthält eine Übersicht, welche Kompetenzbereiche zu welchem Zeitpunkt durch die entsprechende Lerngelegenheit besonders adressiert wurden.

In der ersten Phase, zu Beginn der Fortbildung, werden insbesondere die Kompetenzbereiche pädagogisches Wissen (PW), fachdidaktisches Wissen (FDW), Organisationswissen (OW), Überzeugungen (Ü) und Motivation (M) durch die Fortbildungsinhalte adressiert. Besonders bedeutsam sind die Thematisierung des Inklusionsverständnisses sowie die Thematisierung der grundlegenden Ideen des

Phase (Modul)	Lerngelegenheit	PW	FDW	OW	Ü	S	M
Beginn (M1)	V – Inklusionsverständnis & Inklusion im Mathematikunterricht	x	x	x			
	K – Kennenlernen				x		x
	ST – erste Eindrücke & Planung Weiterarbeit				x		x
	W – Stellenwertsystem, Prozentrechnung & Classroom Management	x	x				
Verlauf (M2)	V – Gestaltungsprinzipien inklusiver Mathematikunterricht, „Zahlenjongleur" & Hospitationsschulen	x	x	x			
	K – Erfahrungsaustausch					x	x
	ST – Planung Weiterarbeit					x	x
Verlauf (M3)	A – Planung und Gestaltung inklusiver Mathematikunterricht (Flächen) & Formen Co-Teaching	x	x	x			
	V – lernförderliche Prinzipien inklusiver Mathematikunterricht, diagnostische Interviews & „Zahlenjongleur"	x	x				
	K – Austausch über schönste Momente der Fortbildung				x		x
	ST – diagnostische Interviews & Planung Weiterarbeit	x			x	x	x
	A – diagnostische Interviews	x					
Verlauf (M4)	W – „Zahlenjongleur" & Sprachförderung (Bruchrechnung)	x	x				
	V – Strukturierungsvorschlag und roter Faden Algebra & „Zahlenjongleur"	x	x				
	K – Erfahrungsaustausch „Zahlenjongleur"	x	x	x			x
	ST – Austausch Workshopinhalte & Entwicklung von Unterrichtsmaterial	x	x	x			x
	A – Mut machen				x		x
Ende (M5)	W – Umgang mit Fehlern und lernförderlicher Einsatz von Medien	x	x				
	V – diagnostische Interviews	x	x				
	K – Rückblick Fortbildung				x		x	x
	ST – Rückblick Fortbildung & Planung Weiterarbeit				x		x	x
	A – Lob- und Wertschätzungskultur	x			x	x	x

Abbildung 6.1 Zuordnung der Kompetenzbereiche zu den Lerngelegenheiten der Fortbildung (V = Vortrag/Input, K = Austausch mit Kolleginnen und Kollegen, ST = Arbeit im Schulteam, A = Aktivität, W = Workshop)

individuellen und gemeinsamen Lernens im inklusiven Mathematikunterricht. Im weiteren Verlauf der Fortbildung sind die Kompetenzbereiche fachdidaktisches Wissen (FDW), pädagogisches Wissen (PW) und Organisationswissen (OW) besonders zentral. Sie werden durch verschiedene Lerngelegenheiten adressiert, indem beispielsweise einzelne Inhaltsbereiche (z. B. Flächen und Flächeninhalt oder Bruchrechnung) aus fachdidaktischer Sicht betrachtet werden, oder indem besonders Möglichkeiten für die Zusammenarbeit mit Kolleginnen und Kollegen geschaffen werden. Gegen Ende der Fortbildung werden vor allem die Kompetenzbereiche Organisationswissen (OW) und Selbstregulation (S), sowie pädagogisches Wissen (PW) und Motivation (M) durch die Lerngelegenheiten adressiert. Die Weitergabe der Erkenntnisse aus der Fortbildung im Kollegium ist beispielsweise ein zentrales Anliegen.

Auch wenn einzelne Fortbildungsinhalte Verbindungen zu den Kompetenzbereichen Fachwissen (FW) und Beratungswissen (BW) aufweisen, so wurde keine Lerngelegenheit schwerpunktmäßig diesen Kompetenzbereichen zugeordnet. Über die gesamte Fortbildung hinweg adressieren die Lerngelegenheiten vor allem die Kompetenzbereiche pädagogisches Wissen (PW), fachdidaktisches Wissen (FDW) und Organisationswissen (OW) des Professionswissens und die Kompetenzbereiche Selbstregulation (S) und Motivation (M) mit Blick auf die affektiv-motivationalen Merkmale des Modells der professionellen Handlungskompetenz von Lehrkräften für inklusiven Mathematikunterricht. Es stellt sich die Frage, inwiefern eine Verbindung zwischen den Fortbildungsinhalten und den Lernwegen der Lehrkräfte hergestellt werden kann (siehe Abschnitt. 6.3).

6.2 Beschreibung typischer Lernwege mittels des Modells der professionellen Handlungskompetenz von Lehrkräften für inklusiven Mathematikunterricht

In diesem Kapitel rückt die Antwort auf die zweite Forschungsfrage *Welche typischen Lernwege der Lehrkräfte lassen sich im Rahmen der Fortbildung anhand des Modells der professionellen Handlungskompetenz von Lehrkräften für inklusiven Mathematikunterricht identifizieren und wie können diese beschrieben werden?* in den Mittelpunkt. Zunächst wird in Abschnitt 6.2.1 das Ergebnis der Kodierung und der Typenbildung präsentiert, um anschließend in den Abschnitt 6.2.2 bis 6.2.5 die Lernwege ausgewählter Lehrkräfte für die unterschiedlichen Typen zu beschreiben.

6.2.1 Ergebnis der Kodierung und der Typenbildung

Mit Hilfe der in Abschnitt 5.3 beschriebenen Vorgehensweise wurden vier verschiedene Typen hinsichtlich der Lernwege der Lehrkräfte gebildet. Ausgangspunkt dafür war das Ergebnis einer qualitativen Inhaltsanalyse, zu der im Folgenden zunächst einige zentrale Punkte benannt werden, bevor die entstandene Typologie erläutert wird.

Aufgrund von theoretischen Überlegungen und dem Vorgehen bei der Datenauswertung (siehe Abschnitt 5.3) wurden im Rahmen der qualitativen Inhaltsanalyse Textstellen, welche dem inklusiven Fokus zuzuordnen sind, in dem jeweiligen Kompetenzbereich doppelt kodiert – einmal für den Kompetenzbereich und einmal für den inklusiven Fokus. Dadurch wird dem Gedanken Rechnung getragen, dass Inhalte der Kompetenzbereiche für inklusiven Mathematikunterricht eine besondere Relevanz erlangen (siehe auch Abschn. 3.3 und 3.4). An dieser Stelle wird jedoch einmalig betrachtet, wie die Verteilung der Kodierungen auf die einzelnen Kompetenzbereiche über alle Lehrkräfte hinweg ist und wie das Verhältnis von Kodierungen mit und ohne inklusiven Fokus ist. Für diesen Vergleich wurde die doppelte Kodierung herausgerechnet und es ergab sich das in Abbildung 6.2 dargestellte Ergebnis für die Verteilung der Kodierungen auf die Kompetenzbereiche, auf das im Folgenden näher eingegangen wird. Im Rahmen der Kodierung der Daten der Lehrkräfte zeigte sich, dass die Kompetenzbereiche pädagogisches Wissen (ca. 28,8 %), fachdidaktisches Wissen (ca. 22,5 %) und Organisationswissen (ca. 18,9 %) am häufigsten vorkommen, gefolgt von den Bereichen Selbstregulation (ca. 15,9 %), Überzeugungen (ca. 7,8 %) und Motivation (ca. 5,5 %). Hingegen treten die Kompetenzbereiche Beratungswissen (ca. 1,2 %) und Fachwissen (ca. 0,5 %) kaum in Erscheinung. Insgesamt sind ca. 71 % der Kodierungen dem Professionswissen und ca. 29 % den affektiv-motivationalen Merkmalen der professionellen Handlungskompetenz von Lehrkräften für inklusiven Mathematikunterricht zuzuordnen. Die Abbildung 6.2 zeigt außerdem die Verteilung der Kodierungen innerhalb der einzelnen Kompetenzbereiche mit Blick auf die Frage, ob ein inklusiver Fokus kodiert wurde oder nicht. In allen Kompetenzbereichen ist mehr als die Hälfte der kodierten Stellen einem inklusiven Fokus zuzuordnen. Besonders häufig kommt der inklusive Fokus in den Kompetenzbereichen Überzeugungen (ca. 89,4 %) und fachdidaktisches Wissen (ca. 82 %) vor. Am seltensten wurde der inklusive Fokus in den Kompetenzbereichen Selbstregulation (ca. 56,2 %) und Motivation (ca. 54,5 %) kodiert.

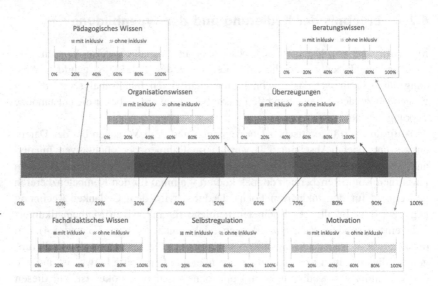

Abbildung 6.2   Ergebnis der Kodierung (Betrachtung des inklusiven Fokus)

Die nachfolgenden Ausführungen beziehen sich auf die Weiterarbeit mit den Ergebnissen der qualitativen Inhaltsanalyse mit doppelter Kodierung des inklusiven Fokus für die Typenbildung. Anhand der Häufigkeiten der Kodierungen pro Kompetenzbereich innerhalb der einzelnen Phasen wurden Typen gebildet. Insgesamt haben sich daraus vier Typen von Lernwegen der Lehrkräfte ergeben. Der *erste Typ* umfasst Lernwege von Lehrkräften, die in keinem Kompetenzbereich (und somit auch in keiner Phase) einen Prozentwert von über 40 % aufweisen. Die Lehrkräfte in Typ I werden als breit aufgestellte Lehrkräfte aufgefasst, deren Äußerungen sich insbesondere den Kompetenzbereichen pädagogisches Wissen (PW), fachdidaktisches Wissen (FDW), Organisationswissen (OW) und Selbstregulation (S) zuordnen lassen. Lehrkräfte des *zweiten Typs* erreichen die 40 %-Marke im Organisationswissen (OW) in mindestens einer Phase. Neben einem Fokus auf Organisationswissen (OW) weisen Lehrkräfte des Typs II außerdem häufige Nennungen im Kompetenzbereich pädagogisches Wissen (PW) auf. Lehrkräfte des *dritten Typs* erreichen die 40 %-Marke im fachdidaktischen Wissen (FDW) mindestens einmal. Die Lehrkräfte in Typ III fokussieren neben dem fachdidaktischen Wissen (FDW) ebenfalls auf das pädagogische Wissen (PW). Schließlich überschreiten Lehrkräfte des *vierten Typs* die 40 %-Marke mindestens einmal im pädagogischen Wissen (PW). Lehrkräfte mit einem Lernweg von

Typ IV kennzeichnet, dass sie neben dem pädagogischen Wissen (PW) häufig Äußerungen im Bereich des fachdidaktischen Wissens (FDW) tätigen. Die Zuordnung der Lehrkräfte zu den entsprechenden Typen kann Tabelle 6.2 entnommen werden.

Tabelle 6.2 Zuordnung der Lehrkräfte zu den Lernwege-Typen

Lernwege-Typ	Lehrkräfte
I – breit aufgestellte Lehrkräfte	LK 3, LK 4, LK 5, LK 7, LK 11, LK 12, LK 18 ($n_I = 7$)
II – Lehrkräfte mit einem Fokus auf Organisationswissen (und pädagogischem Wissen)	LK 1, LK 8, LK 9 ($n_{II} = 3$)
III – Lehrkräfte mit einem Fokus auf fachdidaktischem Wissen (und pädagogischem Wissen)	LK 2, LK 6, LK 10, LK 17, LK 20 ($n_{III} = 5$)
IV – Lehrkräfte mit einem Fokus auf pädagogischem Wissen (und fachdidaktischem Wissen)	LK 13, LK 14, LK 15, LK 16, LK 19 ($n_{IV} = 5$)

Die vier identifizierten Typen werden anhand zweier Anhaltspunkte im Folgenden näher betrachtet. Zunächst wird ein „Durchschnitts-Typ" für die Lehrkräfte pro Typ erstellt, um anschließend ausgehend von dem Durchschnitts-Typen zwei Lehrkräfte pro Typ auszuwählen, die einer Einzelfallanalyse für eine detaillierte Darstellung ihrer Lernwege unterzogen werden. Abbildung 6.3 zeigt die Verteilung der Kodierungen auf die entsprechenden Kompetenzbereiche in den unterschiedlichen Phasen des Lernwegs für die einzelnen Durchschnitts-Typen (dabei entsprechen 100 % den Kodierungen, bei denen der inklusive Fokus doppelt gewertet wurde und die Reihenfolge der angegebenen Kompetenzbereiche jeweils rechts neben den Linien entspricht der Verteilung der Kompetenzbereiche zu Phase 3).

Für Typ I, Typ III und Typ IV ist das Alleinstellungsmerkmal der Lehrkräfte innerhalb des Typs ersichtlich, denn auch im Durchschnitt sind die Lehrkräfte in Typ I breit aufgestellt (die 40 %-Marke wird nicht überschritten), die Lehrkräfte

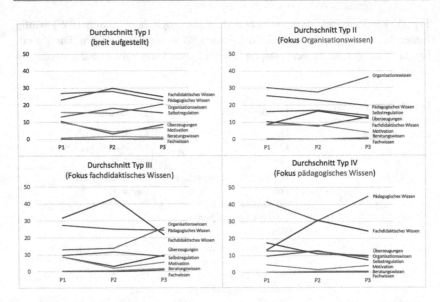

Abbildung 6.3 Ergebnis der Typenbildung – Durchschnitts-Typen (jeweils relative Häufigkeiten (in %) der Kompetenzbereiche zu Beginn der Fortbildung (P1), im Verlauf der Fortbildung (P2) und gegen Ende der Fortbildung (P3))

in Typ III überschreiten die 40 %-Marke im Durchschnitt im Kompetenzbereich fachdidaktisches Wissen (in Phase 2 des Lernwegs) und die Lehrkräfte in Typ IV im pädagogischen Wissen (in Phasen 1 und 3 des Lernwegs). Für die Lehrkräfte in Typ II zeigt sich jedoch, dass sie in unterschiedlichen Phasen die 40 %-Marke im Kompetenzbereich Organisationswissen übersteigen, wobei der Durchschnitts-Typ die 40 %-Marke in keiner Phase erreicht. Dies verdeutlicht, dass die Lehrkräfte sich auch innerhalb eines Typs voneinander unterscheiden, zum Beispiel, weil sie den Fokus auf den pro Typ zentralen Kompetenzbereich zu einem unterschiedlichen Zeitpunkt legen. Die Auswahl von zwei Lehrkräften pro Typ für eine Einzelfallanalyse beruht deswegen einerseits auf der Wahl einer Lehrkraft, die im Sinne eines Prototyps unter den Lehrkräften des gleichen Typs dem Durchschnitt am ehesten entspricht (Fall a). Andererseits wird zur näheren Betrachtung der verschiedenen Veränderungen, die die Lehrkräfte im Zuge der Fortbildung durchlaufen, eine weitere Lehrkraft pro Typ (Fall b) genauer analysiert (siehe auch Abschn. 5.3.3). An dieser Stelle ist es außerdem wichtig festzuhalten, dass theoretisch jede Lehrkraft zusätzliche Besonderheiten aufweist, die aber im Folgenden nicht weiter berücksichtigt werden können. Die

folgenden Abbildungen (6.4 und 6.5) stellen die Verteilung der Kodierungen pro
Kompetenzbereich im Verlauf der Fortbildung für die ausgewählten Lehrkräfte
im Vergleich zum jeweiligen Durchschnitts-Typen dar.

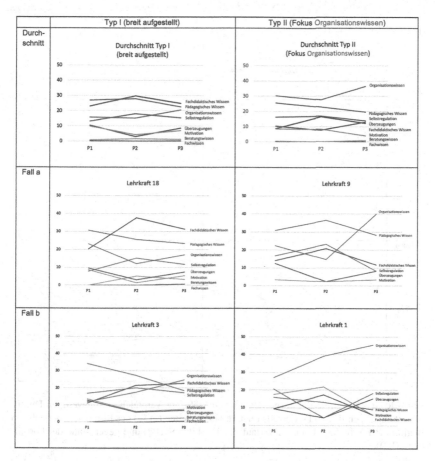

Abbildung 6.4 Profile der ausgewählten Lehrkräfte im Vergleich zum jeweiligen Durchschnitt der Typen I und II (jeweils relative Häufigkeiten (in %) der Kompetenzbereiche zu
Beginn der Fortbildung (P1), im Verlauf der Fortbildung (P2) und gegen Ende der Fortbildung (P3))

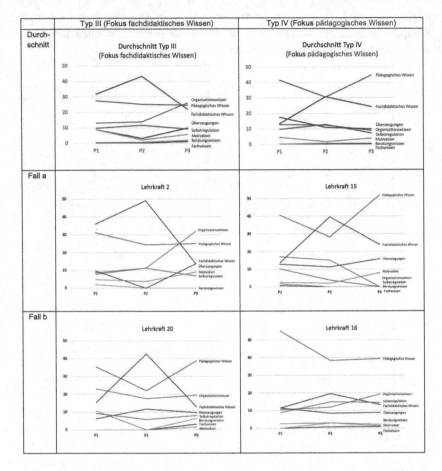

Abbildung 6.5 Profile der ausgewählten Lehrkräfte im Vergleich zum jeweiligen Durchschnitt der Typen III und IV (jeweils relative Häufigkeiten (in %) der Kompetenzbereiche zu Beginn der Fortbildung (P1), im Verlauf der Fortbildung (P2) und gegen Ende der Fortbildung (P3))

In den folgenden Kapiteln werden die ausgewählten Lehrkräfte der einzelnen Typen näher beschrieben. Dafür werden die Inhalte der kodierten Textstellen ausgehend von den Summarys (siehe Abschn. 5.3.3) entlang der drei Phasen (zu Beginn, im Verlauf und gegen Ende der Fortbildung) aufgegriffen, sodass insgesamt eine Beschreibung des Lernwegs der jeweiligen Lehrkraft entsteht. Zugleich erfolgt eine Einordnung zentraler Aspekte der Lernwege in die Ausführungen zu inklusivem Mathematikunterricht (siehe Abschn. 2.6 und Kap. 3).

6.2.2 Beschreibung Lernwege Typ I – breit aufgestellte Lehrkräfte

Die Lehrkräfte in Typ I sind breit aufgestellt, da sich ihr Lernweg durch eine Benennung verschiedener Kompetenzbereiche ohne besondere Fokussierung auf einen einzelnen Kompetenzbereich auszeichnet. Dieses Kapitel dient der Darstellung der Ergebnisse der Einzelfallanalyse der Lehrkraft 18 (Fall a) und der Lehrkraft 3 (Fall b).

6.2.2.1 Lernweg von Lehrkraft 18 (Typ I Fall a)

Lehrkraft 18 ist weiblich, sonderpädagogische Lehrkraft, verfügt über mehr als 15 Jahre Erfahrung im Mathematikunterricht und hat kein abgeschlossenes Lehramtsstudium im Fach Mathematik. Lehrkraft 18 repräsentiert die Lernwege der Lehrkräfte des Typs I besonders gut, da die Kompetenzbereiche pädagogisches Wissen (PW), fachdidaktisches Wissen (FDW), Organisationswissen (OW) und Selbstregulation (S) bei ihr in allen drei Phasen von Bedeutung sind – wobei entsprechend des Charakteristikums von Typ I die 40 %-Marke nicht überschritten wird. Das dazugehörige Profil der Lehrerin kann Abbildung 6.6 entnommen werden.

Insgesamt fokussiert die Lehrkraft in der ersten Phase ihres Lernwegs am häufigsten auf das pädagogische Wissen (PW), gefolgt vom Organisationswissen (OW). In der zweiten Phase greift die Lehrkraft insbesondere Aspekte des fachdidaktischen Wissens (FDW) auf, gefolgt vom pädagogischen Wissen (PW). Auch Aspekte der Selbstregulation (S) spielen in dieser Phase eine Rolle. In der dritten Phase des Lernweges ist das fachdidaktische Wissen (FDW) weiterhin am häufigsten vertreten, gefolgt vom pädagogischen Wissen (PW) und vom Organisationwissen (OW). Welche Aspekte der einzelnen Kompetenzbereiche bei der Lehrerin konkret identifiziert werden konnten, wird im Folgenden beschrieben.

Beginn der Fortbildung
Die Lehrerin gibt an, dass sie zu Beginn der Veranstaltung ihren inklusiven Mathematikunterricht mittels Partner- und Gruppenarbeit gestalte (pädagogisches Wissen (PW)) und Wert auf das Üben von Grundrechenarten lege, wobei sie im inklusiven Unterricht vor allem auf ein kleinschrittiges und erklärendes Vorgehen achte (fachdidaktisches Wissen inklusiv (FDW+)). Inwiefern die Lehrerin

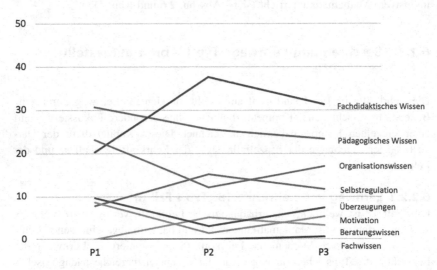

Abbildung 6.6 Profil Lehrkraft 18 (Typ I Fall a; relative Häufigkeiten (in %) der Kompetenzbereiche zu Beginn der Fortbildung (P1), im Verlauf der Fortbildung (P2) und gegen Ende der Fortbildung (P3))

dabei berücksichtigt, dass es insbesondere für Schülerinnen und Schüler mit Lernschwierigkeiten wichtig ist, mathematische Zusammenhänge und Inhalte im Ganzen zu thematisieren und Lerninhalte nicht kleinschrittig und voneinander losgelöst anzubieten (Scherer, 1995), bleibt an dieser Stelle eine offene Frage. Sie möchte gerne Möglichkeiten zur Unterstützung von schwachen Regelschülerinnen und -schülern kennenlernen (pädagogisches Wissen inklusiv (PW+), Motivation inklusiv (M+)) sowie die Arbeit mit Kolleginnen und Kollegen der Regelschule intensivieren und Zuständigkeitsbereiche von Regelschul- und sonderpädagogischer Lehrkraft mehr auflösen (Organisationswissen inklusiv (OW+), Überzeugungen inklusiv (Ü+)). Die Lehrerin erhoffe sich von der Fortbildung zudem Einblicke in die Fachdidaktik Mathematik (fachdidaktisches Wissen (FDW), Motivation (M)).

Des Weiteren bereite sie eine Unterrichtsreihe gemeinsam mit der Fachlehrkraft vor (pädagogisches Wissen (PW), Organisationswissen inklusiv (OW+)) und möchte dabei verschiedene Lernniveaus mit vielfältigen Methoden berücksichtigen (pädagogisches Wissen inklusiv (PW+)). In diesem Zusammenhang thematisiert die Lehrerin zudem den Einsatz von offenen Aufgabenstellungen (fachdidaktisches Wissen inklusiv (FDW+)). Weiterhin plane sie den Einsatz von handlungsorientierten Materialien (pädagogisches Wissen inklusiv (PW+)) und die Umsetzung von Ideen des Classroom Managements (pädagogisches Wissen (PW)). Mit Blick auf die Unterrichtsplanung greift die Lehrerin damit vor allem auf selbstdifferenzierende Aufgaben zurück (vgl. Prediger, 2016, S. 361; Häsel-Weide & Nührenbörger, 2013, S. 7), die aufgrund der Möglichkeit einer natürlichen Differenzierung (Wittmann, 2001; Krauthausen & Scherer, 2010) im inklusiven Mathematikunterricht von besonderer Bedeutung sind. Die Ideen des Classroom Managements möchte sie außerdem gerne mit ihrem Kollegium teilen (Organisationswissen (OW)).

Bezogen auf den Fortbildungsinhalt beschreibt die Lehrerin, dass sie die Auseinandersetzung mit dem Thema Inklusion, wie sie in der Fortbildung erfolgt, inspiriere, sie nachhaltig im Alltag beschäftige und ihr Lernprozess im Fluss sei (Überzeugungen inklusiv (Ü+), Selbstregulation inklusiv (S+)). Dabei empfinde sie es positiv, dass Fachlehrkräfte sich intensiv mit schwachen Regelschülerinnen und -schülern beschäftigen (Organisationswissen inklusiv (OW+)).

Verlauf der Fortbildung
Im weiteren Verlauf der Fortbildung berichtet die Lehrerin, dass sie durch die Fortbildung insbesondere gelernt habe, wie schwierige mathematische Inhalte vereinfacht werden können und wie gleichzeitig eine Differenzierung auch für leistungsstärkere Schülerinnen und Schüler erreicht werden könne (pädagogisches Wissen inklusiv (PW+), fachdidaktisches Wissen inklusiv (FDW+)). Dabei nimmt die Lehrerin Bezug zur Zoo-Aufgabe und fokussiert auf die besondere Bedeutung eines handlungsorientierten Vorgehens (fachdidaktisches Wissen inklusiv (FDW+)). Während sie zu Beginn der Fortbildung den Fokus auf leistungsschwache Schülerinnen und Schüler gelegt hat, scheint sich hier ihr Blick auch auf leistungsstärkere Schülerinnen und Schüler zu erweitern, wodurch insbesondere der Gedanke eines inklusiven Mathematikunterrichts, dass alle Lernenden einen fachlichen Zugang finden und entsprechend Lernzuwächse verzeichnen sollen, in den Vordergrund tritt (siehe auch Abschn. 2.6).

In ihrem inklusiven Mathematikunterricht gebe es weniger Frontalunterricht und stattdessen mehr Gruppenarbeitsphasen sowie Phasen, in denen eine individuelle Förderung erfolge (pädagogisches Wissen inklusiv (PW+)) – eine Entwicklung, die in Richtung einer Balance aus individuellem und gemeinsamem Lernen (Häsel-Weide & Nührenbörger, 2017, S. 15; Prediger, 2016, S. 362) im inklusiven Mathematikunterricht aufgefasst werden kann. Dabei spiele für die Lehrkraft die Versprachlichung eine besondere Rolle und die Lehrerin lege mehr

Wert darauf, das Denken der Schülerinnen und Schüler während einer Aufgabenbearbeitung zu verstehen (fachdidaktisches Wissen inklusiv (FDW+)). Insgesamt sei ein Prozess in Gang gekommen, der weiter fortgesetzt werde (Selbstregulation inklusiv (S+)).

Im Sinne der individuellen Förderung greift die Lehrerin explizit das Festigen von Grundrechenarten bei Schülerinnen und Schülern mit sonderpädagogischem Unterstützungsbedarf auf (fachdidaktisches Wissen inklusiv (FDW+)). Das Festigen von Grundrechenarten kann in diesem Kontext als Teil einer verstehensorientierten Förderung aufgefasst werden (vgl. z. B. Prediger, 2016). Für die Lehrerin sei es dabei von Bedeutung, die Schülerinnen und Schüler auf ihre spätere Berufstätigkeit und entsprechende Schulabschlüsse vorzubereiten (Beratungswissen inklusiv (BW+)). Die Zusammenarbeit in multiprofessionellen Teams schätze die Lehrerin dabei sehr, auch wenn die gemeinsame Arbeit aus Zeitgründen teilweise vernachlässigt werde (Organisationswissen inklusiv (OW+), Selbstregulation inklusiv (S+)).

Darüber hinaus sei sie kreativer geworden im Finden von Materialien und Ideen, um den Lebensweltbezug für Schülerinnen und Schüler stärker zu berücksichtigen (pädagogisches Wissen inklusiv (PW+)), auch vor dem Hintergrund einer Berufs- und Lebensvorbereitung (Beratungswissen inklusiv (BW+)). Unter Lernen am gemeinsamen Gegenstand verstehe die Lehrerin, dass alle Schülerinnen und Schüler am gleichen Material auf verschiedenen Ebenen arbeiten (pädagogisches Wissen inklusiv (PW+), fachdidaktisches Wissen inklusiv (FDW+)). Zunächst bleibt unklar, ob die Lehrerin das Lernen am gemeinsamen Gegenstand ausschließlich an gemeinsamem Material festmacht, oder ob auch ein gemeinsamer fachlicher Kern berücksichtigt wird (siehe Abschn. 2.6). In diesem Kontext führt die Lehrerin ein Beispiel zur Flächenberechnung aus der Fortbildung an und wie ein gemeinsames Lernen aller Schülerinnen und Schüler im Unterricht erfolge (fachdidaktisches Wissen inklusiv (FDW+)), sodass eine Orientierung am gemeinsamen fachlichen Kern vermutet werden kann. Sie verweist darauf, dass dafür wenige Materialien genügen und keine „Materialschlacht" nötig sei (Überzeugungen inklusiv (Ü+)).

Schließlich möchte die Lehrerin die Materialsammlung des Förderkurses erweitern und berichtet unter anderem von dem Einsatz des Dienes-Materials (fachdidaktisches Wissen inklusiv (FDW+)) und der Learning Apps (pädagogisches Wissen (PW)). Durch die Fortbildung habe der Kontakt und der Austausch mit Kolleginnen und Kollegen für die Lehrerin einen anderen Stellenwert bekommen (Organisationswissen (OW)), außerdem empfinde sie die kontinuierliche Arbeit, bezogen auf die Dauer der Fortbildung als sehr gewinnbringend (Selbstregulation (S), Motivation (M)).

Ende der Fortbildung

Gegen Ende der Veranstaltung greift die Lehrerin die Arbeit mit den Learning Apps erneut auf. Zunächst habe sie die Apps zwar eingesetzt, aber aufgrund technischer Schwierigkeiten habe sie diese Arbeit nicht fortgesetzt (pädagogisches Wissen (PW)). Im Fokus würden stattdessen Versprachlichungen mathematischer Inhalte und handlungsorientierte Unterrichtsphasen stehen (pädagogisches Wissen inklusiv (PW+), fachdidaktisches Wissen inklusiv (FDW+)).

Weiterhin geht die Lehrerin auf eine gelungene Situation im inklusiven Mathematikunterricht ein, in der Schülerinnen und Schüler Merksätze zur Flächenberechnung selbst formuliert haben. In diesem Zusammenhang skizziert sie ein handlungsorientiertes Vorgehen zum Aufbau von Grundvorstellungen, welches vom Unterricht einer Förderschule auf den Regelunterricht übertragbar sei (fachdidaktisches Wissen inklusiv (FDW+)). Dabei bewerte sie es als sehr positiv, dass Regelschullehrkräfte sich darauf einlassen, zunächst eine Festigung von Basiskompetenzen zu fokussieren (Organisationswissen inklusiv (OW+), Überzeugungen inklusiv (Ü+)) und dass ein gemeinsames Lernen und eigenständiges Arbeiten der Schülerinnen und Schüler ermöglicht würde (pädagogisches Wissen inklusiv (PW+), fachdidaktisches Wissen inklusiv (FDW+)). Hinter diesen Äußerungen sind damit zentrale Gedanken des individuellen und gemeinsamen Lernens im inklusiven Mathematikunterricht (siehe Abschn. 2.6) erkennbar. Allerdings basieren diese Äußerungen auf einer Rückschau, denn gegen Ende der Fortbildung hätten sich die Rahmenbedingungen an der Schule derart verändert, dass durch einen Mangel an sonderpädagogischen Lehrkräften kein gemeinsamer Unterricht von Schülerinnen und Schülern mit und ohne sonderpädagogischen Unterstützungsbedarf mehr erfolge (Organisationswissen inklusiv (OW+)). Dennoch sei es ihr wichtig, sich die Inhalte der Fortbildung immer wieder in Erinnerung zu rufen und einige positive Veränderungen beizubehalten (Selbstregulation inklusiv (S+)).

Während zu diesem Zeitpunkt keine Zusammenarbeit mehr mit der Fachlehrkraft erfolge, reflektiert die Lehrerin jedoch über eine gelungene Situation der Zusammenarbeit, da sie gemeinsam handlungsorientierte Materialien erarbeitet hätten (Organisationswissen inklusiv (OW+), pädagogisches Wissen inklusiv (PW+), fachdidaktisches Wissen inklusiv (FDW+)). Aufgrund der aktuellen Situation sei es der Lehrerin wichtig „dran zu bleiben" und beispielsweise auch im Förderkurs Wert auf Versprachlichungen zu legen (fachdidaktisches Wissen inklusiv (FDW+), Selbstregulation (S), Motivation (M)).

6.2.2.2 Lernweg von Lehrkraft 3 (Typ I Fall b)

Lehrkraft 3 ist männlich, Mathematiklehrkraft, verfügt über 3 bis 15 Jahre Erfahrung im Mathematikunterricht und hat ein abgeschlossenes Mathematikstudium. Im Vergleich zu Lehrkraft 18 verdeutlicht Lehrkraft 3, dass ein Lernweg in Typ I auch mit einer Art Fokusverschiebung einhergehen kann. Zwar sind insgesamt die Kompetenzbereiche pädagogisches Wissen (PW), fachdidaktisches Wissen (FDW), Organisationswissen (OW) und Selbstregulation (S) von Bedeutung, doch zu Beginn und im Verlauf der Fortbildung nimmt das pädagogische Wissen (PW) einen größeren Stellenwert ein als am Ende der Fortbildung. Stattdessen äußert der Lehrer gegen Ende eher Aspekte des Organisationswissens (OW) sowie des fachdidaktischen Wissens (FDW), die zu Beginn eine deutlich untergeordnete Rolle gespielt haben. Das dazugehörige Profil der Lehrkraft 3 kann Abbildung 6.7 entnommen werden. Die konkret identifizierten Inhalte der einzelnen Kompetenzbereiche werden im Folgenden näher beschrieben.

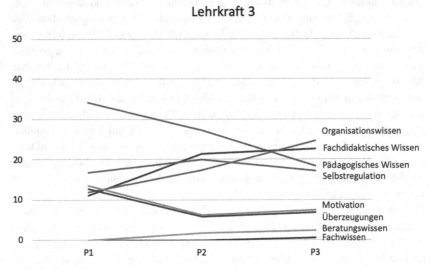

Abbildung 6.7 Profil Lehrkraft 3 (Typ I Fall b; relative Häufigkeiten (in %) der Kompetenzbereiche zu Beginn der Fortbildung (P1), im Verlauf der Fortbildung (P2) und gegen Ende der Fortbildung (P3))

Beginn der Fortbildung

Zu Beginn der Veranstaltung sei der inklusive Mathematikunterricht des Lehrers gekennzeichnet durch gemeinsames Lernen aller Schülerinnen und Schüler, gestaltet mit Hilfe von Partner- und Gruppenarbeit (pädagogisches Wissen inklusiv (PW⏊)). Die „Spannweite der Differenzierung" sei dabei für ihn im inklusiven Unterricht größer als im nicht-inklusiven Unterricht (pädagogisches Wissen inklusiv (PW+), Überzeugungen inklusiv (Ü+)). Er setze insbesondere differenzierte Übungsaufgaben und differenzierte Einstiege ein, sodass alle Schülerinnen und Schüler gemäß ihrem Niveau lernen könnten (fachdidaktisches Wissen inklusiv (FDW+)). Damit äußert der Lehrer zu Beginn bereits zentrale Aspekte des individuellen und gemeinsamen Lernens im inklusiven Mathematikunterricht (siehe Abschn. 2.6.1).

Der Lehrer möchte die Unterrichtszeit effektiver nutzen und die Schülerinnen und Schüler zu mehr Eigenverantwortung anregen (pädagogisches Wissen (PW)). Dabei hat der Lehrer den Wunsch, seinen Mathematikunterricht unter dem Aspekt der Inklusion professioneller zu gestalten (Motivation inklusiv (M+)). Darüber hinaus möchte der Lehrer stärker nach oben und unten differenzieren mit einem besonderen Fokus darauf, leistungsstärkere Schülerinnen und Schüler mehr zu fordern – die Differenzierung sei noch „ausbaufähig" (pädagogisches Wissen inklusiv (PW+), Selbstregulation inklusiv (S+)). Dies ist mit dem Wunsch des Lehrers nach Ideen zur Entlastung im Unterricht verbunden, da er „allen Schülern gerecht werden möchte und [sich] nicht zerteilen kann" (Überzeugungen inklusiv (Ü+), Selbstregulation inklusiv (S+), Motivation inklusiv (M+)).

Im Rahmen der Ausarbeitung und des Einsatzes von offenen Aufgabenstellungen reflektiert er, dass eine Differenzierung auch auf inhaltlicher Ebene erfolgen solle (fachdidaktisches Wissen inklusiv (FDW+)). Im Kontext des Einsatzes von offenen Aufgabenstellungen geht der Lehrer auch auf die geplante Zusammenarbeit mit einer sonderpädagogischen Lehrkraft ein (Organisationswissen inklusiv (OW+)). Sobald eine Arbeit der Schülerinnen und Schüler an gleichen Problemstellungen nicht mehr möglich sei, fokussiere der Lehrer auf eine verstehensorientierte Förderung von Schülerinnen und Schülern mit sonderpädagogischem Unterstützungsbedarf (fachdidaktisches Wissen inklusiv (FDW+)). Auffällig ist an dieser Stelle, dass der Lehrer sowohl Gedanken des individuellen und gemeinsamen Lernens äußert, die im Sinne eines weiten Inklusionsverständnisses angesiedelt sind („allen gerecht werden"), als auch eine Fokussierung auf Schülerinnen und Schüler mit sonderpädagogischem Unterstützungsbedarf vornimmt, die eher einem engen Inklusionsverständnis zugeordnet werden könnte (vgl. Löser & Werning, 2015, S. 17). Eine Zusammenarbeit mit

einer sonderpädagogischen Lehrkraft erfolge insbesondere im Zuge von Absprachen zur Unterstützung von Schülerinnen und Schülern mit sonderpädagogischem
Unterstützungsbedarf (Organisationswissen inklusiv (OW+)).

Um seine Ziele erreichen zu können, siehe der Lehrer erfolgreich eingesetzte Strategien des Classroom Managements als notwendige Voraussetzung an
(pädagogisches Wissen (PW)). Des Weiteren werde der Unterricht durch den häu-
figeren Wechsel von Sozialformen abwechslungsreicher (pädagogisches Wissen
(PW), Selbstregulation (S)) und der Lehrer beginne in der Unterrichtsplanung mit
Differenzierungsmatrizen zu arbeiten (pädagogisches Wissen inklusiv (PW+)).
Dabei schätze er die Zusammenarbeit mit der Mathematikfachschaft seiner Schule
sehr (Organisationswissen (OW)). Insgesamt reflektiert der Lehrer über seinen
fortschreitenden Lernprozess und konkretisiert seine Ziele, wobei auch Bezüge
zu mangelnder Zeit im Unterrichtsalltag hergestellt werden (Selbstregulation (S)).

Verlauf der Fortbildung
Im weiteren Verlauf der Fortbildung arbeite der Lehrer weiterhin mit Differenzierungsmatrizen in der Unterrichtsplanung (pädagogisches Wissen inklusiv
(PW+)) – auch vor dem Hintergrund, das Potential von Aufgaben für handlungsorientierten Mathematikunterricht herausstellen zu können (fachdidaktisches
Wissen inklusiv (FDW+)). Darüber hinaus reflektiere er positiv über den Einsatz
von Elementen des bewegten Lernens und des Classroom Managements (pädagogisches Wissen (PW)). Entsprechende Erkenntnisse aus den Erprobungen der
methodischen Ideen im Unterricht möchte der Lehrer gerne auch ins Kollegium
seiner Schule tragen (Organisationswissen (OW)).

Ebenso positiv wird der Einsatz der Zoo-Aufgabe reflektiert, auch wenn
zukünftig (aufgrund des hohen Aufwandes, eine Aufgabe mit so viel Potential
zu finden) nur selten ähnliche Aufgaben eingesetzt werden könnten (fachdidaktisches Wissen inklusiv (FDW+), Selbstregulation inklusiv (S+)). Des Weiteren
berichtet der Lehrer über die Erkenntnis, dass Inklusion nichts sei, was zusätzlich erfolge, sondern dass Inklusion mit allen anderen Punkten, die einen als
Lehrkraft beschäftigen würden (z. B. Heterogenität), zusammenhänge, und dass
keine Kopierschlacht erforderlich sei (Überzeugungen inklusiv (Ü+)). Der Mathematikunterricht des Lehrers sei gekennzeichnet durch gemeinsames Lernen von
Schülerinnen und Schülern mit und ohne sonderpädagogischem Unterstützungsbedarf im Rahmen von Gruppenarbeiten, durch eine individuelle Förderung im
gemeinsamen Unterricht (zusätzliche Hilfestellungen und auch in Form von
differenziertem Übungsmaterial für Schülerinnen und Schüler mit Förderbedarf) sowie äußere Differenzierungsmaßnahmen (pädagogisches Wissen inklusiv

(PW+), fachdidaktisches Wissen inklusiv (FDW+)). Der Einsatz von äußeren Differenzierungsmaßnahmen wird von der Lehrkraft auch auf veränderte
Rahmenbedingungen an der Schule zurückgeführt. Durch weniger Stunden in
Doppelbesetzung würden die vorhandenen gemeinsamen Stunden in einer Klasse
für individuelle Förderungen außerhalb des Klassenzimmers genutzt (Organisationswissen inklusiv (OW+)). Der Lehrer wünscht sich, dass das Lernen am
gemeinsamen Gegenstand noch eine größere Rolle spiele (Motivation inklusiv (M+)). Erneut wird ein weites Inklusionsverständnis („nichts was zusätzlich
erfolgt"; vgl. auch Korff, 2016) und ein enges Inklusionsverständnis (äußere
Differenzierungsmaßnahmen und Fokus auf Schülerinnen und Schüler mit sonderpädagogischem Unterstützungsbedarf) deutlich (vgl. Löser & Werning, 2015,
S. 17).

Die Ziele des Lehrers beziehen sich weiterhin darauf, stärker zu differenzieren
(pädagogisches Wissen inklusiv (PW+)), die Selbstständigkeit der Schülerinnen
und Schüler zu fördern und Kommunikationskompetenzen der Schülerinnen und
Schüler zu stärken (pädagogisches Wissen (PW)). Der Lehrer fokussiere vor
allem auf die notwendige Arbeit an einer Verbesserung des Klassenklimas und der
Sozialkompetenzen der Schülerinnen und Schüler (pädagogisches Wissen (PW)).
Dabei sei ihm die Zusammenarbeit mit anderen Lehrkräften ebenfalls wichtig, die
er zukünftig noch weiter ausbauen möchte (Organisationswissen (OW), Motivation (M)). Dies begründet er insbesondere auch dadurch, dass sich einige Aspekte
mit Blick auf die Kooperation im Zuge einer gemeinsamen Unterrichtsplanung
noch nicht bewährt hätten (Selbstregulation inklusiv (S+)). Des Weiteren berichtet
der Lehrer von der Einstellung an der Schule, dass möglichst viele Schülerinnen und Schüler in die Oberstufe kommen und das Abitur erwerben sollten
(Überzeugungen (Ü)).

Der Lehrer beschreibt, dass er insbesondere in den folgenden Bereichen etwas
durch die Fortbildung gelernt habe: Eine Balance von individuellem und gemeinsamem Lernen sei wichtig, ebenso wie die Sicherung von Verstehensgrundlagen
(fachdidaktisches Wissen inklusiv (FDW+)). Er berichtet, dass sich Auswirkungen dessen auf den Unterricht bei ihm durch einen Fokus auf den Aufbau von
Grundvorstellungen und den Einsatz von Hilfestellungen zeigen würden, um
auch den Schülerinnen und Schülern mit sonderpädagogischem Unterstützungsbedarf eine Arbeit an einem gemeinsamen Gegenstand ermöglichen zu können
(fachdidaktisches Wissen inklusiv (FDW+)). An dieser Stelle werden damit
erneut, wie auch zu Beginn der Fortbildung, zentrale Aspekte eines inklusiven
Mathematikunterrichts von dem Lehrer aufgegriffen (siehe Abschn. 2.6).

Im Kontext der Fortbildung schätze der Lehrer den Austausch mit Kolleginn-
nen und Kollegen sowie die kennengelernten Möglichkeiten des Team-Teachings

(Organisationswissen inklusiv (OW+)). Er reflektiert, dass die eigenen Ziele im Laufe der Fortbildung konkreter geworden seien und dass sein Fokus zwischendurch wechsele, aber dass sein übergeordnetes Ziel gleichgeblieben sei (Selbstregulation (S)).

Ende der Fortbildung
Gegen Ende der Fortbildung beschreibt der Lehrer, dass sich das Klassenklima verbessert habe und führt dies unter anderem auf die aus der Fortbildung eingesetzten Methoden zurück (pädagogisches Wissen (PW)). Außerdem lege er viel Wert darauf, die Erkenntnisse aus der Fortbildung im Kollegium, insbesondere in der Fachkonferenz, weiterzugeben (Organisationswissen (OW)).

Durch den Wechsel der Jahrgangsstufen erfolge eine äußere Differenzierung der Schülerinnen und Schüler in Grund- und Erweiterungskurse. Dies ermögliche es dem Lehrer, auf die Schülerinnen und Schüler individueller einzugehen und einige Themen mit mehr Tiefe zu bearbeiten (pädagogisches Wissen inklusiv (PW+), fachdidaktisches Wissen inklusiv (FDW+)). In diesem Zuge würden auch unterschiedliche Aufgabenniveaus zum Einsatz kommen (fachdidaktisches Wissen inklusiv (FDW+)) und die Arbeit in den Kursen nehme er als Erleichterung wahr (Selbstregulation inklusiv (S+)). Darüber hinaus berichtet der Lehrer von einer erfolgreich umgesetzten Unterrichtsreihe zum Thema ganze Zahlen, in der der Aufbau von Grundvorstellungen eine wesentliche Rolle eingenommen habe (fachdidaktisches Wissen inklusiv (FDW+)). Trotz der erfolgreich umgesetzten Einheit und einer wahrgenommenen Erleichterung durch die veränderte Kursstruktur stelle die große Heterogenität der Schülerinnen und Schüler und der Anspruch, entsprechend zu differenzieren, eine Herausforderung für den Lehrer dar (Organisationswissen inklusiv (OW+), Selbstregulation inklusiv (S+)). Während der Lehrer zu Beginn und im Verlauf der Fortbildung Elemente des gemeinsamen Lernens aufgreift, kommt an dieser Stelle die Frage auf, inwiefern äußere Differenzierungsmaßnahmen ebenso wie geschlossene Differenzierungsformate („unterschiedliche Aufgabenniveaus") für den Lehrer einen größeren Stellenwert einnehmen als zum Beispiel der Gedanke der natürlichen Differenzierung (Krauthausen & Scherer, 2010).

Der Lehrer möchte die Strategien des Classroom Managements weiterhin einsetzen (pädagogisches Wissen (PW)). Zum Ende der Veranstaltung liege der Schwerpunkt des Lehrers vor allem auf dem Vorhaben, die Erkenntnisse aus der Fortbildung ins Kollegium weiterzugeben, wobei dieses Vorhaben mit der Planung einer schulinternen Fortbildung einhergehen würde (Organisationswissen (OW)). Zudem möchte der Lehrer die Zusammenarbeit in den Fachstufenteams verbessern (Organisationswissen (OW)). Auch über die Fortbildung hinaus bleibe der Wunsch bestehen, sich weiter zu professionalisieren (Motivation (M)). Der Lehrer äußert zum Schluss, dass er jeden Unterricht als inklusiven Unterricht verstehe (Überzeugungen inklusiv (Ü+)), wodurch ein weites Inklusionsverständnis wieder in den Vordergrund rückt.

6.2.3 Beschreibung Lernwege Typ II – Lehrkräfte mit einem Fokus auf Organisationswissen (und pädagogischem Wissen)

Die Lehrkräfte in Typ II fokussieren auf den Kompetenzbereich Organisationswissen (OW) und äußern außerdem häufig Aspekte des pädagogischen Wissens (PW). In diesem Kapitel werden die Ergebnisse der Einzelfallanalyse der Lehrkraft 9 (Fall a) und der Lehrkraft 1 (Fall b) dargestellt.

6.2.3.1 Lernweg von Lehrkraft 9 (Typ II Fall a)

Lehrkraft 9 ist weiblich, Mathematiklehrkraft, verfügt über 3 bis 15 Jahre Erfahrung im Mathematikunterricht und hat kein abgeschlossenes Lehramtsstudium im Fach Mathematik. Lehrkraft 9 repräsentiert die Lernwege der Lehrkräfte des Typs II besonders gut, da sie insbesondere am Ende der Fortbildung auf das Organisationswissen (OW) fokussiert (über 40 %-Marke) und weil das pädagogische Wissen (PW) in den verschiedenen Phasen des Lernwegs ebenfalls von Bedeutung ist. Das dazugehörige Profil der Lehrerin kann Abbildung 6.8 entnommen werden.

Zu Beginn des Lernwegs ist das pädagogische Wissen (PW) zentral, gefolgt vom Organisationswissen (OW). Im Verlauf der Fortbildung bleibt das pädagogische Wissen (PW) zentral und Aspekte der Selbstregulation (S) gewinnen an Bedeutung. Gegen Ende der Fortbildung ist das Organisationswissen (OW) besonders im Fokus der Lehrerin, gefolgt vom pädagogischen Wissen (PW). Entlang der einzelnen Phasen können die Veränderungen in den Kompetenzbereichen folgendermaßen beschrieben werden.

Beginn der Fortbildung
Zu Beginn der Fortbildung gestalte die Lehrerin ihren inklusiven Mathematikunterricht durch verschiedene Differenzierungsmaßnahmen. Beispielsweise setze sie differenzierte Klassenarbeiten ein, nutze ein Belohnungssystem und setze darauf, dass die Schülerinnen und Schüler sich in Abhängigkeit von ihrem Leistungsniveau gegenseitig helfen würden (pädagogisches Wissen inklusiv (PW+)).

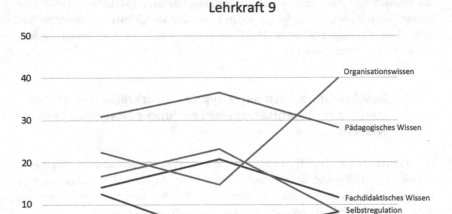

Abbildung 6.8 Profil Lehrkraft 9 (Typ II Fall a; relative Häufigkeiten (in %) der Kompetenzbereiche zu Beginn der Fortbildung (P1), im Verlauf der Fortbildung (P2) und gegen Ende der Fortbildung (P3))

Außerdem verwende sie differenzierte Übungsaufgaben und arbeite mit handlungsorientierten Materialien (z. B. Dienes-Material), wobei sie unterschiedliche Zugänge und Lösungsstrategien antizipiere (fachdidaktisches Wissen inklusiv (FDW+)). Sie verfolge das Ziel, allen Schülerinnen und Schülern gerecht zu werden (Überzeugungen inklusiv (Ü+)).

Die Lehrerin fokussiert auf die Anschaffung von handlungsorientierten Materialien (pädagogisches Wissen inklusiv (PW+)) und die Einrichtung eines entsprechenden Material- und Förderraumes an der Schule (Organisationswissen inklusiv (OW+)). Dabei geht sie auf geplante Gespräche mit der Schulleitung ein (Organisationswissen (OW)). Außerdem plane die Lehrerin den Austausch von Materialien unter Kolleginnen und Kollegen (Organisationswissen (OW)). Wichtig ist ihr auch, dass Unterricht nicht nur vereinzelt verändert würde, sondern dass alle an einem Strang ziehen und somit gemeinsam mehr erreicht werden könne (Organisationswissen (OW), Überzeugungen inklusiv (Ü+), Selbstregulation inklusiv (S+)).

Im Rahmen der Fortbildung reflektiert die Lehrerin positiv über die Möglichkeit, dass alle Schülerinnen und Schüler auf niedrigem Niveau in ein Thema einsteigen und dann in ihrem individuellen Tempo weiterarbeiten könnten, dies erfolge auch in Verbindung mit dem Einsatz entsprechender Aufgaben (pädagogisches Wissen inklusiv (PW+), fachdidaktisches Wissen inklusiv (FDW+)). Allerdings beschreibt sie auch, dass es zu anspruchsvolle Aufgabenstellungen gegeben habe, und dass es ihr schwer falle, Aufgaben so weit zu öffnen, dass alle Schülerinnen und Schüler einen Zugang bekommen könnten (fachdidaktisches Wissen inklusiv (FDW+), Selbstregulation inklusiv (S+)). Ebenfalls plane sie den Einsatz von Elementen des Classroom Managements, die sie in der Fortbildung kennengelernt habe (pädagogisches Wissen (PW)). Im Fokus bleibt aber weiterhin die Arbeit an äußeren Rahmenbedingungen. Auch wenn schon einige erste Schritte erreicht worden seien und eine weitere Zusammenarbeit mit Kolleginnen und Kollegen erfolgt sei, sei die Lehrerin mit ihrem bisherigen Lernprozess unzufrieden (Organisationswissen (OW), Selbstregulation (S)). Die Lehrerin möchte mehr Sicherheit und Kreativität im Erstellen von Aufgaben für den inklusiven Unterricht erwerben (Motivation inklusiv (M+)). Vor dem Hintergrund der fehlenden Materialien sei sie unsicher, ob der von ihr durchgeführte Unterricht dem Bild von inklusivem Unterricht entspreche, das in der Fortbildung vermittelt werde (Überzeugungen inklusiv (Ü+), Selbstregulation inklusiv (S+)). Für die Lehrerin bleibt die Materialorganisation ein Aspekt, der sie weiterhin beschäftige (pädagogisches Wissen (PW)). Zu Beginn der Fortbildung entsteht damit insgesamt der Eindruck, dass die Lehrerin vor allem auf Differenzierungsmaßnahmen zurückgreift, ihr aber aus ihrer Sicht für einen inklusiven Mathematikunterricht Materialien fehlen – welche Materialien konkret gemeint sind und ob sie vor allem äußere Differenzierungsmaßnahmen einsetzt, bleibt offen.

Verlauf der Fortbildung[1]
Im weiteren Verlauf der Fortbildung plane die Lehrerin eine strukturiertere und routiniertere Vorbereitung von inklusivem Unterricht (pädagogisches Wissen inklusiv (PW+)). Dies sei später teilweise erfolgt, da die Unterrichtsbeispiele oder auch das Strukturgitter zur Bruchrechnung ihr bei der Unterrichtsplanung geholfen hätten (pädagogisches Wissen inklusiv (PW+), fachdidaktisches Wissen inklusiv (FDW+), Selbstregulation inklusiv (S+)). Allerdings gibt die Lehrerin an, dass weiterhin handlungsorientiere Materialien fehlen und Stundenvorbereitungen viel Zeit in Anspruch nehmen würden (pädagogisches Wissen inklusiv (PW+), Selbstregulation inklusiv (S+)). Vor dem Hintergrund der Sicherung von

---

[1] An dieser Stelle ist beispielsweise die deutlich kürzere Darstellung der Phase „Verlauf der Fortbildung" im Vergleich zu den in Typ I betrachteten Lehrkräften auffällig. Dies ist auf den unterschiedlichen Umfang der Datengrundlage pro Lehrkraft zurückzuführen (siehe auch Kap. 5).

Verstehensgrundlagen plane die Lehrerin außerdem die Erweiterung ihres Materials zum Thema Bruchrechnung (fachdidaktisches Wissen inklusiv (FDW+)). An dieser Stelle wird deutlicher, dass für die Lehrerin inklusiver Mathematikunterricht vor allem mit handlungsorientierten Materialien einhergeht, die auf eine verstehensorientierte Förderung abzielen (siehe auch Prediger, 2016).

Die Lehrerin habe Unterricht gemeinsam mit einer sonderpädagogischen Lehrkraft geplant und möchte dies auch gerne fortsetzen (Organisationswissen inklusiv (OW+)). Dass weiterhin Materialien fehlen, möchte sie erneut mit der Schulleitung besprechen (Organisationswissen (OW)). Sie reflektiert außerdem, dass ihr bisher die richtige Vorbereitung oder auch die entsprechende Erfahrung fehle, um allen Schülerinnen und Schülern vollkommen gerecht werden zu können, auch wenn manche Unterrichtsvorbereitungen schon etwas besser klappen würden (Überzeugungen inklusiv (Ü+), Selbstregulation inklusiv (S+)).

Ende der Fortbildung
Gegen Ende der Fortbildung sei das zuvor fehlende Material eingetroffen und die Lehrerin fokussiert darauf, dieses entsprechend zu sortieren, bevor ein konkreter Einsatz im Unterricht erfolgen könne (pädagogisches Wissen (PW)). Eine Mathematikklasse, von der sie zuvor berichtet hatte, habe sie abgeben müssen (Organisationswissen (OW)). Ihren inklusiven Mathematikunterricht gestalte sie weiterhin mit Hilfe von gemeinsamen Einstiegen in ein Thema und sie beschreibt, dass sie nach Möglichkeit äußere Differenzierung vermeide und Schülerinnen und Schüler mit sonderpädagogischem Unterstützungsbedarf im Unterricht einbinde, beispielsweise durch den Einsatz offener Aufgabenstellungen (pädagogisches Wissen inklusiv (PW+), fachdidaktisches Wissen inklusiv (FDW+)). Dabei verstehe sie unter inklusivem Mathematikunterricht, dass alle Schülerinnen und Schüler entsprechend der jeweiligen Stärken und des jeweiligen Niveaus am gleichen Thema arbeiten und dass neben verschiedenen Lösungsmöglichkeiten auch ein zieldifferentes Lernen möglich sei (fachdidaktisches Wissen inklusiv (FDW+), Überzeugungen inklusiv (Ü+)). Damit greift die Lehrerin gegen Ende der Fortbildung zentrale Aspekte des individuellen und gemeinsamen Lernens im inklusiven Mathematikunterricht auf (siehe Abschn. 2.6).

Inhalte aus dem Bereich der pädagogischen Diagnostik und erfolgreich eingesetzte Materialien möchte sie gerne im Kollegium weitergeben (pädagogisches Wissen inklusiv (PW+), Organisationswissen (OW)). Die Lehrerin reflektiert über eine gelungene gemeinsame Unterrichtsplanung zwischen Fach- und sonderpädagogischer Lehrkraft, da beide ähnliche Ideen verfolgt hätten (Organisationswissen inklusiv (OW+)). Auch helfe ihr der Austausch, um eigene

Unsicherheiten überwinden zu können (Selbstregulation inklusiv (S+)). Rückblickend geht die Lehrerin darauf ein, dass sich vor ihrer Fortbildungsteilnahme die sonderpädagogische Lehrkraft vor allem um die Schülerinnen und Schüler mit sonderpädagogischem Unterstützungsbedarf gekümmert habe (Organisationswissen inklusiv (OW+), Überzeugungen inklusiv (U+)). Sie reflektiert abschließend auch über neue Ideen, die sie durch die Fortbildenden erhalten habe sowie über die Unterstützung der Arbeit im Team bei Unsicherheiten (Organisationswissen inklusiv (OW+), Selbstregulation (S)).

6.2.3.2 Lernweg von Lehrkraft 1 (Typ II Fall b)

Lehrkraft 1 ist männlich, Mathematiklehrkraft, verfügt über 3 bis 15 Jahre Erfahrung im Mathematikunterricht und hat Mathematik studiert. Der Lernweg von Lehrkraft 1 ist aufgrund einer durchweg zentralen Rolle des Organisationswissens (OW) von Interesse. Das dazugehörige Profil in Abbildung 6.9 zeigt, dass auch die affektiv-motivationalen Merkmale der professionellen Handlungskompetenz für inklusiven Mathematikunterricht bedeutsam sind. Das pädagogische Wissen (PW) wird dabei vergleichsweise wenig adressiert.

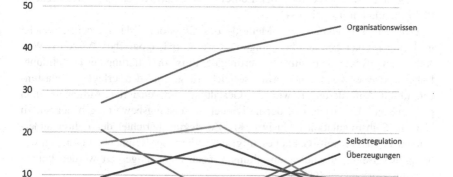

Abbildung 6.9 Profil Lehrkraft 1 (Typ II Fall b; relative Häufigkeiten (in %) der Kompetenzbereiche zu Beginn der Fortbildung (P1), im Verlauf der Fortbildung (P2) und gegen Ende der Fortbildung (P3))

Zu Beginn der Fortbildung

Zu Beginn der Fortbildung fokussiert der Lehrer auf die materiale Gestaltung von Lernumgebungen und geht beispielsweise auf den Einsatz und die geplante Anschaffung von Materialien für Schülerinnen und Schüler mit sonderpädagogischem Unterstützungsbedarf sowie auf die Zusammenarbeit von zwei Lehrkräften im Unterricht ein (pädagogisches Wissen inklusiv (PW+), Organisationswissen inklusiv (OW+)). Er verfolge das Ziel, seine Kenntnisse im Bereich Inklusion zu erweitern und zu festigen (Motivation inklusiv (M+)). Die Gestaltung von differenzierenden Aufgaben, sodass alle Schülerinnen und Schüler ihr individuelles Lernziel erreichen, werde von dem Lehrer als Herausforderung wahrgenommen (fachdidaktisches Wissen inklusiv (FDW+)). Dabei sei inklusiver Mathematikunterricht für ihn geprägt durch den Umgang mit Schülerinnen und Schülern mit verschiedenen Voraussetzungen und durch eine offene Herangehensweise (Überzeugungen inklusiv (Ü+)). Die Kombination aus „offene Herangehensweise" und „Gestaltung differenzierender Aufgaben" legt nahe, dass der Lehrer hier vielleicht den Gedanken einer natürlichen Differenzierung verfolgt (Krauthausen & Scherer, 2010). Der Lehrer plane den Austausch mit Kolleginnen und Kollegen (Organisationswissen (OW)) und reflektiert die erfolgte gute Zusammenarbeit im Team, insbesondere durch Absprachen und Erfahrungsaustausch zwischen sonderpädagogischer und Fachlehrkraft (Organisationswissen inklusiv (OW+)). In diesem Kontext beschreibt der Lehrer seinen Lernprozess als fortschreitend (Selbstregulation inklusiv (S+)).

Der Lehrer reflektiert eine Methode des Classroom Managements, welche im Rahmen einer Partnerarbeit eingesetzt werde (pädagogisches Wissen (PW)). Außerdem erfolgt eine positive Bewertung der Praxisorientierung der Fortbildung. Dabei suche er nach einer Alltagserleichterung, um den erlebten Belastungen durch Anforderungen wie der Gestaltung differenzierter Aufgaben, dem gemeinsamen Unterricht und der individuellen Leistungsbewertung begegnen zu können (Selbstregulation inklusiv (S+)). Zu Beginn berichtet der Lehrer außerdem davon, dass bereits Geplantes aufgrund veränderter Rahmenbedingungen wie beispielsweise schulische Veranstaltungen noch nicht umgesetzt werden konnte (Organisationswissen (OW)).

Verlauf der Fortbildung

Im weiteren Verlauf der Fortbildung empfinde er das gemeinsame Lernen im Sinne der Einbindung von sehr schwachen Schülerinnen und Schülern mit sonderpädagogischem Unterstützungsbedarf als Herausforderung (pädagogisches Wissen inklusiv (PW+)). Die Zoo-Aufgabe sei hingegen gemeinsam von sonderpädagogischer und Fachlehrkraft erfolgreich eingesetzt worden und dies sehe er insbesondere vor dem Hintergrund, dass individuelle Lösungswege und verschiedene Zugänge ermöglicht wurden, positiv (fachdidaktisches Wissen inklusiv (FDW+), Organisationswissen inklusiv (OW+)). Es scheint, als verfolge der Lehrer weiterhin den Gedanken einer natürlichen Differenzierung, auch wenn die Gestaltung von gemeinsamen Lernsituationen Herausforderungen mit sich bringt. Der Lehrer möchte zudem sein Wissen erweitern (Motivation (M)).

Außerdem fokussiert der Lehrer auch die mediale Gestaltung von Lernumgebungen, beispielsweise vor dem Hintergrund des geplanten Einsatzes von Apps aus der Fortbildung (pädagogisches Wissen (PW)). Besondere Bedeutung hat für den Lehrer die erfolgte sowie weiterhin geplante verstärkte Zusammenarbeit im Team aus sonderpädagogischer und Fachlehrkraft, auf die er mehrfach eingeht (Organisationswissen inklusiv (OW+)), und er möchte weiterhin „Einblick in die Inklusion bekommen" (Motivation inklusiv (M+)).

Ende der Fortbildung
Gegen Ende der Fortbildung plane der Lehrer die Anschaffung von weiteren Materialien, auch vor dem Hintergrund, diese im Kontext des Stellenwertverständnisses im inklusiven Mathematikunterricht einzusetzen (fachdidaktisches Wissen inklusiv (FDW+)). Weiterhin wird die Zusammenarbeit zwischen sonderpädagogischer und Fachlehrkraft fokussiert (Organisationswissen inklusiv (OW+)). Einerseits solle diese weiter intensiviert werden, andererseits gehe diese Zusammenarbeit für den Lehrer zunächst mit einer Mehrarbeit einher, die sich aber im weiteren Verlauf in einer Arbeitserleichterung äußern würde (Organisationwissen inklusiv (OW+), Überzeugungen inklusiv (Ü+), Selbstregulation inklusiv (S+)). Dabei geht der Lehrer auch auf Unterricht in Form eines Parallelunterrichts mit Blick auf eine gelungene Situation der Kooperation und auf die Gestaltung eines differenzierenden Unterrichts ein (pädagogisches Wissen inklusiv (PW+), Organisationswissen inklusiv (OW+)).

Rückblickend betrachtet gestalte der Lehrer seinen inklusiven Mathematikunterricht so wie vor der Fortbildung (dies macht er beispielsweise am Zulassen mehrerer Lösungswege fest), würde sich dabei aber gegen Ende der Fortbildung weniger als Einzelkämpfer sehen (Überzeugungen inklusiv (Ü+), Selbstregulation inklusiv (S+)). Er plane weiterhin, die Teamarbeit zu intensivieren (Organisationswissen inklusiv (OW+)). Damit bleibt außerdem offen, ob das Zulassen mehrerer Lösungswege dem Gedanken der natürlichen Differenzierung zuzuordnen ist, oder ob zum Beispiel vor dem Hintergrund des beschriebenen Parallelunterrichts auch eine äußere Differenzierung erfolgt.

6.2.4   Beschreibung Lernwege Typ III – Lehrkräfte mit einem Fokus auf fachdidaktischem Wissen (und pädagogischem Wissen)

Die Lehrkräfte in Typ III weisen zu mindestens einem Zeitpunkt einen Fokus im Kompetenzbereich fachdidaktisches Wissen (FDW) auf (über 40 %) und gehen darüber hinaus besonders auf Aspekte des pädagogischen Wissens (PW) ein. In diesem Kapitel werden die Lernwege der Lehrkraft 2 (Fall a) und Lehrkraft 20 (Fall b) beschrieben.

6.2.4.1 Lernweg von Lehrkraft 2 (Typ III Fall a)
Lehrkraft 2 ist weiblich, Mathematiklehrkraft, verfügt über 3 bis 15 Jahre Erfahrung im Mathematikunterricht und hat Mathematik studiert. Lehrkraft 2 repräsentiert die Lernwege der Lehrkräfte in Typ III besonders gut, weil der Fokus insbesondere in der zweiten Phase des Lernwegs auf dem fachdidaktischen Wissen (FDW) liegt.

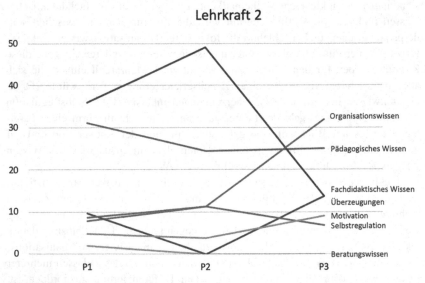

Abbildung 6.10 Profil Lehrkraft 2 (Typ III Fall a; relative Häufigkeiten (in %) der Kompetenzbereiche zu Beginn der Fortbildung (P1), im Verlauf der Fortbildung (P2) und gegen Ende der Fortbildung (P3))

Das Profil der Lehrerin in Abbildung 6.10 zeigt, dass sowohl zu Beginn als auch im Verlauf der Fortbildung das fachdidaktische Wissen (FDW) besonders bedeutsam ist, gefolgt vom pädagogischen Wissen (PW). Nennungen zum fachdidaktischen Wissen (FDW) gehen gegen Ende der Fortbildung zurück, während das Organisationswissen (OW) an Bedeutung gewinnt.

Beginn der Fortbildung
Die Lehrerin geht zu Beginn der Fortbildung auf methodisch-organisatorische Differenzierungsmaßnahmen zur Gestaltung ihres inklusiven Mathematikunterrichts ein (pädagogisches Wissen inklusiv (PW+)). Dabei thematisiert sie Leistungsbewertungen vor dem Hintergrund der Berücksichtigung aller Lernenden mit ihren unterschiedlichen Voraussetzungen, welchen sie gerecht werden möchte (pädagogisches Wissen inklusiv (PW+), Überzeugungen inklusiv (Ü+)).

Des Weiteren setze die Lehrerin offene Aufgabenstellungen ein und betrachtet diese vor dem Hintergrund, dass sie in unterschiedlicher Tiefe und Komplexität bearbeitet werden könnten, um somit allen Schülerinnen und Schülern gerecht werden zu können (fachdidaktisches Wissen inklusiv (FDW+), Überzeugungen inklusiv (Ü+)). Erfolgserlebnisse seitens der Schülerinnen und Schüler empfinde die Lehrerin auch als positiv für sich selbst (Selbstregulation inklusiv (S+)). Im Kontext des gemeinsamen Erstellens von offenen Aufgaben, benennt die Lehrkraft auch eine erfolgreiche Zusammenarbeit im Team (Organisationswissen inklusiv (OW+)). Durch zieldifferente Aufgabenstellungen möchte die Lehrkraft die individuellen Voraussetzungen der Schülerinnen und Schüler noch stärker berücksichtigen (fachdidaktisches Wissen inklusiv (FDW+)). Die Äußerungen der Lehrerin deuten darauf hin, dass sie insbesondere den Einsatz von selbstdifferenzierenden Aufgaben im inklusiven Mathematikunterricht schätzt (vgl. Prediger, 2016, S. 362; Häsel-Weide & Nührenbörger, 2013, S. 7).
Im Sinne der materialen Gestaltung von Lernumgebungen geht die Lehrerin auf den Einsatz von Anschauungsmaterial mit mehr Handlungsorientierung und mehr Praxisbezug im inklusiven als im nicht-inklusiven Mathematikunterricht ein (pädagogisches Wissen inklusiv (PW+)). Sie reflektiert aber auch Grenzen von anschaulichem Material beispielsweise im Kontext der Prozentrechnung und beschreibt, dass sie besonderen Wert auf die Sicherung von Verstehensgrundlagen lege (fachdidaktisches Wissen inklusiv (FDW+)). An dieser Stelle nutzt die Lehrerin erneut zentrale Aspekte eines inklusiven Mathematikunterrichts, dieses Mal mit Blick auf eine fokussierte Förderung (vgl. Prediger, 2016).
Im Kontext der Fortbildung erfolgt eine positive Reflexion und Bewertung seitens der Lehrerin hinsichtlich der Strategien des Classroom Managements

(pädagogisches Wissen (PW)), der Anwendung von zieldifferenten Aufgaben (fachdidaktisches Wissen inklusiv (FDW+)) und der Einstellung „Inklusion ist dann gelungen, wenn keiner mehr darüber spricht" (Überzeugungen inklusiv (Ü+)).

Verlauf der Fortbildung
Im Verlauf der Fortbildung geht die Lehrerin erneut darauf ein, dass Anschauungsmaterial mit Praxisbezug verwendet wurde und wünscht sich weniger äußere Differenzierung (pädagogisches Wissen inklusiv (PW+)). Sie habe zudem die Zoo-Aufgabe erfolgreich eingesetzt und wünscht sich mehr Sicherheit beim Einsatz von differenzierenden Aufgaben (fachdidaktisches Wissen inklusiv (FDW+)). Zu Beginn der Fortbildung entsteht der Eindruck, dass die Lehrerin insbesondere selbstdifferenzierende Aufgaben einsetzt (siehe Ausführungen zur ersten Phase), an dieser Stelle (in Phase 2) stellt sich jedoch die Frage, in welchem Verhältnis dies zur hier erwähnten äußeren Differenzierung steht.

Des Weiteren nimmt die Lehrerin durch den Einsatz von Erklärvideos Bezug auf die mediale Gestaltung von Lernumgebungen (pädagogisches Wissen (PW)). Die Lehrerin berichtet von einer besseren Unterrichtsgestaltung im Kontext einer Einheit zu Flächeninhalten und von einem sichereren Umgang mit der Förderung im Rahmen des Förderkurses „Zahlenjongleur" nach erfolgter Diagnose (fachdidaktisches Wissen inklusiv (FDW+), Selbstregulation inklusiv (S+)). Im weiteren Verlauf möchte sie gerne das Vierphasenmodell bei der Unterrichtsgestaltung im Sinne des gemeinsamen Lernens einsetzen (fachdidaktisches Wissen inklusiv (FDW+)) und verschiedene Team-Teaching-Modelle aus der Fortbildung ausprobieren (Organisationswissen inklusiv (OW+)).

Ende der Fortbildung
Gegen Ende der Fortbildung geht die Lehrerin darauf ein, dass gemeinsames Lernen aller Schülerinnen und Schüler vermehrt erfolgt sei und weniger äußere Differenzierung stattgefunden habe (pädagogisches Wissen inklusiv (PW+)), wobei die Lehrerin dies in Zusammenhang mit dem Einsatz von Methoden des Classroom Managements anspricht (pädagogisches Wissen (PW)). Sie berichtet allerdings auch von personellen Problemen an der Schule (Organisationswissen (OW)).

Im Kontext der Gestaltung ihres inklusiven Mathematikunterrichts geht die Lehrerin auf den Einsatz von selbstdifferenzierenden Aufgaben ein (fachdidaktisches Wissen inklusiv FDW+)). Sie beschreibt den Unterschied zur Gestaltung des inklusiven Mathematikunterrichts vor der Fortbildung anhand des folgenden

Gedankens: Es erfolge nun eine Öffnung der Themen von einem einfachen Einstieg für alle hin zu komplexeren Bearbeitungen von Schülerinnen und Schülern auf ihrem jeweiligen Niveau (fachdidaktisches Wissen inklusiv (FDW+)).

Abschließend verfolge die Lehrerin das Ziel, „Inklusion noch mehr zu leben" (Überzeugungen inklusiv (Ü+), Motivation inklusiv (M+)). Sie bewerte außerdem den Wechsel von Zuständigkeiten von sonderpädagogischer und Regelschullehrkraft in einer Unterrichtseinheit positiv (Organisationswissen inklusiv (OW+)). Bezogen auf die Schulentwicklung hebt sie die Zusammenarbeit mit den Fortbildenden hervor und wünscht sich bessere Absprachen mit ihren Kolleginnen und Kollegen (Organisationswissen inklusiv (OW+)).

6.2.4.2 Lernweg von Lehrkraft 20 (Typ III Fall b)
Lehrkraft 20 ist weiblich, sonderpädagogische Lehrkraft, verfügt über weniger als 3 Jahre Erfahrung im Mathematikunterricht und hat kein abgeschlossenes Lehramtsstudium im Fach Mathematik. Im Vergleich zu Lehrkraft 2 ist Lehrkraft 20 vor allem deswegen interessant, weil sie zwar dem Typ III aufgrund der besonderen Bedeutung des fachdidaktischen Wissens (FDW) in Phase 2 angehört, aber ansonsten auch einen Fokus auf das pädagogische Wissen (PW) sowohl zu Beginn als auch gegen Ende der Fortbildung aufweist. Das entsprechende Profil von Lehrerin 20 kann der Abbildung 6.11 entnommen werden. Es scheint so, als habe sich der Fokus von Lehrkraft 20 mehrfach verändert, wobei insgesamt die Kompetenzbereiche des Professionswissens bedeutsamer sind als die affektiv-motivationalen Merkmale.

Beginn der Fortbildung
Zu Beginn der Veranstaltung startet die Lehrerin mit dem Ziel, passende Unterstützungsangebote für Schülerinnen und Schüler mit Schwierigkeiten im Mathematikunterricht kennenlernen zu wollen und wünscht sich einen Kompetenzzuwachs im Lehren von Mathematik in inklusiven Settings (pädagogisches Wissen inklusiv (PW+), fachdidaktisches Wissen inklusiv (FDW+), Motivation inklusiv (M+)). Sie möchte Team-Teaching-Formen einsetzen und bewerte die Zusammenarbeit und den Austausch mit Kolleginnen und Kollegen positiv (Organisationswissen inklusiv (OW+)).

Die Lehrerin schätze den Einsatz von diagnostischen Interviews sehr, weil diese es ermöglichen, die Stärken und Schwächen der Schülerinnen und Schüler aufzudecken (fachdidaktisches Wissen inklusiv (FDW+)). Sie plane, dass die Schülerinnen und Schüler entsprechend ihres Leistungsniveaus gefordert und gefördert werden und nimmt dabei Bezug auf das gerechte Bewerten von

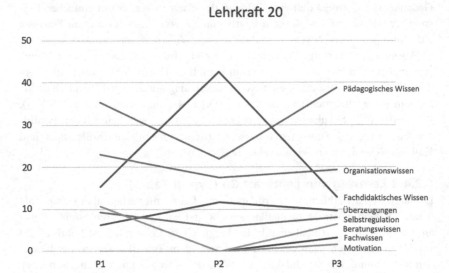

Abbildung 6.11 Profil Lehrkraft 20 (Typ III Fall b; relative Häufigkeiten (in %) der Kompetenzbereiche zu Beginn der Fortbildung (P1), im Verlauf der Fortbildung (P2) und gegen Ende der Fortbildung (P3))

Klassenarbeiten (pädagogisches Wissen inklusiv (PW+)). Inklusiver Mathematikunterricht bedeute für sie vor allem, dass unterschiedliche Zugänge zu einem Thema ermöglicht würden (fachdidaktisches Wissen inklusiv (FDW+), Überzeugungen inklusiv (Ü+)). Mit Blick auf die Fortbildungsinhalte reflektiert die Lehrerin vor allem den Austausch mit Kolleginnen und Kollegen und bewertet die Atmosphäre positiv (Organisationswissen (OW)). Weiterhin geht sie mehrfach auf Aspekte der Unterrichtsplanung und den Umgang mit Heterogenität ein (pädagogisches Wissen inklusiv (PW+)).

Die Lehrerin beschreibt, dass sie ihr Lernziel zwischendurch aus den Augen verloren habe, da sie verschiedene zeitaufwändige Arbeiten als sonderpädagogische Lehrkraft erfüllen müsse, wie zum Beispiel das Erstellen von Gutachten (Selbstregulation inklusiv (S+)). Daraus resultiere auch, dass sie zwischendurch aufgrund schulischer Veranstaltungen kaum weitere Erfahrungen sammeln und auch eine Absprache im Team nur sehr begrenzt erfolgen konnte (Organisationswissen inklusiv (OW+), Selbstregulation inklusiv (S+)).

Verlauf der Fortbildung

Im Verlauf der Fortbildung plane die Lehrerin einen verstärkten Einsatz von handlungsorientierten Elementen, Learning Apps und bewertet die in der Fortbildung kennengelernten Spiele positiv (pädagogisches Wissen inklusiv (PW+)). Dabei stellt sich die Lehrerin die Frage, ob ein zielgleicher Unterricht überhaupt möglich sei und sieht beispielsweise Klärungsbedarf vor dem Hintergrund der Frage, wie einzelne Grundvorstellungen bei Schülerinnen und Schülern mit sonderpädagogischem Unterstützungsbedarf aufgebaut werden könnten (fachdidaktisches Wissen inklusiv (FDW+), Selbstregulation inklusiv (S+)). Vor dem Hintergrund der Fortbildung reflektiert sie beispielsweise auch positiv über die kennengelernten Inhalte zum Förderkurs „Zahlenjongleur" und zur Auffrischung des Vierphasenmodells (fachdidaktisches Wissen inklusiv (FDW+)).

Im Laufe der Zeit habe sie selbstdifferenzierende Aufgaben einsetzen und gemeinsame Einstiege gestalten können (fachdidaktisches Wissen inklusiv (FDW+)). Während es ihr bisher nicht gelungen sei, jedem gerecht zu werden, verfolge sie das Ziel, ein Verständnis von Inklusion und gemeinsamem Unterricht als wertvoll und gewinnbringend zu verbreiten (Überzeugungen inklusiv (Ü+)). Sie verfolge außerdem das Ziel, Inklusion in ihrer Schule sowie gute Teamstrukturen weiterzuentwickeln, wobei ihr eine klassenübergreifende Planung und Umsetzung einer Unterrichtsstunde wichtig sei (Organisationswissen inklusiv (OW+)).

Ende der Fortbildung

Gegen Ende der Fortbildung möchte die Lehrerin innere Differenzierung nicht immer erzwingen, sondern auch äußere Differenzierungen zulassen, sodass der Lernentwicklung aller Schülerinnen und Schüler Rechnung getragen werden könne (pädagogisches Wissen inklusiv (PW+), fachdidaktisches Wissen inklusiv (FDW+), Überzeugungen inklusiv (Ü+)). Der Lehrerin sei es außerdem wichtig, zunächst Verstehensgrundlagen zu sichern, bevor weitere Inhalte eingeführt würden (fachdidaktisches Wissen inklusiv (FDW+)). Wenngleich die Lehrerin sich mit dem Einsatz von selbstdifferenzierenden Aufgaben im Verlauf der Fortbildung als einem zentralen Aspekten eines inklusiven Mathematikunterrichts auseinandersetzt (siehe auch Abschn. 2.6), kommt gegen Ende der Fortbildung die Frage nach äußeren Differenzierungsmaßnahmen auf.

Insgesamt berichtet die Lehrerin von einer verbesserten Kooperation zwischen Regelschul- und sonderpädagogischer Lehrkraft, wobei sie zunächst von dem Wissen über Methoden- und Materialvielfalt der Regelschullehrkräfte profitiert habe (Organisationswissen inklusiv (OW+)). Positiv sieht sie auch Absprachen bezogen auf Klassenarbeiten, aber es habe auch Situationen gegeben, in denen eine frühzeitige Absprache fehlte und sie „häufig ‚nur' mit dabei" gewesen sei (Organisationswissen inklusiv (OW+)). Außerdem möchte sie differenzierte Materialien einsetzen (pädagogisches Wissen inklusiv (PW+)). Schließlich verfolge sie das Ziel, sich ihrer eigenen Stärken wieder bewusst zu werden (Selbstregulation (S)). Rückblickend habe sie ihren inklusiven Unterricht vor der Fortbildung eher mit differenzierten Arbeitsblättern gestaltet und möchte nun mehr Wochenpläne und Spiele einbinden (pädagogisches Wissen inklusiv (PW+)) – wobei sie nicht darauf eingeht, inwiefern zum Beispiel mit Wochenplänen das Ziel einer Differenzierung verfolgt werden soll.

6.2.5 Beschreibung Lernwege Typ IV – Lehrkräfte mit einem Fokus auf pädagogischem Wissen (und fachdidaktischem Wissen)

Die Lehrkräfte in Typ IV fokussieren insbesondere auf das pädagogische Wissen (PW) und überschreiten zu mindestens einem Zeitpunkt dort die 40 %-Marke. Weiterhin ist das fachdidaktische Wissen (FDW) ebenfalls von Bedeutung. Dieses Kapitel dient der Darstellung der Ergebnisse der Einzelfallanalyse der Lehrkraft 15 (Fall a) und der Lehrkraft 16 (Fall b).

6.2.5.1 Lernweg von Lehrkraft 15 (Typ IV Fall a)

Lehrkraft 15 ist männlich, Mathematiklehrkraft, verfügt über mehr als 15 Jahre Erfahrung im Mathematikunterricht und hat Mathematik studiert. Die Lehrkraft repräsentiert die Lernwege der Lehrkräfte des Typs IV durch den Fokus auf das pädagogische Wissen (PW), zu Beginn und am Ende der Fortbildung, besonders gut. Des Weiteren ist auch das fachdidaktische Wissen (FDW) von Bedeutung, vor allem im Verlauf der Fortbildung. Der Abbildung 6.12 kann das Profil der Lehrkraft 15 entnommen werden.

Während zu Beginn und im Verlauf der Fortbildung neben dem pädagogischen Wissen (PW) und dem fachdidaktischen Wissen (FDW) auch das Organisationswissen (OW) von Bedeutung ist, verliert Letzteres gegen Ende der Fortbildung an Bedeutung. Stattdessen fokussiert der Lehrer am Ende erneut auf Aspekte des pädagogischen Wissens (PW), des fachdidaktischen Wissens (FDW) und zudem der Überzeugungen (Ü).

Beginn der Fortbildung
Zu Beginn der Fortbildung sei der Lehrer interessiert an einer Differenzierung im Unterricht und gestalte seinen bisherigen inklusiven Mathematikunterricht mit

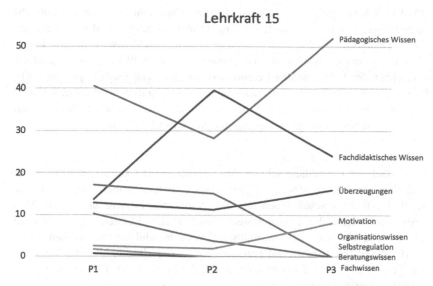

Abbildung 6.12 Profil Lehrkraft 15 (Typ IV Fall a; relative Häufigkeiten (in %) der Kompetenzbereiche zu Beginn der Fortbildung (P1), im Verlauf der Fortbildung (P2) und gegen Ende der Fortbildung (P3))

Hilfe differenzierter Arbeitsblätter und Klassenarbeiten (pädagogisches Wissen inklusiv (PW+)). Er möchte in der Unterrichtsvorbereitung schneller und effektiver werden und in inklusiven Klassen entspannter unterrichten (Selbstregulation inklusiv (S+)). Anlass für die Teilnahme an der Fortbildung sei auch ein vermehrter Unterricht in Klassen gewesen, in denen Schülerinnen und Schüler mit sonderpädagogischem Unterstützungsbedarf seien (Motivation inklusiv (M+)). Der Lehrer plane eine Differenzierung auch nach Tempo und möchte den unterschiedlichen Lern- und Leistungsvoraussetzungen der Schülerinnen und Schüler gerecht werden (pädagogisches Wissen inklusiv (PW+), fachdidaktisches Wissen inklusiv (FDW+), Überzeugungen inklusiv (Ü+)). Damit fokussiert der Lehrer insgesamt auf verschiedene Differenzierungsmöglichkeiten.

Er frage sich, wie eine Balance von schülerorientierten und lehrerzentrierten Phasen erfolgen könne (pädagogisches Wissen inklusiv (PW+)) und geht dabei mehrfach auf kooperative Lernformen ein (pädagogisches Wissen (PW)). Insbesondere plane er den Einsatz von offenen Aufgabenstellungen und verstehe Heterogenität in diesem Kontext als Chance (fachdidaktisches Wissen inklusiv

(FDW+), Überzeugungen inklusiv (Ü+)). Eine Unterrichtsreihe zur Prozentrechnung (ausgehend von den dazu kennengelernten Inhalten aus der Fortbildung) habe er außerdem erfolgreich einsetzen können und diese solle im Kollegium nun weitergegeben werden (Organisationswissen (OW)). Daran anknüpfend bezeichnet der Lehrer seinen Lernprozess als gelungen (Selbstregulation (S)). Die Zusammenarbeit mit sonderpädagogischen Lehrkräften wird insgesamt sehr geschätzt, da der Lehrer dadurch neue Impulse für die Arbeit in heterogenen Lerngruppen bekomme (Organisationswissen inklusiv (OW+)).

Verlauf der Fortbildung
Im Verlauf der Fortbildung schätze der Lehrer sehr die kennengelernten Möglichkeiten, um mathematische Defizite spielerisch aufzubereiten, sowie die Möglichkeit, allen Schülerinnen und Schülern einen Zugang zu und die Mitarbeit im Kontext der Unterrichtsreihe zum Thema Flächen ermöglichen zu können (pädagogisches Wissen inklusiv (PW+), fachdidaktisches Wissen inklusiv (FDW+)). Das Fördern und Fordern sowie das Anliegen, allen Schülerinnen und Schüler gerecht werden zu können, sei dem Lehrer dabei ebenfalls wichtig (Überzeugungen inklusiv (Ü+)).

Der Lehrer plane daraufhin, sehr viel Wert auf Anschaulichkeit und einen handelnden Zugang zu legen, wobei für den Lehrer das Fokussieren der Versprachlichung von Inhalten, auch mit Blick auf die kennengelernten diagnostischen Interviews, von Bedeutung sei (pädagogisches Wissen inklusiv (PW+), fachdidaktisches Wissen inklusiv (FDW+)). Schließlich plane der Lehrer den Einsatz von Learning Apps und der App PhotoMath (pädagogisches Wissen (PW), fachdidaktisches Wissen (FDW)) sowie das Ausprobieren verschiedener Formen des Team-Teachings (Organisationswissen inklusiv (OW+)). Die besondere Rolle der Sprache hebt der Lehrer erneut hervor, wenn er auf sprachliche Probleme einzelner Schülerinnen und Schüler und die Verbindung zum Verständnis von Aufgaben eingeht (fachdidaktisches Wissen inklusiv (FDW+)), sodass der Lehrer insbesondere das individuelle Lernen der Schülerinnen und Schüler fokussiert. Einige der geplanten Aspekte habe er jedoch nicht umsetzen können, da aufgrund anderer schulischer Verpflichtungen eine hohe Auslastung vorgeherrscht habe (Selbstregulation (S)).

Ende der Veranstaltung
Gegen Ende der Veranstaltung reflektiert der Lehrer, dass er vor der Fortbildung im inklusiven Mathematikunterricht eher geschlossene Aufgaben eingesetzt habe, und dass zusätzliche Übungen für schnelle Schülerinnen und Schüler zum Einsatz gekommen seien (pädagogisches Wissen inklusiv (PW+), fachdidaktisches

Wissen inklusiv (FDW+)). Im Gegensatz dazu habe zum späteren Zeitpunkt vor allem offene Aufgaben eingesetzt (fachdidaktisches Wissen inklusiv (FDW+)). Dadurch fokussiert der Lehrer auf einen zentralen Gedanken eines inklusiven Mathematikunterrichts (siehe auch Abschn. 2.6). Methodisch setze er auch darauf, dass die Schülerinnen und Schüler sich gegenseitig helfen (pädagogisches Wissen inklusiv (PW+)). Dabei sei inklusiver Mathematikunterricht für ihn auch dadurch gekennzeichnet, dass Barrieren überwunden werden können, um der wachsenden Heterogenität und insbesondere Schülerinnen und Schülern mit sonderpädagogischem Unterstützungsbedarf gerecht werden zu können (Überzeugungen inklusiv (Ü+)). Für das Überwinden von Barrieren benennt er beispielsweise Materialien und Medien (pädagogisches Wissen inklusiv (PW+)), ohne dies weiter zu konkretisieren.

6.2.5.2 Lernweg von Lehrkraft 16 (Typ IV Fall b)

Lehrkraft 16 ist männlich, Mathematiklehrkraft, verfügt über mehr als 15 Jahre Erfahrung im Mathematikunterricht und hat Mathematik studiert. Der Lernweg dieser Lehrkraft ist vor allem durch die durchgehend zentrale Bedeutung des pädagogischen Wissens (PW) gekennzeichnet und weist im Vergleich zu Lehrkraft 15 an dieser Stelle keinen Fokuswechsel auf. Im Verlauf der Fortbildung kommt außerdem das fachdidaktische Wissen (FDW) und gegen Ende das Organisationswissen (OW) zum Tragen. Das entsprechende Profil ist in Abbildung 6.13 dargestellt und es folgt eine Beschreibung der identifizierten Inhalte der einzelnen Kompetenzbereiche.

Beginn der Fortbildung
Zu Beginn der Fortbildung möchte der Lehrer neue Methoden für den Mathematikunterricht kennenlernen und verstehen, wie Schülerinnen und Schüler mit sonderpädagogischem Unterstützungsbedarf denken (pädagogisches Wissen inklusiv (PW+)). Dabei sollen alle Schülerinnen und Schüler mit Freude und auf ihrem jeweiligen Leistungsniveau lernen können (Überzeugungen inklusiv (Ü+)).

Für den Lehrer stehe die Schaffung einer angenehmen Lernatmosphäre im Vordergrund, welche für ihn eine Grundbedingung für guten Unterricht darstelle (pädagogisches Wissen (PW)). Er plane die Öffnung des Unterrichts, den Einsatz einer Lernstraße und möchte verschiedene neu kennengelernte Methoden und Rituale ausprobieren (pädagogisches Wissen inklusiv (PW+)). Dabei fokussiert er vor allem auf Diagnose- und Fördermöglichkeiten für einzelne Schülerinnen und Schüler (pädagogisches Wissen inklusiv (PW+), fachdidaktisches Wissen inklusiv (FDW+)). Bezogen auf die Arbeit in einer großen Klasse stelle dies für den Lehrer aktuell noch eine Herausforderung dar (Selbstregulation

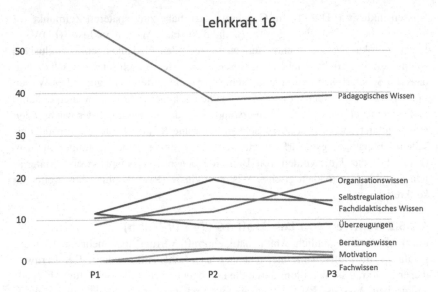

Abbildung 6.13 Profil Lehrkraft 16 (Typ IV Fall b; relative Häufigkeiten (in %) der Kompetenzbereiche zu Beginn der Fortbildung (P1), im Verlauf der Fortbildung (P2) und gegen Ende der Fortbildung (P3))

inklusiv (S+)). Schließlich wird die Zusammenarbeit mit den Kolleginnen und Kollegen positiv bewertet, und der Lehrer wünscht sich mehr Doppelbesetzung (Organisationswissen inklusiv (OW+)).

Verlauf der Fortbildung
Im Verlauf der Fortbildung plane der Lehrer mehrere Lernstraßen und berichtet davon, diese im Unterricht, zum Beispiel zu den Themen Rationale Zahlen und Zinsrechnung eingesetzt zu haben (pädagogisches Wissen (PW), fachdidaktisches Wissen (FDW)). Durch die Fortbildungsteilnahme habe er insbesondere etwas über Diagnose- und Fördermöglichkeiten dazu gelernt (pädagogisches Wissen inklusiv (PW+), fachdidaktisches Wissen inklusiv (FDW+)). Außerdem sei er offener geworden für eine Prozessorientierung statt einer Ergebnisorientierung, sodass er mehr die individuelle Begleitung der Schülerinnen und Schüler fokussiere, ebenso wie eine individuelle Leistungsbewertung (pädagogisches Wissen inklusiv (PW+), Überzeugungen inklusiv (Ü+), Selbstregulation inklusiv (S+)). Von besonderer Bedeutung seien für ihn auch die kennengelernten Möglichkeiten zur Sicherung von Verstehensgrundlagen und zum Aufbau von

Grundvorstellungen (fachdidaktisches Wissen inklusiv (FDW+)). Damit fokussiert der Lehrer insbesondere auch auf Aspekte des individuellen Lernens, die im Kontext eines inklusiven Mathematikunterrichts von besonderer Bedeutung sind (siehe Abschn. 2.6). Erfolgserlebnisse der Schülerinnen und Schüler empfinde der Lehrer auch für sich selbst als Gewinn (Selbstregulation (S)).

In der Zusammenarbeit mit einer sonderpädagogischen Lehrkraft schätze er insbesondere deren Erfahrung im Umgang mit leistungsschwachen Schülerinnen und Schülern (pädagogisches Wissen inklusiv (PW+), Organisationswissen inklusiv (OW+)). Im Unterricht seien beide Lehrkräfte für alle Schülerinnen und Schüler verantwortlich, und der Lehrer habe durch die Zusammenarbeit einen Blick für das Ganzheitliche bekommen und fokussiere nicht mehr so sehr ausschließlich auf fachliches Wissen (Organisationswissen inklusiv (OW+), Überzeugungen inklusiv (Ü+)).

Obwohl er schon differenzierte Klassenarbeiten geschrieben habe, sei der Lehrer an weiteren Möglichkeiten zur individuellen Leistungsbewertung interessiert (pädagogisches Wissen inklusiv (PW+)). Von besonderer Bedeutung sei für ihn weiterhin eine gute Lernatmosphäre, und er lege viel Wert auf eine persönliche Beziehung zu den Schülerinnen und Schülern, wobei diese aus seiner Sicht für die individuelle Förderung sehr wichtig sei (pädagogisches Wissen inklusiv (PW+), Beratungswissen inklusiv (BW+)). Damit fokussiert der Lehrer weiter insbesondere Aspekte des individuellen Lernens. Insgesamt sei er mit seinem Lernfortschritt zufrieden, sehe aber noch weitere Entwicklungsmöglichkeiten und sei offen für Neues (Selbstregulation inklusiv (S+), Motivation inklusiv (M+)). Außerdem sei ihm der Satz „Inklusion ist dann gelungen, wenn keiner mehr darüber spricht" in Erinnerung geblieben (Überzeugungen inklusiv (Ü+)).

Ende der Fortbildung
Gegen Ende der Fortbildung habe der Lehrer gemeinsam mit der sonderpädagogischen Lehrkraft eine Selbsteinschätzung mit den Schülerinnen und Schülern durchgeführt und nutze entsprechende Ergebnisse für die weitere individuelle Förderung (pädagogisches Wissen inklusiv (PW+), fachdidaktisches Wissen inklusiv (FDW+), Organisationswissen inklusiv (OW+)). Weiterhin steht der Lehrer vor der Herausforderung, individuelle Leistungen zu bewerten (pädagogisches Wissen inklusiv (PW+)). Als gewinnbringend empfinde er die Arbeit mit von ihm selbsterstellten Lernvideos, weil sie die Schülerinnen und Schüler unter anderem besonders motivieren würden (pädagogisches Wissen (PW)).

Im Rahmen der Fortbildung habe er des Weiteren ein verändertes Bewusstsein dafür entwickelt, dass Schülerinnen und Schüler verschiedene individuelle

Zugänge zu einem Thema benötigen und dass es wichtig sei, Verstehensgrundlagen zu sichern (fachdidaktisches Wissen inklusiv (FDW+), Überzeugungen inklusiv (Ü+), Selbstregulation inklusiv (S+)). Außerdem verstehe er sich selbst im Vergleich zum Zeitpunkt vor der Fortbildung nun mehr als Lernbegleiter und Beobachter (Überzeugungen inklusiv (Ü+), Selbstregulation inklusiv (S+)). Für die persönliche Weiterentwicklung sei für den Lehrer die Hospitation der Fortbildenden im Unterricht sehr wichtig gewesen (Organisationswissen inklusiv (OW+), Selbstregulation inklusiv (S+)). Schließlich plane er die Weitergabe der Erkenntnisse aus der Fortbildung in der Fachkonferenz Mathematik und eine Verankerung im Schulkonzept (Organisationswissen (OW)). Im Rückblick auf die Gestaltung seines inklusiven Unterrichts vor Beginn der Fortbildung, stellt er heraus, dass er mehr Frontalunterricht und weniger offenere Unterrichtsformen eingesetzt habe (pädagogisches Wissen inklusiv (PW+)).

6.3 Mögliche Erklärungen für typische Lernwege durch Verbindungen zum Fortbildungsinhalt

In diesem Kapitel steht die dritte Forschungsfrage *Welche Verbindungen zwischen Fortbildungsinhalten und typischen Lernwegen der Lehrkräfte lassen sich identifizieren?* im Vordergrund. Um diese zu beantworten, werden in den beiden folgenden Unterkapiteln die Antworten auf die Forschungsfragen 3a und 3b gegeben, indem auf die mögliche Erklärung der Lernwege vor dem Hintergrund des Fortbildungsinhaltes und auf den Lerntransfer eingegangen wird.

6.3.1 Verbindungen zwischen typischen Lernwegen und Fortbildungsinhalt

Dieses Kapitel fokussiert auf die Beantwortung der Forschungsfrage 3a *Inwiefern können mögliche Erklärungen für die typischen Lernwege der Lehrkräfte unter Berücksichtigung des Fortbildungsinhalts angegeben werden?* und dafür kann Folgendes zunächst festgehalten werden: Die Fortbildungsinhalte adressieren vor allem die Kompetenzbereiche pädagogisches Wissen (PW), fachdidaktisches Wissen (FDW), Organisationswissen (OW) und Selbstregulation (S) und diese Kompetenzbereiche werden von den Lehrkräften auch am häufigsten (über alle Typen hinweg) verwendet. Die Anlage der vorliegenden empirischen Studie ermöglicht keine Aussage über kausale Zusammenhänge, doch eine identifizierte Verbindung zwischen typischen Lernwegen und Fortbildungsinhalten kann Erklärungsmöglichkeiten für die Lernwege der Lehrkräfte aufzeigen. Wird ein genauerer Blick auf die einzelnen Lehrkräfte geworfen, so wird zunächst betrachtet, ob sich mögliche Erklärungen für den Verlauf der Lernwege (z. B. Fokusverschiebungen) der Lehrkräfte zeigen. Anschließend wird herausgearbeitet, inwiefern diese möglichen Erklärungen eine Verbindung zum Fortbildungsinhalt beziehungsweise zum gesamten Kontext der Fortbildung aufweisen. Dabei wird betrachtet, inwiefern das jeweils Charakteristische des Lernwegs der einzelnen Lehrkraft eine Verbindung zum Fortbildungsinhalt aufweist, sodass in den folgenden möglichen Erklärungen nicht alle Einzelheiten des jeweiligen Lernwegs wieder aufgegriffen werden (siehe dafür Abschn. 6.2). Die Verbindung zu den Lerngelegenheiten der Fortbildung kann entweder über eine konkrete Benennung der Fortbildungsinhalte durch die Lehrkräfte selbst nachvollzogen werden, oder in den rekonstruierten Lernwegen der Lehrkräfte lassen sich zentrale Fortbildungsinhalte basierend auf der bisherigen Analyse identifizieren – beide Optionen werden für die folgenden Ausführungen herangezogen.

Lernweg von Lehrkraft 18 (Typ I Fall a)
Zu Beginn der Fortbildung greift die Lehrerin insbesondere Inhalte der Lerngelegenheiten auf, die die Kompetenzbereiche pädagogisches Wissen (PW) und fachdidaktisches Wissen (FDW) adressieren. Beispielsweise fokussiert sie auf den Einsatz offener Aufgabenstellungen und handlungsorientierter Materialien (pädagogisches Wissen inklusiv (PW+), fachdidaktisches Wissen inklusiv (FDW+)), die unter anderem im Rahmen eines Vortrags zu Inklusion im Mathematikunterricht und in den verschiedenen Workshops in Modul 1 thematisiert wurden. Außerdem berichtet die Lehrerin von der Umsetzung der vorgestellten Ideen des Classroom Managements und einer inspirierenden Auseinandersetzung mit dem Thema Inklusion in der Fortbildung (pädagogisches Wissen (PW), Überzeugungen inklusiv (Ü+)).

Im Verlauf der Fortbildung betont die Lehrerin unter anderem Differenzierungsmöglichkeiten und reflektiert über die Zoo-Aufgabe, die sie in der Fortbildung insbesondere im Rahmen einer Aktivität kennengelernt hat (pädagogisches Wissen inklusiv (PW+), fachdidaktisches Wissen inklusiv (FDW+)). Vor dem Hintergrund der Auseinandersetzung mit diagnostischen Interviews in der Fortbildung (in verschiedenen Lerngelegenheiten) lässt sich im Lernweg der Lehrerin vor allem ein deutlicher Bezug zur Bedeutung der folgenden Aspekte in ihrem inklusiven Mathematikunterricht herstellen: Versprachlichung von mathematischen Inhalten zum Verstehen der Denkweisen der Schülerinnen und Schüler und Festigen von Grundrechenarten (fachdidaktisches Wissen inklusiv (FDW+)).

Darüber hinaus benennt sie auch Inhalte der Lerngelegenheiten zum Förderkurs „Zahlenjongleur" und zum lernförderlichen Einsatz von Medien, da sie auf
Materialien für den Förderkurs und Learning Apps explizit eingeht (pädagogisches Wissen (PW), fachdidaktisches Wissen inklusiv (FDW+)). An mehreren
Stellen des Lernwegs ist außerdem ein Bezug zum gewinnbringenden Austausch mit Kolleginnen und Kollegen im Rahmen der Fortbildung identifizierbar
(Organisationswissen inklusiv (OW+)).

Gegen Ende der Fortbildung äußert die Lehrerin weiterhin zentrale Inhalte der
Fortbildung insgesamt, zum Beispiel die Versprachlichung, handlungsorientierte
Unterrichtsphasen sowie die Festigung von Basiskompetenzen (fachdidaktisches
Wissen inklusiv (FDW+)). Sie geht jedoch auch darauf ein, dass sie, aufgrund
veränderter Rahmenbedingungen an der Schule, momentan nicht im inklusiven
Mathematikunterricht eingesetzt ist, sich aber trotzdem die Inhalte der Fortbil-
dung immer wieder in Erinnerung ruft (Organisationswissen inklusiv (OW+),
Selbstregulation inklusiv (S+)).

*Insgesamt gibt es Hinweise dafür, dass die Fokussierung der Lehrerin auf die
Inhalte der Kompetenzbereiche pädagogisches Wissen (PW) und fachdidaktisches
Wissen (FDW) – auf Letzteres insbesondere im Verlauf der Fortbildung – auf die
Fortbildungsinhalte zurückgeführt werden kann. Dabei benennt die Lehrerin explizit
zentrale Aspekte der Gestaltung inklusiven Mathematikunterrichts, wie sie auch in
der Fortbildung thematisiert wurden.*

Lernweg von Lehrkraft 3 (Typ I Fall b)
Zu Beginn der Fortbildung setzt der Lehrer sich vor dem Hintergrund des
Fortbildungsinhaltes (vor allem mit Blick auf die Lerngelegenheiten Arbeit
im Schulteam zur Planung der gemeinsamen Weiterarbeit und dem Vortrag
zur Inklusion im Mathematikunterricht) mit dem Einsatz von offenen Aufgabenstellungen (fachdidaktisches Wissen inklusiv (FDW+)) und der geplanten
weiteren Zusammenarbeit mit der sonderpädagogischen Lehrkraft (Organisationswissen inklusiv (OW+)) auseinander. Zentral sind für ihn auch Aspekte des
Classroom Managements (pädagogisches Wissen (PW)) und der Einsatz von Differenzierungsmatrizen in der Unterrichtsplanung (pädagogisches Wissen inklusiv
(PW+)).

Im Verlauf der Fortbildung reflektiert der Lehrer zunächst über positive Erfahrungen aus dem Unterricht durch das Ausprobieren methodischer Ideen aus der
Fortbildung und er geht darauf ein, dass er entsprechende Erkenntnisse ins Kollegium weitergeben möchte (pädagogisches Wissen (PW), Organisationswissen
(OW)). Folgende Fortbildungsinhalte, die im Rahmen verschiedener Lerngelegenheiten in unterschiedlichen Fortbildungsmodulen thematisiert wurden (z. B.

im Zuge der Aktivität zur Planung und Gestaltung von inklusivem Mathematikunterricht als auch zu diagnostischen Interviews) sind für die Gestaltung eines inklusiven Mathematikunterrichts für den Lehrer von besonderer Bedeutung: Balance von individuellem und gemeinsamem Lernen, Sicherung von Verstehensgrundlagen, Rolle von Grundvorstellungen und Lernen am gemeinsamen Gegenstand (fachdidaktisches Wissen inklusiv (FDW+)). Schließlich geht der Lehrer auch auf den Austausch mit Kolleginnen und Kollegen, kennengelernte Formen des Team-Teachings und das Konkretisieren eigener Ziele vor dem Hintergrund der Fortbildungsteilnahme ein (Organisationswissen inklusiv (OW+), Selbstregulation (S)).

Gegen Ende der Fortbildung berichtet er von Veränderungen in seinem inklusiven Mathematikunterricht, die einerseits auf Materialien aus der Fortbildung sowie andererseits auf zentrale Ideen, die in der Fortbildung vermittelt wurden, zurückgeführt werden können (pädagogisches Wissen (PW), fachdidaktisches Wissen inklusiv (FDW+)). Die besondere Fokussierung auf Aspekte des Organisationswissens (OW) ist vor allem darin begründet, dass der Lehrer gewonnene Erkenntnisse ins Kollegium weitergeben und die Zusammenarbeit mit seinen Kolleginnen und Kollegen verbessern möchte.

Insgesamt gibt es Hinweise darauf, dass die Fokusverschiebung – also die Abnahme der Bedeutung des pädagogischen Wissens (PW) und dafür die zunehmende Fokussierung auf fachdidaktisches Wissen (FDW) und Organisationswissen (OW) – vom Beginn zum Ende der Fortbildung auf die Fortbildungsinhalte zurückgeführt werden kann. Für den Lehrer ist die Weitergabe von zentralen Erkenntnissen durch die Fortbildungsteilnahme an seine Kolleginnen und Kollegen besonders bedeutsam.

Lernweg von Lehrkraft 9 (Typ II Fall a)

Zu Beginn der Fortbildung greift die Lehrerin Aspekte des Vortrags zu Inklusion im Mathematikunterricht (aus Modul 1) auf, indem sie über selbstdifferenzierende Aufgaben reflektiert (fachdidaktisches Wissen inklusiv (FDW+)). Zentral ist für sie jedoch, dass handlungsorientierte Materialien zunächst angeschafft und entsprechende Rahmenbedingungen an ihrer Schule hergestellt werden müssen (pädagogisches Wissen inklusiv (PW+), Organisationswissen inklusiv (OW+)). Vor dem Hintergrund fehlender Materialien reflektiert sie die Gestaltung ihres eigenen Unterrichts kritisch – insbesondere mit Blick auf die Frage, ob der von ihr durchgeführte Unterricht dem in der Fortbildung vermittelten Bild von inklusivem Unterricht entspricht (Überzeugungen inklusiv (Ü+), Selbstregulation inklusiv (S+)).

Im Verlauf der Fortbildung benennt die Lehrerin zwar weitere Inhalte aus der Fortbildung (z. B. die Bruchrechnung im Kontext des Workshops in Modul 3), reflektiert aber weiterhin über fehlende Materialien (pädagogisches Wissen inklusiv (PW+), fachdidaktisches Wissen inklusiv (FDW+)) und über mangelnde Erfahrung sowie über Herausforderungen in der Unterrichtsvorbereitung, um allen Schülerinnen und Schülern gerecht zu werden (Überzeugungen inklusiv (Ü+), Selbstregulation inklusiv (S+)).

Gegen Ende der Fortbildung äußert die Lehrerin ein Verständnis von inklusivem Mathematikunterricht, das sich mit zentralen fachdidaktischen Ideen, die in der Fortbildung zur Gestaltung eines inklusiven Mathematikunterrichts thematisiert wurden, deckt (fachdidaktisches Wissen inklusiv (FDW+), Überzeugungen inklusiv (Ü+)). Außerdem berichtet sie, dass fehlende Materialien nun vorhanden sind und ihr der Austausch auch mit den Fortbildenden geholfen hat, eigene Unsicherheiten zu überwinden (pädagogisches Wissen (PW), Organisationswissen inklusiv (OW+), Selbstregulation inklusiv (S+)).

Insgesamt scheint die Fokussierung der Lehrerin auf das Organisationswissen (OW) – als Charakteristikum von Typ II – auf Rahmenbedingungen an der Schule zurückzugehen. Verbindungen zum Fortbildungsinhalt zeigen sich insbesondere, wenn einzelne Ideen zur Gestaltung inklusiven Mathematikunterrichts aufgegriffen und vor dem Hintergrund der Einstellung zu inklusivem Unterricht und fehlender Materialien reflektiert werden.

Lernweg von Lehrkraft 1 (Typ II Fall b)
Der Lehrer geht zu Beginn der Fortbildung vor allem auf die Zusammenarbeit und den Austausch mit Kolleginnen und Kollegen ein (Organisationswissen inklusiv (OW+)). Einzelne Elemente der Lerngelegenheit zum Classroom Management lassen sich in seinen Äußerungen ebenfalls finden (pädagogisches Wissen (PW)). Zentral ist für den Lehrer ansonsten die Suche nach einer Alltagserleichterung, um Herausforderungen, die mit einem inklusiven Mathematikunterricht verbunden sind, besser begegnen zu können (Selbstregulation inklusiv (S+)).

Im Verlauf der Fortbildung benennt er vereinzelt erneut Ideen aus der Fortbildung, die er entweder umgesetzt hat, wie zum Beispiel die kennengelernte Zoo-Aufgabe (vor allem fachdidaktisches Wissen inklusiv (FDW+); Aktivität in Modul 2), oder die er plant umzusetzen, wie zum Beispiel den Einsatz der Apps (vor allem pädagogisches Wissen (PW); Workshops in Modul 4). Des Weiteren ist die bisherige Zusammenarbeit zwischen sonderpädagogischer und Fachlehrkraft für ihn von zentraler Bedeutung und weiterhin geplant (Organisationswissen inklusiv (OW+)).

Die durchgängige Fokussierung auf die Zusammenarbeit zwischen sonderpäd-agogischer und Fachlehrkraft bleibt auch gegen Ende der Fortbildung aufrecht-erhalten (Organisationswissen inklusiv (OW+)), sodass der Lehrer insbesondere darüber reflektiert, dass er seinen inklusiven Mathematikunterricht so wie vor der Fortbildung gestaltet, sich dabei jedoch weniger als Einzelkämpfer sieht (Überzeugungen inklusiv (Ü+), Selbstregulation inklusiv (S+)).

Insgesamt gibt es Hinweise darauf, dass die Fokussierung des Lehrers auf das Organisationswissen (OW) – als Charakteristikum von Typ II – im gesamten Fortbildungsverlauf auf die Zusammenarbeit zwischen sonderpädagogischer und Fachlehrkraft zurückgeführt werden kann, die im Kontext der Fortbildung ebenfalls von zentraler Bedeutung war. Andere Inhalte der Fortbildung werden eher beiläufig thematisiert.

Lernweg von Lehrkraft 2 (Typ III Fall a)
Zu Beginn der Fortbildung greift die Lehrerin verschiedene Inhalte der Fortbil-dung auf, indem sie über Strategien des Classroom Managements (pädagogisches Wissen (PW), Workshop in Modul 1) über zieldifferente Aufgaben (fachdidak-tisches Wissen inklusiv (FDW+), Vortrag in Modul 1) und über die in der Fortbildung vermittelte Einstellung gegenüber Inklusion (Überzeugungen inklusiv (Ü+), Vortrag in Modul 1) reflektiert.

Im Verlauf der Fortbildung sind erneut Verbindungen zum Fortbildungsinhalt verschiedener Lerngelegenheiten erkennbar, da die Lehrerin beispielsweise auf den erfolgreichen Einsatz der Zoo-Aufgabe (Modul 2) in ihrem Unterricht sowie auf Aspekte der Diagnose und Förderung (Modul 3) eingeht (fachdidaktisches Wissen inklusiv (FDW+)).

Gegen Ende der Fortbildung schaut die Lehrerin auf eine veränderte Gestal-tung ihres inklusiven Mathematikunterrichts zurück, sowohl mit Blick auf verschiedene Differenzierungsmöglichkeiten, als auch bezogen auf das gemein-same und individuelle Lernen (pädagogisches Wissen inklusiv (PW+), fach-didaktisches Wissen inklusiv (FDW+)). Im Sinne der Schulentwicklung und der weiteren Arbeit im inklusiven Mathematikunterricht benennt die Lehrerin auch die Zusammenarbeit mit den Fortbildenden und die Absprachen zwischen sonderpädagogischer und Fachlehrkraft (Organisationswissen inklusiv (OW+)).

Insgesamt gibt es Hinweise darauf, dass insbesondere die Fokussierung auf das fachdidaktische Wissen (FDW) – als Charakteristikum von Typ III – im Verlauf der Fortbildung auf in der Fortbildung kennengelernte Inhalte zurückgeführt werden kann. Dabei fokussiert die Lehrerin auf zentrale Elemente der Gestaltung inklu-siven Mathematikunterrichts wie beispielsweise Diagnose und Förderung und das individuelle und gemeinsame Lernen.

Lernweg von Lehrkraft 20 (Typ III Fall b)

Die Fokussierung der Lehrerin auf Aspekte des pädagogischen Wissens (PW) und des Organisationswissens (OW) zu Beginn der Fortbildung ist verbunden mit einer Benennung der Fortbildungsinhalte zum Austausch mit Kolleginnen und Kollegen, zur Unterrichtsplanung und zum Umgang mit Heterogenität im Allgemeinen (Vorträge und Workshops in Modul 1).

Im Verlauf der Fortbildung können einzelne Elemente im Lernweg der Lehrerin identifiziert werden, die eine Verbindung zu Lerngelegenheiten der Fortbildung aufweisen, vor allem mit Blick auf eine Handlungsorientierung und Learning Apps (z. B. Modul 2 und 4). Ihr Fokus auf fachdidaktisches Wissen (FDW) in dieser Phase geht jedoch vor allem auf die beiden folgenden Aspekte zurück, die zentrale Ideen aus der Fortbildung mit Blick auf die Gestaltung von inklusivem Mathematikunterricht widerspiegeln. Zum einen reflektiert sie kritisch den Aufbau einzelner Grundvorstellungen bei Schülerinnen und Schülern mit sonderpädagogischem Unterstützungsbedarf und einen zielgleichen Unterricht, zum anderen greift sie selbstdifferenzierende Aufgaben und gemeinsame Einstiege auf (fachdidaktisches Wissen inklusiv (FDW+)).

Gegen Ende der Fortbildung gewinnen Inhalte des pädagogischen Wissens (PW) für die Lehrerin wieder an Bedeutung, wie zum Beispiel äußere Differenzierungsmaßnahmen und die methodische und materielle Gestaltung von Unterricht. Verbindungen zum Fortbildungsinhalt sind vor allem mit Blick auf die Zusammenarbeit von sonderpädagogischer und Fachlehrkraft erkennbar (Organisationswissen inklusiv (OW+)).

Insgesamt gibt es Hinweise darauf, dass die besondere Fokussierung auf das fachdidaktische Wissen (FDW) – als Charakteristikum von Typ III – im Verlauf der Fortbildung auf die in der Fortbildung kennengelernten Inhalte zur Gestaltung inklusiven Mathematikunterrichts zurückgeführt werden kann. Weitere Verbindungen zu anderen Fortbildungsinhalten zu Beginn und am Ende der Fortbildung sind zwar vorhanden, aber weniger prägnant.

Lernweg von Lehrkraft 15 (Typ IV Fall a)

Zu Beginn der Fortbildung fokussiert der Lehrer auf Differenzierungsmöglichkeiten und Elemente der methodischen Gestaltung von Unterricht, die keine konkrete Verbindung zum Fortbildungsinhalt erkennen lassen (pädagogisches Wissen inklusiv (PW+)). Eine Verbindung zum Fortbildungsinhalt ist jedoch dann gegeben, wenn er beispielsweise den erfolgreichen Einsatz einer Unterrichtsreihe zur Prozentrechnung und die Zusammenarbeit mit Kolleginnen und Kollegen thematisiert (pädagogisches Wissen inklusiv (PW+), fachdidaktisches Wissen inklusiv (FDW+), Organisationswissen inklusiv (OW+); Arbeit im Schulteam und Workshop in Modul 1).

Im Verlauf der Fortbildung benennt der Lehrer viele verschiedene Aspekte, die eine Verbindung zu unterschiedlichen Lerngelegenheiten der Fortbildung aufweisen. Zum Beispiel reflektiert er positiv über die Zoo-Aufgabe, handlungsorientierte Zugänge, die Versprachlichung von Inhalten, den Einsatz von Apps und das geplante Ausprobieren von Formen des Team-Teachings (pädagogisches Wissen inklusiv (PW+), fachdidaktisches Wissen inklusiv (FDW+) und Organisationswissen inklusiv (OW+)). Dabei sind insbesondere Verbindungen zu verschiedenen Vorträgen, Aktivitäten und Workshops der Module 2, 3 und 4 erkennbar.

Gegen Ende der Fortbildung reflektiert der Lehrer beispielsweise, dass vor der Fortbildung eher geschlossene Aufgaben und methodische Differenzierungsmöglichkeiten von ihm eingesetzt wurden, während er nach der Fortbildung vor allem offene Aufgaben einsetzt (pädagogisches Wissen inklusiv (PW+), fachdidaktisches Wissen inklusiv (FDW+)). Die Wahrnehmung des Lehrers von Heterogenität als Chance weist ebenfalls eine Verbindung zu in der Fortbildung vermittelten Einstellungen gegenüber inklusivem Mathematikunterricht auf (Überzeugungen inklusiv (Ü+)).

Insgesamt greift der Lehrer viele verschiedene Inhalte der Fortbildung auf. Zentrale Aspekte zur Gestaltung inklusiven Mathematikunterrichts benennt er vor allem im Verlauf der Fortbildung. Die Fokussierung auf das pädagogische Wissen (PW) – als Charakteristikum von Typ IV – zu Beginn der Fortbildung kann jedoch eher weniger mit den Fortbildungsinhalten in Verbindung gebracht werden.

Lernweg von Lehrkraft 16 (Typ IV Fall b)

Zu Beginn der Fortbildung sind für den Lehrer vor allem Inhalte des pädagogischen Wissens (PW) von Bedeutung, einerseits zum Beispiel mit Blick auf die Schaffung einer angenehmen Lernatmosphäre – ein Gedanke, der keine direkte Verbindung zum Fortbildungsinhalt erkennen lässt – sowie andererseits zum Beispiel im Kontext des Ausprobierens von neu kennengelernten Methoden und Ritualen – ein Aspekt, der eine Verbindung zum Workshop des Classroom Managements in Modul 1 aufweist.

Im Verlauf der Fortbildung reflektiert er insbesondere seine Einstellung gegenüber Inklusion im Sinne der Fortbildung (Überzeugungen inklusiv (Ü+)). Eine weitere Verbindung zum Fortbildungsinhalt (zum Beispiel zu den Inhalten zu diagnostischen Interviews, Modul 3) greift der Lehrer dadurch auf, dass er insbesondere etwas über Diagnose- und Fördermöglichkeiten dazu gelernt hat (pädagogisches Wissen inklusiv (PW+), fachdidaktisches Wissen inklusiv (FDW+)).

Gegen Ende der Fortbildung beschreibt er seine Gedanken mit Blick auf die Bewertung von individuellen Leistungen und die Arbeit mit selbsterstellten Lernvideos (pädagogisches Wissen inklusiv (PW+)), die keine direkte Verbindung zum Fortbildungsinhalt erkennen lassen. Eine Verbindung zum Fortbildungsinhalt ist jedoch dann erkennbar, wenn der Lehrer auf sein verändertes Bewusstsein für die Notwendigkeit von individuellen Zugängen für Schülerinnen und Schüler zu einem Thema und seine persönliche Weiterentwicklung eingeht (fachdidaktisches Wissen inklusiv (FDW+), Überzeugungen inklusiv (Ü+), Selbstregulation inklusiv (S+)).

Insgesamt fokussiert der Lehrer durchgehend auf Aspekte des pädagogischen Wissens (PW) – als Charakteristikum Typ von IV –, die teilweise eine Verbindung zum Fortbildungsinhalt erkennen lassen. Einzelne fachdidaktische Elemente zur Gestaltung inklusiven Mathematikunterrichts werden ebenfalls aufgegriffen. Von besonderer Bedeutung ist auch die von ihm beschriebene persönliche Entwicklung im Rahmen der Fortbildungsteilnahme.

Zusammenfassung

Obwohl die Veränderungen der Lehrkräfte insgesamt sehr vielfältig sind, können einige der Fokusverschiebungen zwischen verschiedenen Kompetenzbereichen sowie Fokussierungen bestimmter Kompetenzbereiche mit Fortbildungsinhalten in Verbindung gebracht werden. Mit Blick auf die Erklärungsmöglichkeiten der Lernwege der Lehrkräfte vor dem Hintergrund ihrer Verbindung zu den Fortbildungsinhalten kann entlang der vier verschiedenen Typen Folgendes festgehalten werden: Die Lernwege der Lehrkräfte in Typ I sind insbesondere durch eine Orientierung an Aspekten des pädagogischen Wissens (PW), des fachdidaktischen Wissens (FDW) und des Organisationswissens (OW) gekennzeichnet. Die einzelnen Veränderungen können vor allem mit fachdidaktischen Inhalten einzelner Lerngelegenheiten aus der Fortbildung sowie mit dem Austausch und der Zusammenarbeit mit Kolleginnen und Kollegen in Verbindung gebracht werden. Interessant ist dabei auch, dass die Lehrkräfte zentrale Ideen zur methodischen und fachdidaktischen Gestaltung von inklusivem Mathematikunterricht aus der Fortbildung aufgreifen (beispielsweise im Sinne des Einsatzes von selbstdifferenzierenden Aufgaben). Die Lernwege der Lehrkräfte in Typ II kennzeichnen sich durch eine besondere Bedeutung des Organisationswissens (OW). Einige Elemente, wie die Zusammenarbeit zwischen sonderpädagogischer und Fachlehrkraft weisen dabei Bezüge zur Fortbildung auf, andere Elemente gehen hingegen auf Rahmenbedingungen an den jeweiligen Schulen der Lehrkräfte zurück. Die

Lernwege der Lehrkräfte in Typ III zeichnen sich insbesondere durch eine Fokussierung auf das fachdidaktische Wissen (FDW) aus. Anscheinend werden Inhalte zur Gestaltung inklusiven Mathematikunterrichts aus einer fachdidaktischen Perspektive insbesondere im Verlauf der Fortbildung für die Lehrkräfte bedeutsam. Die Lernwege der Lehrkräfte in Typ IV sind durch eine Fokussierung auf das pädagogische Wissen (PW) gekennzeichnet. Dabei lassen sich nur teilweise Verbindungen zum Fortbildungsinhalt identifizieren. Deutlichere Verbindungen zum Fortbildungsinhalt lassen sich auch bei den Lehrkräften in Typ IV eher in anderen Kompetenzbereichen, wie beispielswese dem fachdidaktischen Wissen (FDW) oder den Überzeugungen (Ü), erkennen. Unabhängig vom konkreten Typ, basieren die Erkenntnisse zu möglichen Verbindungen zwischen Fortbildungsinhalten und Lernwegen vor allem darauf, dass die Lehrkräfte davon berichten, dass sie – in der Wortwahl nach Bakkenes et al. (2010; siehe Abschn. 2.5.2) – etwas Neues ausprobiert haben und dass sie ihre eigene Praxis reflektieren.

Bezogen auf die Fortbildungsinhalte entlang der Lerngelegenheiten können außerdem folgende Punkte festgehalten werden: Die Lehrkräfte greifen im Detail vor allem auf die Inhalte zum pädagogischen Wissen (PW) und zum fachdidaktischen Wissen (FDW) zurück, die in verschiedenen Vorträgen, Aktivitäten und Workshops in der Fortbildung adressiert wurden. Besonders häufig finden sich Bezüge zu den Vorträgen und Aktivitäten der Module 1–4, die die konkrete Gestaltung von inklusivem Mathematikunterricht in den Blick nehmen – beispielsweise zur Unterrichtseinheit zum Thema Flächen und Flächeninhalt sowie zu diagnostischen Interviews. Einige Lehrkräfte fokussieren außerdem auf den Förderkurs „Zahlenjongleur" oder den Workshop zum Classroom Management. Bezogen auf die Inhalte des Organisationswissens (OW) greifen die Lehrkräfte nur selten im Detail einzelne Lerngelegenheiten auf (wie z. B. die Aktivität zu Formen des Co-Teachings), sondern berichten eher insgesamt von der gelungenen Zusammenarbeit im Schulteam und dem gewinnbringenden Austausch mit Kolleginnen und Kollegen.

6.3.2 Ergebnisse zu den Lerntransferaufträgen

Die Antworten der 20 in dieser Arbeit betrachteten Lehrkräfte auf die Lerntransferaufträge in Portfolio 5 und 8 sind bereits in die Kodierung für die Typenbildung eingeflossen. Zur Beantwortung der Forschungsfrage 3b *Welche Fortbildungsinhalte lassen sich in den Bearbeitungen der Lerntransferaufträgen identifizieren?* werden die Antworten der acht ausgewählten Lehrkräfte für die Lerntransferaufträge in Portfolio 5 und 8 (siehe Abschn. 5.2.4) jedoch näher analysiert. Für

beide Lerntransferaufträge liegen lediglich von Lehrkraft 3 (Typ I Fall b), Lehrkraft 16 (Typ IV Fall b) und Lehrkraft 18 (Typ I Fall a) Antworten vor, sodass
nicht für jeden Lernwege-Typ Lerntransferaufträge für diese Forschungsfrage
untersucht werden können. Da von diesen drei Lehrkräften zugleich besonders
umfangreiches Datenmaterial zur Verfügung steht (siehe auch Abschn. 5.2.6),
erscheint es gewinnbringend, der Forschungsfrage anhand ihrer Antworten weiter
nachzugehen.

Im Rahmen des Lerntransferauftrags in Portfolio 5 beschreiben die Lehrkräfte
selbst ein Schülerprofil mit Lernschwierigkeiten und Lernpotenzialen und geben
zusätzlich eine gemeinsame Lernsituation vor dem Hintergrund einer inhaltlichen
Einbindung der Schülerin bzw. des Schülers an (siehe Abschn. 5.2.4). Die Antworten der Lehrkräfte können wie folgt zusammengefasst werden: Lehrkraft 3
geht im Schülerprofil insbesondere darauf ein, dass Rechenstrategien nicht ver-
innerlicht worden seien und Unsicherheiten beim Multiplizieren und Dividieren
vorliegen würden. Lernpotenzial siehe der Lehrer darin, dass sich die Schülerin bzw. der Schüler gerne beteiligen würde und Hilfe annehme. Der Lehrer
schildert eine gemeinsame Lernsituation zur Einführung in das Thema Kreise
und legt dabei besonderen Wert auf eine handlungsorientierte Herangehensweise.
Lehrkraft 16 beschreibt eine ruhige und zurückhaltende Schülerin, die Schwierigkeiten bei der Zahlvorstellung und bei Grundrechenarten habe. Der Lehrer äußert
auch, dass es ihm schwerfalle, auf individuelle Schwierigkeiten der Schülerin einzugehen. Statt eine gemeinsame Lernsituation anzugeben, beschreibt der Lehrer,
dass er der Schülerin differenzierte Übungsaufgaben gebe, um Grundrechenarten
zu wiederholen, bevor sich die Schülerin mit dem Thema Gleichungen beschäftigen könne, auf das der Lehrer sich aktuell mit der Klasse vorbereite. Lehrkraft 18
beschreibt eine Schülerin oder einen Schüler mit sonderpädagogischem Unterstützungsbedarf im Förderschwerpunkt Lernen. Dabei geht die Lehrerin darauf ein,
dass die Schülerin bzw. der Schüler sowohl sprachliche Schwierigkeiten als auch
Probleme beim Operationsverständnis bezüglich der Subtraktion, Multiplikation
und insbesondere der Division zeige. Die Lehrerin beschreibt im Zuge des Auftrags zur Erläuterung einer gemeinsamen Lernsituation, dass der Schülerin bzw.
dem Schüler handlungsorientierte Aufgaben zum Beispiel bei der Prozentrechnung helfen würden, den Übergang von einer enaktiven auf eine symbolische
Ebene zu schaffen.

In den Beschreibungen der Schülerprofile lassen sich insbesondere Aspekte
der Diagnose erkennen, die in der Fortbildung vor allem im Zuge der diagnostischen Interviews thematisiert wurden, wie beispielsweise typische Schwierigkeiten mit Blick auf Rechenstrategien und Grundvorstellungen. Zur Gestaltung der
gemeinsamen Lernsituation greifen die Lehrkräfte beispielsweise die Ideen zur

Arbeit mit handlungsorientierten Materialien auf. Die Sicherung von Verstehensgrundlagen (z. B. thematisiert im Rahmen des ersten Fortbildungsmoduls) sowie die Möglichkeit, allen Schülerinnen und Schülern zum Beispiel durch Hilfestellungen einen Zugang zu einem Thema oder den Wechsel von Darstellungsformen zu ermöglichen (z. B. thematisiert im Rahmen des zweiten Fortbildungsmoduls), können ebenfalls als Fortbildungsinhalte in den Beschreibungen der gemeinsamen Lernsituationen identifiziert werden. Die Lerngelegenheiten, in denen explizit die Prozentrechnung fokussiert wurde, handlungsorientiertes Arbeiten im Vordergrund stand und der Fokus auf Diagnostik lag, werden von den drei Lehrkräften auch als Antwort auf die Frage angegeben, welche Fortbildungsinhalte zur Bearbeitung des Lerntransferauftrags von Bedeutung waren.

In Portfolio 8 erhielten die Lehrkräfte ein vorgegebenes Schülerprofil von Sophie (Ende Klasse 5). Die Lehrkräfte beschreiben daraufhin, wie Sophie in den gemeinsamen Unterricht eingebunden werden kann – anhand eines Themas, einer Unterrichtsphase, fachlicher Lernziele für Sophie und mit Blick auf die inhaltliche Gestaltung einer gemeinsamen Lernsituation (siehe Abschn. 5.2.4). Die Antworten der Lehrkräfte werden in Tabelle 6.3 zusammengefasst.

Interessanterweise greifen alle drei Lehrkräfte ein Thema aus dem Bereich „Bruchrechnung" auf. Eventuell besteht hier ein Zusammenhang zu den Inhalten von Fortbildungsmodul 3, da in diesem Kontext ebenfalls auf die Bruchrechnung eingegangen wurde. Das Thema könnte sich aus Sicht der Lehrkräfte auch anbieten, da die Vignette einen Einbezug von Sophie zu Beginn von Klasse 6 fordert. Insgesamt greifen alle drei Lehrkräfte handlungsorientierte Ideen auf und beschreiben Lernsituationen, die den Gedanken des Lernens am gemeinsamen Gegenstand widerspiegeln. Lehrkraft 18 gibt zusätzlich an, dass auch das Versprachlichen von Aufgaben als weiterer Fortbildungsinhalt sie bei der Bearbeitung der Portfolioaufgabe unterstützt habe. Damit können Verbindungen zwischen den Antworten der Lehrkräfte und verschiedenen Fortbildungsinhalten (aus unterschiedlichen Modulen und Lerngelegenheiten) auch im Lerntransferauftrag in Portfolio 8 ausgemacht werden.

Zusammenfassend kann festgehalten werden, dass die drei Lehrkräfte bei den beiden Lerntransferaufträgen insbesondere auf zentrale Ideen eines inklusiven Mathematikunterrichts Bezug nehmen, die in der Fortbildung thematisiert wurden. Darunter fallen diagnostische Interviews, handlungsorientiertes Arbeiten und das Lernen am gemeinsamen Gegenstand. Die Fortbildungsinhalte, die eine Verbindung zu den Lernwegen der Lehrkräfte aufweisen und für die Erklärungsmöglichkeiten der verschiedenen Lernwege herangezogen wurden (siehe Abschn. 6.3.1), finden sich damit auch in den Antworten der Lehrkräfte zu den Lerntransferaufträgen wieder, wobei insbesondere handlungsorientierte Ideen

Tabelle 6.3 Zusammenfassung der Antworten der Lehrkräfte zum Lerntransferauftrag in Portfolio 8

Antwort von	Zusammenfassung der Antwort
LK 3	• Einführung in das Thema Dezimalbrüche über das Messen von Körpergrößen • Sophie könne über den handelnden Zugang eventuell auch zur symbolischen Ebene übergehen und ihre gemessen Ergebnisse auf dem Zahlenstrahl (zwischen zwei natürlichen Zahlen) eintragen • alle Schülerinnen und Schüler würden an der gleichen Aufgabe arbeiten, aber womöglich erfolge bei einigen Schülerinnen und Schülern ein schnellerer Übergang zur symbolischen Ebene, und auch Vergleiche zwischen Dezimalbrüchen wären möglich • Einzel- und Gruppenarbeit
LK 16	• Unterrichtseinheit zum Rechnen mit Brüchen • mögliche Strukturierung des Themas (z. B. Beginn mit Bruchvorstellungen, über Erweitern und Kürzen, hin zu verschiedenen Operationen mit Brüchen) • methodische Gestaltung u. a. mittels digitaler Medien und Spielen • individuelle Förderung für Sophie durch langsames Vorgehen, Erschließen von Grundrechenarten, lebensnahe Bezüge und handlungsorientiertes Arbeiten
LK 18	• Einführung in die Bruchrechnung • Lernziele für Sophie: Bruchteile herstellen, darstellen und die Sprech- und Schreibweise dazu kennen und anwenden können • handlungsorientierte Herangehensweise in Gruppenarbeit (z. B. konkrete Objekte zerteilen) • Einsatz von Hilfekarten mit Formulierungshilfen

stärker zum Tragen kommen. Damit stützt die Analyse der Lerntransferaufträge die besondere Bedeutung der benannten Fortbildungsinhalte für die Lernprozesse der Lehrkräfte.

Diskussion 7

In diesem Kapitel werden zunächst die zentralen Ergebnisse kurz zusammengefasst und vor dem Hintergrund der theoretischen und empirischen Grundlagen der Arbeit kritisch reflektiert (Abschn. 7.1). Anschließend werden explizit die Limitationen der vorliegenden empirischen Studie diskutiert (Abschn. 7.2).

7.1 Zusammenfassung und kritische Reflexion

Die vorliegende Arbeit konzentriert sich auf die Frage, wie typische Lernprozesse von Lehrkräften im Rahmen einer Fortbildung zu inklusivem Mathematikunterricht aussehen und inwiefern diese Lernprozesse Verbindungen zum Fortbildungsinhalt aufweisen. Ausgangspunkt ist das Verständnis, dass Lernprozesse von Lehrkräften als Veränderungen im Wissen, in der Praxis oder in Überzeugungen aufgefasst werden können (Goldsmith et al., 2014, S. 7), wobei in der vorliegende Arbeit Veränderungen im Wissen und in affektiv-motivationalen Merkmalen untersucht wurden. Zur Beschreibung dieser Veränderungen wurde das Modell der professionellen Handlungskompetenz von Lehrkräften nach Baumert und Kunter (2006) weiterentwickelt. Ausgehend von erweiterten Anforderungen an Lehrkräfte durch inklusiven Mathematikunterricht ist dadurch das Modell der professionellen Handlungskompetenz von Lehrkräften für inklusiven Mathematikunterricht entstanden (Bertram, Albersmann & Rolka, 2020; siehe auch Kapitel 3). Die verschiedenen Kompetenzbereiche des Modells mit dem jeweiligen inklusiven Fokus wurden daraufhin als Kategorien für eine typenbildende qualitative Inhaltsanalyse verwendet (Mayring, 2010; Kuckartz, 2018; siehe auch Kapitel 5). Als Ergebnis haben sich vier verschiedene Typen ergeben, welche

J. Bertram, *Lernprozesse von Lehrkräften im Rahmen einer Fortbildung zu inklusivem Mathematikunterricht*, Essener Beiträge zur Mathematikdidaktik,
https://doi.org/10.1007/978-3-658-36797-8_7

die unterschiedlichen Lernwege der Lehrkräfte im Verlauf der Fortbildung charakterisieren. Es wird deutlich, dass die Lehrkräfte im Verlauf der Fortbildung auf unterschiedliche Kompetenzbereiche fokussieren (Typ I breit aufgestellt, Typ II Organisationswissen, Typ III fachdidaktisches Wissen und Typ IV pädagogisches Wissen). Für diese Fokussierungen lassen sich oftmals Verbindungen zu den Fortbildungsinhalten ausmachen, sodass es Hinweise gibt, dass die Lernwege der Lehrkräfte teilweise durch die Fortbildungsteilnahme erklärt werden können (siehe Kapitel 6).

Wie Wilson und Berne (1999) schon im Kontext des Lehrerlernens allgemein festhalten, wird Lehrerlernen teilweise als „Flickenteppich" bezeichnet, weil die Lerngelegenheiten für Lehrkräfte sehr vielfältig sind. Die vorliegende Arbeit gibt Hinweise auf die Schlussfolgerung, dass auch die Lernwege der Lehrkräfte sehr vielfältig sind und dass verschiedene Verbindungen zwischen den Lerngelegenheiten innerhalb einer Fortbildung und den Lernwegen der Lehrkräfte ausgemacht werden können (siehe Kap. 6). Die Verschiedenheit der Lernwege der Lehrkräfte deutet auf eine Heterogenität der Lehrkräfte hin, die bei der Gestaltung von Lehrerfortbildungen und zukünftigen Forschungen berücksichtigt werden sollten. Auch Blömeke et al. (2020) kamen in ihrer Studie zu der Schlussfolgerung, dass es wichtig sein könnte, die Heterogenität der Lehrkräfte stärker zu berücksichtigen (siehe Kap. 2). Dabei resultiert die Betrachtung der Heterogenität der Lehrkräfte bei Blömeke et al. (2020) aus einer Analyse der Kompetenzen zu einem bestimmten Zeitpunkt. Die vorliegende Arbeit ergänzt dieses Ergebnis um die Erkenntnis, dass die Lehrkräfte auch eine Heterogenität mit Blick auf Veränderungen im zeitlichen Verlauf einer Fortbildungsteilnahme aufweisen. Die Analyse typischer Lernwege hat somit unter anderem deren Verschiedenheit verdeutlicht. Ein konkreter Vorschlag, wie diese Verschiedenheit der Lernwege berücksichtigt werden kann, wird basierend auf den Ergebnissen der vorliegenden Arbeit, in Kapitel 8 betrachtet.

Neben der Betrachtung typischer Verläufe ist jedoch im Rahmen der Untersuchung gegenstandsbezogener Lernprozesse auch die Frage von Interesse, welche Hürden sich bei den Lehrkräften im Rahmen der Auseinandersetzung mit dem Fortbildungsgegenstand zeigen (vgl. Prediger, 2019a, S. 30; siehe Abschn. 2.2.2). Über die verschiedenen Typen hinweg konnten verschiedene kritische Stellen in der Auseinandersetzung mit dem Fortbildungsgegenstand ausgemacht werden, die wie folgt zusammengefasst werden können: Am Beispiel von Lehrkraft 18 (Typ I Fall a) zeigt sich, dass ein kleinschrittiges Vorgehen mit Blick auf das Vereinfachen von mathematischen Inhalten für lernschwache Schülerinnen und Schüler erfolgen kann. Vor dem Hintergrund, dass alle Schülerinnen und Schüler einen fachlichen Zugang zum Thema erhalten sollen, wird hier zum einen ein zentraler Gedanke inklusiven Mathematikunterrichts aufgegriffen (vgl. Hußmann & Welzel, 2018; vgl. Modul „Inklusiv und gemeinsam Mathematiklernen"). Hierbei ist es jedoch andererseits auch von Bedeutung, dass die Lehrkräfte dafür sensibilisiert werden, dass es auch für Schülerinnen und Schüler mit Lernschwierigkeiten wichtig ist, Strukturen und Gesamtzusammenhänge erkennen zu können und dass fachliche Inhalte nicht nur vereinfacht und kleinschrittig dargeboten werden (vgl. Scherer, 1995). Des Weiteren greifen einige Lehrkräfte das Lernen am gemeinsamen Gegenstand auf. Das Lernen am gemeinsamen Gegenstand nach Feuser (1989) geht mit dem Gedanken einher, dass ein zugrundeliegender Prozess, also ein fachlicher Kern, die Grundlage für ein gemeinsames Lernen liefern sollte (siehe auch Abschn. 2.6). Nicht immer wird aus den Äußerungen der Lehrkräfte ersichtlich, ob sie einen gemeinsamen fachlichen Kern für alle Schülerinnen und Schüler berücksichtigen und diesen vor dem Hintergrund unterschiedlicher Lernniveaus der Schülerinnen und Schüler thematisieren. Eventuell zeigt sich hier eine Hürde, die auch in den Arbeiten von Prediger et al. (2019) herausgestellt wurde: Die Organisation gemeinsamen Lernens auf unterschiedlichen Niveaustufen scheint für die Lehrkräfte besonders herausfordernd zu sein. Einige Lehrkräfte gehen außerdem auf äußere Differenzierungsmaßnahmen ein (Eberle et al., 2011; Leuders & Prediger, 2016). Es wird jedoch nicht immer deutlich, ob diese beispielsweise für eine fokussierte Förderung genutzt werden (nach Prediger, 2016, S. 363 f.) und damit als Teil der angestrebten Balance von individuellem und gemeinsamem Lernen aufgefasst werden können (Häsel-Weide & Nührenbörger, 2017, S. 15; Prediger, 2016, S. 362), oder ob aufgrund äußerer Differenzierungsmaßnahmen kein gemeinsames Lernen aller Schülerinnen und Schüler erfolgt. Es scheint deswegen wichtig zu sein, mit den Lehrkräften vermehrt Settings zu besprechen, in denen eine innere Differenzierung erfolgen kann. Eventuell ist die Thematisierung der natürlichen Differenzierung (Krauthausen & Scherer, 2010) am Beispiel mehrerer weiterer Lernumgebungen eine Möglichkeit, das gemeinsame Lernen aller Schülerinnen und Schüler verstärkt mit den Lehrkräften in den Blick zu nehmen. Berichte der Lehrkräfte zu bereits eingesetzten selbstdifferenzierenden Aufgaben können dafür beispielsweise als Ausgangspunkt angesehen werden. Interessant ist weiterhin, dass die Lehrkräfte, je nach Kontext beziehungsweise je nach konkreter Gegebenheit in der Schule, sowohl Gedanken äußern, die einem eher weiten als auch einem eher engen Inklusionsverständnis zuzuordnen sind (vgl. Löser & Werning, 2015, S. 17). Hier wird die Herausforderung deutlich, sowohl die fachliche Zugänglichkeit und soziale Teilhabe aller Schülerinnen und Schüler zu ermöglichen, als auch auf spezifische Förderbedarfe einzelner Schülerinnen und Schüler mit mathematischen

Lernschwierigkeiten einzugehen. Schließlich scheinen die Lernwege von äußeren Gegebenheiten, wie Doppelbesetzungen im Unterricht an den Schulen oder
auch fehlenden (handlungsorientierten) Materialien, beeinflusst zu werden.

Im Rahmen der Betrachtung potenzieller Hürden im Zuge der Auseinandersetzung mit inklusivem Mathematikunterricht wurde insbesondere eine
fachdidaktische Perspektive eingenommen, sodass dies vor allem Inhalte des fachdidaktischen Wissens inklusiv betrifft. Auch werden in den obigen Überlegungen
Inhalte der Kompetenzbereiche pädagogisches Wissen inklusiv, Organisationswissen inklusiv und Überzeugungen inklusiv ersichtlich. Vor dem Hintergrund
bisheriger Erkenntnisse zum Lehrerlernen können folgende Überlegungen angeschlossen werden. Einige Lehrkräfte benennen den Einsatz von selbstdifferenzierenden Aufgaben als gewinnbringend und dies durchaus in Verbindung mit dem
Fortbildungsinhalt. Wie auch in den Studien von Arbaugh und Brown (2005),
Boston (2013) sowie Bardy et al. (2019) scheinen damit Aufgaben für Schülerinnen und Schüler in Fortbildungen einen bedeutenden Zusammenhang mit dem
Lernen der Lehrkräfte, also mit der Entwicklung ihres fachdidaktischen Wissens, auch für inklusiven Mathematikunterricht, zu haben. Vor dem Hintergrund,
dass einige Lehrkräfte die Zusammenarbeit mit ihren Kolleginnen und Kollegen sehr wertschätzen, wird die Bedeutung der Kooperation unter Lehrkräften in
Zusammenhang mit dem Lehrerlernen (vgl. Goldsmith et al., 2014) auch in der
vorliegenden Arbeit sichtbar.

Während bereits darauf eingegangen wurde, in welchen Kompetenzbereichen insbesondere Veränderungen rekonstruiert werden konnten und wie dies im
Zusammenhang mit den theoretischen und empirischen Grundlagen dieser Arbeit
steht – vor allem im Kontext von inklusivem Mathematikunterricht und dem
fachdidaktischen Wissen – soll zuletzt das Fachwissen in den Blick genommen
werden. Das Fachwissen spielte, gemessen an der Häufigkeit der Kodierungen
(siehe Abschn. 6.2.1), in der vorliegenden Arbeit eine untergeordnete Rolle in den
Lernwegen der Lehrkräfte und es stellt sich die Frage, welche Gründe dafür ausgemacht werden können. Einerseits gibt es aus den großen Studien wie TEDS-M
oder COACTIV Hinweise auf einen engen Zusammenhang zwischen Fachwissen
und fachdidaktischem Wissen (Blömeke et al., 2010; Kunter et al., 2011, 2013).
Es wäre also möglich, dass das Fachwissen in Verknüpfung mit fachdidaktischem
Wissen in der vorliegenden Arbeit durchaus bedeutsam für die Lernwege der
Lehrkräfte ist. Andererseits wurde in dieser Arbeit auch auf eine Spezifizierung
des Fachwissens für inklusiven Mathematikunterricht verzichtet. Gerade vor dem
Hintergrund von an der Fortbildung teilnehmenden Lehrkräften, die das Fach
Mathematik unterrichten, es aber nicht studiert haben, wäre es jedoch interessant,
das Fachwissen noch einmal stärker in den Blick zu nehmen. Angesichts der

gemeinsamen Fortbildungsteilnahme von Regelschul- und sonderpädagogischen Lehrkräften kommt außerdem die Frage auf, ob nicht nur eine Konkretisierung des mathematischen Fachwissens, sondern auch eine Konkretisierung des sonderpädagogischen Fachwissens erfolgen und anschließend in den Lernwegen der Lehrkräfte identifiziert werden könnte.

Mit Blick auf die Untersuchungen der affektiv-motivationalen Merkmale kann geschlussfolgert werden, dass die Lehrkräfte das in der Fortbildung thematisierte Inklusionsverständnis teilen (Überzeugungen inklusiv), aber auch von Herausforderungen oder Belastungen berichten (Selbstregulation inklusiv). Durch beispielsweise die Fokussierung der Lehrkräfte auf eine Sicherung von Verstehensgrundlagen, beziehungsweise auf den Aufbau von Grundvorstellungen, sind Hinweise einer Verstehensorientierung statt einer Kalkülorientierung bei den Lehrkräften erkennbar – dies ist eine der Orientierungen, die auch Prediger und Buró (2021) betrachten. Hingegen konnten mit Blick auf beispielsweise die Selbstwirksamkeitserwartungen der Lehrkräfte (Teil des Kompetenzbereiches Motivation inklusiv) keine tieferen Einblicke gewonnen werden. Die Rolle der Fortbildung als Einflussfaktor für die Selbstwirksamkeit zur Gestaltung inklusiven Unterrichts und dessen Zusammenhang mit den Lernwegen der Lehrkräfte könnte in zukünftigen Untersuchungen fokussiert werden (z. B. ausgehend von den in Abschn. 3.4.3 aufgegriffenen Arbeiten).

Als Referenzrahmen zur Untersuchung der Lernprozesse von Lehrkräften wird in der internationalen Forschung oftmals auf das Modell von Clarke und Hollingsworth (2002) zurückgegriffen (siehe Abschn. 2.3.1). Daher werden die Ergebnisse der vorliegenden Arbeit an dieser Stelle vor dem Hintergrund der Frage betrachtet, inwiefern die bereits betrachteten Lernwege der Lehrkräfte mithilfe von *change sequences* beschrieben und erklärt werden können. *Change sequences* nach Clarke und Hollingsworth (2002) bezeichnen die Verbindungen zwischen verschiedenen Domänen (personal, external, practice, consequence) zur Betrachtung von Lehrerlernen. Das Modell der professionellen Handlungskompetenz von Lehrkräften für inklusiven Mathematikunterricht liefert insbesondere die Möglichkeit, Lernprozesse im Sinne einer Veränderung in Wissen und in affektiv-motivationalen Merkmale zu beschreiben (siehe Abschn. 6.2). Damit fokussiert diese Beschreibung der Lernwege auf Veränderungen innerhalb der *personal domain*. Die Frage danach, wie die Lernwege der Lehrkräfte durch Verbindungen zum Fortbildungsinhalt möglicherweise erklärt werden können (siehe Abschn. 6.3), nimmt das Zusammenspiel aus *external domain* (Einflüsse der Fortbildung) und *personal domain* (Veränderungen im Wissen und in affektiv-motivationalen Merkmalen) in den Blick.

Ähnlich wie bei Eichholz (2018) zeigt sich auch bei den Lernwegen der Lehrkräfte in dieser Arbeit, dass Ideen aus der Fortbildung (*external domain*) zunächst in der Praxis erprobt werden (*domain of practice*). Beispielsweise werden offene Aufgaben eingesetzt, Elemente des Classroom Managements getestet oder handlungsorientierte Materialien verwendet (z. B. Lehrkräfte 18 und 3). Teilweise können ausgehend von den berichteten Erprobungen im Unterricht auch Rückschlüsse dahingehend gezogen werden, dass die Lehrkräfte auch Veränderungen in der *domain of consequences* wahrnehmen, zum Beispiel wenn ein vermehrtes eigenständiges Arbeiten der Schülerinnen und Schüler erfolgt oder Aspekte der individuellen Förderung sowie Lernfortschritte bei einzelnen Schülerinnen und Schülern thematisiert werden. Diese Bezüge lassen sich in den Lernwegen der Lehrkräfte jedoch vergleichsweise selten identifizieren. Häufiger ist der Rückbezug zur *external domain* zum Beispiel aufgrund der Zusammenarbeit mit Kolleginnen und Kollegen und aufgrund weiterer neuer Eindrücke aus der Fortbildung erkennbar. Da die Reflexion der Inhalte der Fortbildung wiederum mit einer unterschiedlichen Fokussetzung der Lehrkräfte mit Blick auf die einzelnen Kompetenzbereiche einhergeht, stehen die *external domain* und *personal domain* in einem ständigen Wechselspiel.

Die Lehrkräfte, die besonders auf das Organisationswissen fokussieren (Typ II), verdeutlichen zwei weitere Verbindungen zwischen den einzelnen Domänen im Sinne des Modells von Clarke und Hollingsworth (2002). Einerseits beeinflussen äußere Rahmenbedingungen die Möglichkeiten zur konkreten Ausgestaltung des Unterrichts (*domain of practice*) und dienen dadurch auch als eine Art Filter für das, was die Lehrkräfte aus der Fortbildung mitnehmen (*external domain*), und inwiefern dies ihr Wissen und ihre Überzeugungen verändert (*personal domain*), beispielsweise bei Lehrkraft 9. Andererseits nehmen die Lehrkräfte Erfahrungen aus der Fortbildung mit (*external domain*) und reflektieren diese vor dem Hintergrund der eigenen Veränderungen und der Erfahrungen im Unterricht (*personal domain* und *domain of practice*). Daraufhin fokussieren sie auf die Weitergabe dieser Kenntnisse im Kollegium und die Zusammenarbeit mit Kolleginnen und Kollegen (z. B. Lehrkräfte 1 und 3), sodass sie für andere Lehrkräfte Teil von deren *external domain* werden können. An dieser Stelle gewinnen die Überlegungen von Prediger (2020) zur *collective domain* – also zu gemeinsamen Orientierungen und Praktiken der zusammenarbeitenden Lehrkräfte – an Bedeutung. Da die Lehrkräfte (auch unabhängig vom jeweiligen Lernwege-Typ) mehrfach auf handlungsorientierte Materialien im inklusiven Mathematikunterricht eingehen, wird auch die Idee von Coenders (2010) gestärkt, eine Domäne zu berücksichtigen, die explizit die Entwicklung und den Einsatz von Materialien in den Blick nimmt (*developed material domain*).

Es kann festgehalten werden, dass das Zusammenspiel von Lernwegen und *change sequences* vor allem aus gegenseitigen Einflüssen der *external domain*, der *personal domain* und der *domain of practice* besteht. Die in dieser Arbeit betrachteten Lernwege illustrieren damit insbesondere, wie Veränderungen in der *personal domain* (Veränderungen im Wissen und in affektiv-motivationalen Merkmalen) mit möglichen Erklärungen der Veränderungen durch Verbindungen zur *external domain* – dem Fortbildungsinhalt – einhergehen.

7.2 Limitationen der empirischen Studie

Limitationen der vorliegenden empirischen Studie ergeben sich vor allem aus der methodischen Anlage der Studie. Als erstes muss berücksichtigt werden, dass die Veränderungen im Wissen und in affektiv-motivationalen Merkmalen aus den Selbstberichten der Lehrkräfte rekonstruiert wurden. Selbstberichte gelten als gängiges Verfahren zur Erfassung von Lernprozessen (vgl. Gläser-Zikuda et al., 2011; vgl. Goldsmith et al., 2014) und ermöglichen eine tiefgehende Analyse von Lernprozessen. Mit Blick auf das Ziel, Lernprozesse möglichst umfassend zu untersuchen, erscheint der Einsatz von Reflexionsaufträgen in Form von Portfolios zu vielen verschiedenen Zeitpunkten einer Fortbildung deswegen als Stärke der vorliegenden Arbeit. Dies ist jedoch nur für vergleichsweise kleine Stichproben realisierbar. Sollen Untersuchungen von größeren Stichproben realisiert werden oder soll eine Veränderung nicht nur aus Selbstberichten rekonstruiert, sondern in Tests gemessen werden, schließt sich die Überlegung an, ob zum Beispiel Veränderungen im Wissen auch über quantitative Daten erhoben werden könnten. Erste Arbeiten zur Konstruktion entsprechender Tests, um Wissen spezifisch im Bereich des inklusiven Unterrichts zu erfassen, sind jedoch erst in Anfängen vorhanden (z. B. König et al. (2019) für pädagogisches Wissen inklusiv).

Mit Blick auf die Datengrundlage kann eine weitere kritische Anmerkung hinzugefügt werden. In der vorliegenden Studie konnten leider nicht alle Lehrkräfte interviewt werden. Allerdings konnten auch Lehrkräfte mit ausschließlich schriftlichen Daten gewinnbringend berücksichtigt werden. Dies wurde zunächst dadurch erzielt, dass eine Mindestanzahl an Portfolios von den Lehrkräften vorliegen musste, um in die Auswertung aufgenommen zu werden (siehe

Kap. 5).[1] Dadurch war es möglich, Veränderungen im Wissen und in affektiv-motivationalen Merkmalen zwischen mindestens zwei der drei Phasen (Beginn, Verlauf und Ende der Fortbildung) zu rekonstruieren, auch wenn kein Interview vorlag. Außerdem spiegelt sich der Umfang der Datengrundlage pro Lehrkraft zwar im Umfang der einzelnen dargestellten Lernwege der Lehrkräfte wider, jedoch beeinflusste dies die Typenbildung aufgrund der Relativierung der Kodierungen in einem Kompetenzbereich an der Gesamtzahl aller Kodierungen einer Lehrkraft pro Phase über die Kompetenzbereiche hinweg nicht (siehe auch Abschn. 5.3).

Die vorliegende Arbeit orientiert sich an einem Begriffsverständnis von Lehrerlernen (siehe Abschn. 2.1), das auch Veränderungen in der Praxis als Teil einer umfänglichen Betrachtung von Lernprozessen aufgreift. Aus ökonomischen und pragmatischen Gründen war es im Rahmen dieser Arbeit jedoch nicht möglich, die Praxis der 20 Lehrkräfte an acht verschiedenen Schulen in die Studie einzubeziehen. Zwar berichten die Lehrkräfte teilweise von Veränderungen in der Schule (z. B. von veränderten Rahmenbedingungen im Sinne des Team-Teachings) oder auch im Unterricht (z. B. Einsatz neuer Unterrichtsmethoden), doch wären diese Einsichten zum Beispiel durch Unterrichtsbeobachtungen zu ergänzen. Diese würden es auch ermöglichen, mehr darüber zu erfahren, wie genau zum Beispiel das Lernen am gemeinsamen Gegenstand oder auch die Balance von individuellem und gemeinsamem Lernen im inklusiven Mathematikunterricht umgesetzt werden. Dadurch könnten weitere Verbindungen zum Fortbildungsinhalt untersucht werden.

Neben diesen methodischen Einschränkungen aufgrund der Datengrundlage (Selbstberichte der Lehrkräfte und Umfang und Art der zur Verfügung stehenden Daten) lassen sich auch Limitationen hinsichtlich der Datenauswertung identifizieren, zunächst mit Blick auf die durchgeführte qualitative Inhaltsanalyse und im Anschluss auch mit Blick auf die Typenbildung. Im Rahmen der qualitativen Inhaltsanalyse zeigte sich, dass die Entscheidung, ob ein inklusiver Fokus vorliegt oder nicht, oftmals nicht einfach war. Einerseits ist dies aufgrund der Überlegung, dass ein guter inklusiver Mathematikunterricht auch Merkmale eines guten Mathematikunterrichts erfüllt, nicht sonderlich überraschend (vgl. Abschn. 2.6). Andererseits war genau die Frage danach, welche Elemente eines guten Mathematikunterrichts vor dem Hintergrund des Umgangs mit Heterogenität im Allgemeinen und im inklusiven Mathematikunterricht im

---

[1] An dieser Stelle soll auch darauf hingewiesen werden, dass der empirischen Studie in dieser Arbeit eine selektive Stichprobe zugrunde liegt, zunächst aufgrund der freiwilligen Teilnahme an der Fortbildung insgesamt und des Weiteren aufgrund der Selektion für die Datenauswertung, basierend auf der Datengrundlage.

Speziellen genau die interessierende Frage (siehe Kap. 3). Umso wichtiger ist deswegen die Berücksichtigung einer Interkodierung durch eine weitere Person, wie sie auch in der vorliegenden Arbeit erfolgte. Es ergab sich eine gute Interkoder-Übereinstimmung (siehe Abschn. 5.3.3). Die entsprechenden Gespräche zur Aushandlung und zur gemeinsamen Interpretation kritischer Stellen erwiesen sich auch deswegen als zentraler Bestandteil der Qualitätssicherung in der vorliegenden Arbeit, weil beispielsweise die Interviews von der Autorin der vorliegenden Arbeit und damit durch die gleiche Person erhoben und ausgewertet wurden.

Damit nicht fälschlicherweise die 40 %-Marke zur Entscheidung der Zugehörigkeit zu einem Typ (siehe Kap. 5) als „willkürlich" aufgefasst wird, soll an dieser Stelle noch einmal explizit gemacht werden, dass es weniger um den konkreten Prozentwert als vielmehr um den Gedanken dahinter geht – nämlich das Aufgreifen der Idee, den am häufigsten kodierten Kompetenzbereich in mindestens einer Phase des Lernwegs für die Typenbildung zu berücksichtigen. Ein anderes Kriterium, welches ebenfalls in Betracht gezogen wurde – die Typenbildung anhand der Veränderungen von Phase zu Phase – hat sich als nicht praktikabel erwiesen (siehe Kap. 5). Dies ist unter anderem darin begründet, dass die Lernwege der Lehrkräfte in Form der Veränderungen von Phase zu Phase zu verschieden sind, als dass darin ein Muster hätte erkannt werden können. Auch wenn sich dieses Kriterium nicht als Merkmal für die Typenbildung eignete, wurde dennoch die Verschiedenheit der Veränderungen von Phase zu Phase in einem Typen berücksichtigt, indem innerhalb der Typen zwei unterschiedliche Fälle der Lernwege der Lehrkräfte detaillierter analysiert und beschrieben wurden (siehe Kap. 6).

Eine weitere Limitation der Ergebnisse dieser Arbeit betrifft die mögliche Erklärung der identifizierten und beschriebenen typischen Lernwege der Lehrkräfte. In einem Zeitraum von zwei Jahren können viele andere Einflüsse auf den Lernprozess der Lehrkräfte eingewirkt haben, sodass nicht jedes typische Merkmal der Lernwege notwendigerweise eine Verbindung zum Fortbildungsinhalt aufweisen muss. Diese Einflüsse können sehr verschiedener Art sein. Beispielsweise können persönliche Gegebenheiten bei den Lehrkräften sowie die Rahmenbedingungen an der Schule neben der Fortbildungsteilnahme relevant sein (siehe Kap. 6). Nicht zuletzt, weil die Anlage der Studie in dieser Arbeit keine kausalen Schlüsse ermöglicht, wurde deswegen von Anhaltspunkten auf mögliche Erklärungen der Lernwege auf Basis einer Verbindung zum Fortbildungsinhalt berichtet.

Zudem wurden in der vorliegenden Arbeit Verbindungen zwischen Fortbildungsinhalten in Form von Lerngelegenheiten und den Lernwegen der Lehrkräfte analysiert. Doch diese Lerngelegenheiten decken einen weiteren zentralen Aspekt der Fortbildung nicht mit ab – die enge Begleitung durch die Fortbildenden. Durch die intensive Begleitung der Lehrkräfte in ihren Schulteams ist davon auszugehen, dass die Fortbildenden einen starken Einfluss auf die Lernprozesse der Lehrkräfte und auf ihre Wahrnehmung der Fortbildung hatten. Anlass für diese Vermutung liefern beispielsweise die Ergebnisse von Auletto und Stein (2020), die in ihrer Analyse die Bedeutung des Coachings herausgestellt haben (siehe Abschn. 2.5). Zwar werden Äußerungen der Lehrkräfte zu diesem Aspekt im Rahmen des Organisationswissens berücksichtigt (siehe Kategorienbeschreibung in Abschn. 5.3.2), aber dadurch, dass die Rolle der Fortbildenden nicht als Lerngelegenheit klassifiziert wurde, ist bisher nicht untersucht worden, wie der Zusammenhang zwischen Rolle der Fortbildenden und Charakteristika der Lernwege ist. Die Frage danach, welche Rolle die Fortbildenden im Lernprozess von Lehrkräften im Rahmen einer Fortbildung spielen, ist ein erster Ansatzpunkt für interessante weitere Forschungsprojekte. Weitere Implikationen der vorliegenden Studie werden im nächsten Kapitel genauer betrachtet.

Implikationen und Ausblick

8

Die vorliegende Arbeit leistet einen wichtigen Beitrag zum Verständnis gegenstandsbezogener Lernprozesse von Lehrkräften im Kontext eines inklusiven Mathematikunterrichts. In diesem Kapitel werden die Implikationen der Untersuchung der gegenstandsbezogenen Lernprozesse für die Gestaltung von Fortbildungen zunächst näher betrachtet (Abschn. 8.1), insbesondere weil das Wissen über gegenstandsbezogene Lernprozesse von Lehrkräften grundlegend für eine systematische und effektive Fortbildungsgestaltung ist (Goldsmith et al., 2014, S. 21; Prediger et al., 2017, S. 159 f.). Anschließend werden in Abschnitt 8.2 Implikationen für die Forschung zu Lernprozessen von Lehrkräften betrachtet, indem auch Ansatzpunkte für zukünftige Forschungsprojekte aufgezeigt werden.

8.1 Implikationen für die Gestaltung von Lehrerfortbildungen

In einem ersten Schritt werden Implikationen ausgehend von der Betrachtung der einzelnen Typen und der individuellen Lernwege der Lehrkräfte thematisiert. In einem zweiten Schritt folgen Implikationen, die aus einer typenübergreifenden Betrachtung der Ergebnisse abgeleitet werden können. Diese Überlegungen kommen insbesondere dem Gedanken nach, dass das Wissen über gegenstandsbezogene Lernprozesse von Lehrkräften grundlegend für eine systematische und effektive Fortbildungsgestaltung ist (Goldsmith et al., 2014, S. 21; Prediger et al., 2017, S. 159 f.).

© Der/die Autor(en), exklusiv lizenziert durch Springer Fachmedien
Wiesbaden GmbH, ein Teil von Springer Nature 2022
J. Bertram, *Lernprozesse von Lehrkräften im Rahmen einer Fortbildung zu inklusivem Mathematikunterricht*, Essener Beiträge zur Mathematikdidaktik,
https://doi.org/10.1007/978-3-658-36797-8_8

Die Lehrkräfte des Typs I sind breit aufgestellt, in der Hinsicht, dass sie vor allem auf Elemente des pädagogischen Wissens, des fachdidaktischen Wissens und des Organisationswissens zurückgreifen. Insbesondere werden zentrale Aspekte der Gestaltung inklusiven Mathematikunterrichts durch die Lehrkräfte aufgegriffen, die auch in der Fortbildung eine wichtige Rolle spielten. Doch einige der in Abschnitt 7.1 beschriebenen Hürden im Kontext der Auseinandersetzung mit dem Gegenstand inklusiver Mathematikunterricht treten auch bei den breit aufgestellten Lehrkräften auf. Wie bereits angedeutet, lässt sich daraus ableiten, welche Inhalte in einer Fortbildung zu inklusivem Mathematikunterricht (auch für Lehrkräfte anderer Typen) besonderen Klärungs- beziehungsweise Unterstützungsbedarf mit sich bringen. Darunter fallen beispielsweise das Verständnis des Lernens am gemeinsamen Gegenstand, die Umsetzung der Balance von individuellem und gemeinsamem Lernen, Lernumgebungen im Sinne einer natürlichen Differenzierung und der Umgang mit handlungsorientierten Materialien (siehe auch Abschn. 2.6). Lehrkräfte, deren Lernwege zu Typ II gehören, fokussieren insbesondere auf das Organisationswissen. Lehrkraft 9 scheint dabei stark von fehlenden Materialien und unzureichenden Rahmenbedingungen an der Schule geleitet zu sein. Dennoch äußert sie auch zentrale Ideen der Gestaltung inklusiven Mathematikunterrichts, die ähnlich wie zuvor geschildert, weiter ausgebaut werden könnten. Lehrkräfte dieses Typs könnten also insbesondere davon profitieren, stärker bei der Fokussierung auf fachdidaktische Inhalte und der entsprechenden Gestaltung von inklusivem Mathematikunterricht unterstützt zu werden. Dafür scheint die Verwendung von weiteren konkreten Unterrichtsbeispielen in der Fortbildung besonders hilfreich zu sein (vgl. auch Gestaltungsprinzipien Fallbezug und Teilnehmendenorientierung; Barzel & Selter, 2015). Beide betrachteten Lehrkräfte des Typs IV (Fokus auf pädagogisches Wissen) greifen Ideen aus der Fortbildung auf, gleichwohl weisen sie Besonderheiten in ihren Lernwegen auf, die nur teilweise auf Fortbildungsinhalte zurückgeführt werden können. Diese Lehrkräfte könnten eventuell von einer stärkeren Verbindung ihrer Kenntnisse aus dem pädagogischen Wissensbereich mit konkreten fachdidaktischen Beispielen profitieren. Der Vorschlag einer Stärkung der fachdidaktischen Perspektive sollte jedoch stets im Sinne einer Teilnehmendenorientierung an den verschiedenen vorhandenen Kompetenzen der Lehrkräfte ansetzen.

Die bisherigen Ideen zur Gestaltung einer Fortbildung zu inklusivem Mathematikunterricht zielen insbesondere auf die Fokussierung der fachdidaktischen Perspektive ab, um dadurch verschiedene Lehrkräfte individuell zu unterstützen, d. h. diese Implikationen setzen auf der Fortbildungsebene an (vgl. Prediger et al., 2017). Weitere Ideen zur Gestaltung von Fortbildungen ausgehend von den in dieser Arbeit gewonnenen Ergebnissen setzen auf der Qualifizierungsebene an.

Die dahinterstehende Frage ist, wie diese Ergebnisse Teil des fortbildungsdidaktischen Wissens der Fortbildenden werden könnten. Schließlich ist das Wissen über gegenstandsbezogene Lernprozesse zentraler Bestandteil der professionellen Kompetenz von Fortbildenden (vgl. Prediger, 2019b; vgl. Wilhelm et al., 2019; siehe Abschn. 2.4.1). Einerseits können die oben beschriebenen Implikationen vermittelt werden, andererseits kann vor allem die Verschiedenheit der Lernwege der Lehrkräfte thematisiert werden. Ausgehend von der Idee, Forschungserkenntnisse für die Gestaltung von Fallbeispielen zu nutzen, wurde ein entsprechender Workshop für Fortbildende konzipiert, in dem die Sensibilisierung von Fortbildenden für die Verschiedenheit der Lernwege der Lehrkräfte zentraler Bestandteil war (Bertram, Rolka & Albersmann, 2020). Exemplarische Lernwege der Lehrkräfte – im Vergleich zur Einzelfalldarstellung in Kapitel 6 in gekürzter Fassung – werden in Form von Fallbeispielen genutzt, sodass die Fortbildenden in dem Workshop Maßnahmen diskutieren, wie die Verschiedenheit der Lernwege in einer Fortbildung berücksichtigt und genutzt werden kann. Mögliche Ideen, die thematisiert werden, sind zum Beispiel die Zusammenarbeit von Lehrkräften mit unterschiedlichen Lernwegen, sodass sich die Lehrkräfte gegenseitig unterstützen und von dem Austausch untereinander profitieren können, oder auch die Fokussierung auf die Klärung von zentralen Prinzipien inklusiven Mathematikunterrichts. Damit schließen diese Implikationen an die Forderungen beziehungsweise Überlegung an, die Heterogenität der Lehrkräfte in einer Fortbildung stärker zu berücksichtigen (siehe auch Kap. 7).

Schließlich soll an dieser Stelle noch festgehalten werden, dass die Fortbildung „Mathematik & Inklusion", an der die Lehrkräfte der vorliegenden Studie teilgenommen haben, den Lehrkräften bereits vielfältige Lerngelegenheiten angeboten hat (siehe auch Abschn. 5.2 und 6.1). In den Lernwegen der Lehrkräfte zeigte sich, dass sich insbesondere die Inhalte der Lerngelegenheiten in Form von Aktivitäten und Workshops, zum Beispiel zur Thematisierung zentraler Prinzipien der Gestaltung inklusiven Mathematikunterrichts anhand von Unterrichtsbeispielen oder in Form einer Beobachtung von diagnostischen Interviews, in den Überlegungen der Lehrkräfte identifizieren lassen. Ebenso äußern sich die Lehrkräfte positiv mit Blick auf die Zusammenarbeit von Regelschul- und sonderpädagogischer Lehrkraft. Somit lassen sich Hinweise darauf finden, dass diese Elemente bei der Gestaltung effektiver und systematischer Fortbildungen zu inklusivem Mathematikunterricht von Bedeutung sein können. Die aufgezeigten Verbindungen zwischen Lernwegen und Fortbildungsinhalten (siehe Abschn. 6.3) machen auch deutlich, dass einige Aspekte der Fortbildung (z. B. die Aktivität zu diagnostischen Interviews oder die Thematisierung des Einsatzes von handlungsorientierten Materialien im inklusiven Mathematikunterricht) von den Lehrkräften in Transferaufträgen auch angewendet werden (können). Dadurch kann die Vermutung abgeleitet werden, dass dies besonders tragfähige Elemente einer Fortbildung zu inklusivem Mathematikunterricht sein können.

8.2 Implikationen für die Forschung zu Lernprozessen von Lehrkräften

Die Erkenntnisse aus der vorliegenden Studie liefern Anhaltspunkte für zukünftige Forschungen im Bereich der Lernprozesse von Lehrkräften. Einige dieser Ideen werden im Folgenden konkretisiert.

Das COACTIV-Kompetenzmodell geht davon aus, dass individuelle Prozesse im Rahmen der beruflichen Entwicklung durch unterschiedliche individuelle Voraussetzungen entstehen (Kunter et al., 2011). Werden derartige Entwicklungsprozesse ebenfalls als Lernprozesse und damit als Veränderungen im Wissen und in affektiv-motivationalen Merkmalen aufgefasst, so lassen sich verschiedene Ideen generieren, welche Zusammenhänge zwischen individuellen Voraussetzungen und unterschiedlichen Lernwegen der Lehrkräfte für zukünftige Untersuchungen relevant sein könnten. Beispielsweise könnte der Frage nachgegangen werden, inwiefern Lehrkräfte je nach Ausbildung (zum Beispiel fachfremd unterrichtende Lehrkräfte im Mathematikunterricht) oder auch nach Profession (Mathematiklehrkraft oder sonderpädagogische Lehrkraft) unterschiedliche Lernwege aufweisen (vgl. auch weitere Bedingungsfaktoren in TEDS-M; Blömeke et al., 2011). Interessant ist zum Beispiel die Frage, ob insbesondere sonderpädagogische Lehrkräfte dem Typ II (Fokus Organisationswissen) angehören, weil sie vielleicht stärker auf die Zusammenarbeit mit ihren Regelschulkolleginnen und -kollegen im Laufe einer Fortbildung fokussieren oder ob Mathematiklehrkräfte im Vergleich zu sonderpädagogischen Lehrkräften eher dem Typ III (Fokus fachdidaktisches Wissen) zuzuordnen sind, weil sie stärker auf fachdidaktisches Wissen fokussieren – dabei könnten diese Zusammenhänge auch anders herum vermutet werden. Die Verteilung der Lehrkräfte auf die Lernwege-Typen anhand der kleinen Stichprobe in der vorliegenden Arbeit lassen diesbezüglich keine Schlüsse zu, so sind drei der sieben Lehrkräfte in Typ I (breit aufgestellt), eine Lehrkraft der drei Lehrkräfte in Typ II (Fokus Organisationswissen) und drei der fünf Lehrkräfte in Typ III (fachdidaktisches Wissen) sonderpädagogische Lehrkräfte. Interessant ist aber, dass die fünf Lehrkräfte in Typ IV (Fokus pädagogisches Wissen) alle Regelschullehrkräfte sind – hier könnten weitere Datenauswertungen ansetzen, um nach möglichen Erklärungen dafür zu suchen.

Individuelle Voraussetzungen können sich bei den Lehrkräften auch auf ihre Unterrichtserfahrung im (inklusiven) Mathematikunterricht beziehen. Vor dem Hintergrund des Experten-/Novizen-Paradigmas (Berliner, 2001, 2004), kann beispielsweise der Frage nachgegangen werden, ob sich die Lernwege der Lehrkräfte oder die unterschiedlichen Typen der Lernwege auch dahingehend unterscheiden, über wie viel Berufserfahrung im inklusiven Mathematikunterricht die Lehrkräfte verfügen. Des Weiteren ist die Frage interessant, ob Lehrkräfte, die an einer Schule arbeiten und im Team an der Fortbildung teilgenommen haben, eher ähnliche oder eher verschiedene Lernwege aufweisen. Dies erscheint insbesondere vor dem Hintergrund der Überlegungen zu einer *collective domain* im Zusammenhang mit *teacher change*-Modellen (Prediger, 2020; siehe auch Kap. 7) von Interesse zu sein. Eine weitere individuelle Voraussetzung der Lehrkräfte, die Möglichkeiten für weitere Untersuchungen eröffnet, ist ihre Motivation zur Fortbildungsteilnahme. Im Rahmen einer Instrumentenentwicklung zur Erfassung der Fortbildungsmotivation konnten Rzejak et al. (2014) zeigen, dass verschiedene Facetten der Fortbildungsmotivation unterschieden werden können[1]. Demnach können unterschiedliche Gründe für eine Fortbildungsteilnahme identifiziert werden und es wäre interessant zu untersuchen, ob es einen Zusammenhang zwischen bestimmten Gründen für eine Fortbildungsteilnahme und einem bestimmten Lernwege-Typ gibt.

An dieser Stelle wird der Fokus noch einmal auf das Modell der professionellen Handlungskompetenz von Lehrkräften für inklusiven Mathematikunterricht und dessen Verwendung zur Beschreibung von Lernwegen gelegt. Vorteile des in dieser Arbeit gewählten hauptsächlich deduktiven Verfahrens liegen in der theoretischen Anbindung an die bereits identifizierten Anforderungen an Lehrkräfte aufgrund von inklusivem Unterricht. Allerdings hängen die typischen Kennzeichen eines Lernwegs dadurch von der Definition der Kategorien und damit von den Inhalten des Modells ab. Deswegen kann es für zukünftige Arbeiten interessant sein, sowohl das vorliegende Modell basierend auf zukünftigen neuen Forschungserkenntnissen zu inklusivem Mathematikunterricht weiterzuentwickeln als auch es mit anderen Ansätzen zur Beschreibung von Kompetenzen für inklusiven Mathematikunterricht abzugleichen. Beispielsweise arbeiten Seitz et al. (2020) heraus, inwiefern die Kombination aus strukturtheoretischen und kompetenztheoretischen Perspektiven für die Betrachtung der Expertise von Lehrkräften für inklusiven Mathematikunterricht der Sekundarstufe von Bedeutung

---

[1] Folgende Facetten haben Rzejak et al. (2014) unterschieden: soziale Interaktion (z. B. Wunsch nach kollegialem Austausch), Karriereorientierung (z. B. Erhöhung von Aufstiegschancen), externale Erwartungsanpassung (z. B. (Anpassungs-)Druck von außen) und Entwicklungsorientierung (z. B. Form der intrinsischen Motivation).

sein kann. Außerdem beschäftigt sich Filipiak (2020) mit der Frage, wie eine Kompetenzmodellierung in inklusionsorientierter Lehrerausbildung erfolgen kann und entwirft ein Lehrkonzept für die Entwicklung und Förderung der multiprofessionellen Kooperationsbereitschaft bei Lehramtsstudierenden. Zukünftige Arbeiten könnten demnach unterschiedliche Ansätze der Kompetenzmodellierung zwischen verschiedenen Phasen der Lehreraus- und -fortbildung miteinander vergleichen, um die Basis zur Beschreibung der Lernprozesse von Lehrkräften als Veränderungen im Wissen und in affektiv-motivationalen Merkmalen zu erweitern.

Wird der Blick abschließend stärker auf die Praxis der Lehrkräfte geworfen (siehe auch Limitationen), so könnte ein weiterer Schritt in Richtung der Frage nach der Wirksamkeit einer Fortbildung interessant sein. Entlang der verschiedenen Ebenen, auf denen die Wirksamkeit einer Fortbildung betrachtet werden kann (z. B. Lipowsky, 2010; siehe Abschn. 2.4.2), können die vorliegenden Erkenntnisse auf der zweiten Ebene (Lernen) beziehungsweise zwischen der zweiten und dritten Ebene (Verhalten) verortet werden. Die vierte Ebene, also die Betrachtung der Leistungen der Schülerinnen und Schüler, ist ebenfalls von Interesse. Leidig (2019) konstatiert insbesondere mit Blick auf inklusiven Unterricht hier eine Forschungslücke. Zum Beispiel könnte die Untersuchung, ob bestimmte Lernwege-Typen auch mit bestimmten Leistungen der Schülerinnen und Schüler einhergehen, weitere interessante Forschungserkenntnisse liefern. Bisherige Untersuchungen zeigten vor allem, dass das fachdidaktische Wissen der Lehrkräfte einen Einfluss auf die Leistungen der Schülerinnen und Schüler hat (z. B. Kunter et al., 2013). Es tritt somit die Frage auf, ob eine Fokussierung der Lehrkräfte im Rahmen der Fortbildung auf fachdidaktisches Wissen, also die Lehrkräfte des Typs III, sich in ihrem Unterricht und dessen Einfluss auf die Leistungen der Schülerinnen und Schüler von den Lehrkräften der anderen Typen unterscheiden.

Neben der Frage, wie wirksam eine Fortbildung entlang dieser vier Ebenen ist, beschäftigen sich weitere Studien auch mit der Wirksamkeit von Fortbildungen im Sinne einer länger andauernden Veränderung über das Fortbildungsende hinaus. Beispielsweise haben Liu und Phelps (2019) herausgefunden, dass es sehr unterschiedlich sein kann, wie lange Veränderungen im Wissen auch über eine Fortbildungsteilnahme hinaus andauern. Es wäre somit auch interessant, der Frage nachzugehen, wie sich die Lernprozesse der Lehrkräfte nach Ende der Fortbildung weiterentwickeln. Insgesamt zeigt die vorliegende Arbeit damit verschiedene Möglichkeiten für weitere Forschungen zu Lernprozessen von Lehrkräften auf.

Literaturverzeichnis

Ademmer, C., Prediger, S., & Reiche, A.-K. (2018). Gemeinsam und individuell: Eine inklusive Unterrichtseinheit zu Verstehensgrundlagen der Arithmetik in Klasse 5. *MNU Journal, 71*(5), 303–307.

Akremi, L. (2014). Stichprobenziehung in der qualitativen Sozialforschung. In N. Baur & J. Blasius (Hrsg.), *Handbuch Methoden der empirischen Sozialforschung* (S. 265–282). Springer VS. https://doi.org/10.1007/978-3-531-18939-0

Amrhein, B. (2011). Inklusive LehrerInnenbildung – Chancen universitärer Praxisphasen nutzen. *Zeitschrift für Inklusion, 3*. https://www.inklusion-online.net/index.php/inklusion-online/article/view/84/84

Arbaugh, F., & Brown, C. A. (2005). Analyzing mathematical tasks: A catalyst for change? *Journal of Mathematics Teacher Education, 8*(6), 499–536. https://doi.org/10.1007/s10857-006-6585-3

Auletto, A., & Stein, K. C. (2020). Observable mathematical teaching expertise among upper elementary teachers: connection to student experiences and professional learning. *Journal of Mathematics Teacher Education, 23*(5), 433–461. https://doi.org/10.1007/s10857-019-09433-4

Avramidis, E., & Norwich, B. (2002). Teachers' attitudes towards integration / inclusion: a review of the literature. *European Journal of Special Needs Education, 17*(2), 129–147. https://doi.org/10.1080/08856250210129056

Bach, A., Burda-Zoyke, A., & Zinn, B. (2018). Inklusionsbezogene Handlungsfelder und Kompetenzen von (angehenden) Lehrkräften an beruflichen Schulen. In Bundesministerium für Bildung und Forschung (Hrsg.), *Perspektiven für eine gelingende Inklusion. Beiträge der „Qualitätsoffensive Lehrerbildung" für Forschung und Praxis* (S. 120–132). Druck- und Verlagshaus Zarbock.

Bakkenes, I., Vermunt, J. D., & Wubbels, T. (2010). Teacher learning in the context of educational innovation: Learning activities and learning outcomes of experienced teachers. *Learning and Instruction, 20*(6), 533–548. https://doi.org/10.1016/j.learninstruc.2009.09.001

Ball, D. L., & Bass, H. (2009). With an Eye on the Mathematical Horizon: Knowing Mathematics for Teaching to Learners' Mathematical Futures. In M. Neubrand (Hrsg.), *Beiträge zum Mathematikunterricht 2009.* https://doi.org/10.17877/DE290R-6835

Ball, D. L., Hill, H. C., & Bass, H. (2005). Knowing Mathematics for Teaching. Who Knows Mathematics Well Enough To Teach Third Grade, and How Can We Decide? *American Educator, 29*(3), 14–46.

Bardy, T., Holzäpfel, L., & Leuders, T. (2019). Untersuchungen und erste Ergebnisse zu einer langfristigen Fortbildung von Lehrpersonen zum Differenzieren im Mathematikunterricht. In A. Frank, S. Krauss, & K. Binder (Hrsg.), *Beiträge zum Mathematikunterricht 2019* (S. 77–80). WTM-Verlag. https://doi.org/10.17877/DE290R-20653

Barnett, S. M., & Ceci, S. J. (2002). When and Where Do We Apply What We Learn? A Taxonomy for Far Transfer. *Psychological Bulletin, 128*(4), 612–637. https://doi.org/10.1037/0033-2909.128.4.612

Barzel, B., & Selter, C. (2015). Die DZLM-Gestaltungsprinzipien für Fortbildungen. *Journal für Mathematik-Didaktik, 36*(2), 259–284. https://doi.org/10.1007/s13138-015-0076-y

Baumert, J., & Kunter, M. (2006). Stichwort: Professionelle Kompetenz von Lehrkräften. *Zeitschrift für Erziehungswissenschaft, 9*(4), 469–520. https://doi.org/10.1007/s11618-006-0165-2

Baumert, J., & Kunter, M. (2011). Das Kompetenzmodell von COACTIV. In M. Kunter, J. Baumert, W. Blum, U. Klusmann, S. Krauss, & M. Neubrand (Hrsg.), *Professionelle Kompetenz von Lehrkräften. Ergebnisse des Forschungsprogramms COACTIV* (S. 29–53). Waxmann.

Baumert, J., Kunter, M., Blum, W., Brunner, M., Voss, T., Jordan, A., Klusmann, U., Krauss, S., Neubrand, M., & Tsai, Y.-M. (2010). Teachers' Mathematical Knowledge, Cognitive Activation in the Classroom, and Student Progress. *American Educational Research Journal, 47*(1), 133–180. https://doi.org/10.3102/0002831209345157

Benkmann, R. (2009). Individuelle Förderung und kooperatives Lernen im Gemeinsamen Unterricht. *Empirische Sozialpädagogik, 1*(1), 143–156.

Benkmann, R., & Gercke, M. (2018). Zwischen Spezialisierung und Generalisierung in der Lehrerbildung – Professionalisierung für Inklusion im Förderschwerpunkt Lernen. In R. Benkmann & U. Heimlich (Hrsg.), *Inklusion im Förderschwerpunkt Lernen* (S. 276–331). Verlag W. Kohlhammer.

Berliner, D. C. (2001). Learning about and learning from expert teachers. *International Journal of Educational Research, 35*(5), 463–482. https://doi.org/10.1016/S0883-035 5(02)00004-6

Berliner, D.C. (2004). Describing the Behavior and Documenting the Accomplishments of Experts Teachers. *Bulletin of Science, Technology & Society, 24*(3), 200–212. https://doi.org/10.1177/0270467604265535

Bertels, D. (2018). Kooperation in multiprofessionellen Teams. Möglichkeiten und Probleme der Zusammenarbeit in der inklusiven Schule. In C. Fischer & P. Platzbecker (Hrsg.), *Auf den Lehrer kommt es an?! Unterstützung für professionelles Handeln angesichts aktueller Herausforderungen* (S. 115–124). Waxmann.

Bertram, J. (2021). Portfolios als Möglichkeit zur Dokumentation und Reflexion von Lernprozessen. Beispielhafte Umsetzung in einer Fortbildung zu inklusivem Mathematikunterricht. In Y. Völschow & K. Kunze (Hrsg.), *Reflexion und Beratung in der Lehrerinnen- und Lehrerbildung. Beiträge zur Professionalisierung von Lehrkräften* (S. 381–397). Verlag Barbara Budrich.

Bertram, J., Albersmann, N., & Rolka, K. (2019). Inklusiv und nicht-inklusiv, wo liegt der Unterschied? Vorstellungen von Lehrpersonen zur Konstruktion und Transmission mathematischen Wissens. In A. Frank, S. Krauss, & K. Binder (Hrsg.), *Beiträge zum Mathematikunterricht 2019* (S. 117–120). WTM-Verlag.

Bertram, J., Albersmann, N., & Rolka, K. (2020). Ansatz zur Weiterentwicklung des Modells der professionellen Handlungskompetenz von Lehrkräften für inklusiven (Mathematik-) Unterricht. Identifizierte Kompetenzbereiche bei Lehrkräften zu Beginn einer Fortbildung. *QfI – Qualifizierung für Inklusion, 2*(1). https://doi.org/10.21248/qfi.25

Bertram, J., Rolka, K., & Albersmann, N. (2020). Forschungserkenntnisse nutzen – Konzeption einer Workshopaktivität für Fortbildende. In H.-S. Siller, W. Weigel, & J. F. Wörler (Hrsg.), *Beiträge zum Mathematikunterricht 2020* (S. 117–120). WTM-Verlag.

Besser, M., Leiss, D., & Blum, W. (2015). Theoretische Konzeption und empirische Wirkung einer Lehrerfortbildung am Beispiel des mathematischen Problemlösens. *Journal für Mathematik-Didaktik, 36*(2), 285–313. https://doi.org/10.1007/s13138-015-0077-x

Beswick, K. (2008). Influencing Teachers' Beliefs About Teaching Mathematics for Numeracy to Students with Mathematics Learning Difficulties. *Mathematics Teacher Education and Development, 9*, 3–20.

Beswick, K., & Goos, M. (2018). Mathematics teacher educator knowledge: What do we know and where to from here? *Journal of Mathematics Teacher Education, 21*(5), 417–427. https://doi.org/10.1007/s10857-018-9416-4

Bicker, U., & Hafner, J. (2014). Der „Zahlenjongleur" – ein Förderkonzept für rechenschwache Schülerinnen und Schüler in der Orientierungsstufe. *MUED Rundbrief 192* (2/2014), Übergänge gestalten, 38–49.

Biehler, R., & Scherer, P. (2015). Lehrerfortbildung Mathematik – Konzepte und Wirkungsforschung – Editorial. *Journal für Mathematik-Didaktik, 36*(2), 191–194. https://doi.org/10.1007/s13138-015-0080-2

Bikner-Ahsbahs, A., Bönig, D., & Korff, N. (2017). Inklusive Lernumgebungen im Praxissemester: Gemeinsam lernt es sich reflexiver. In C. Selter, S. Hußmann, C. Hößle, C. Knipping, K. Lengnink, & J. Michaelis (Hrsg.), *Diagnose und Förderung heterogener Lerngruppen –Theorien, Konzepte und Beispiele aus der MINT-Lehrerbildung* (S. 107–128). Waxmann.

Blömeke, S., Gustafsson, J.-E., & Shavelson, R. J. (2015). Beyond Dichotomies. Competence Viewed as a Continuum. *Zeitschrift für Psychologie, 233*(1), 3–13. https://doi.org/10.1027/2151-2604/a000194

Blömeke, S., Kaiser, G., & Döhrmann, M. (2011). Bedingungsfaktoren des fachbezogenen Kompetenzerwerbs von Lehrkräften. Zum Einfluss von Ausbildungs-, Persönlichkeits- und Kompositionsmerkmalen in der Mathematiklehrerausbildung für die Sekundarstufe I. *Zeitschrift für Pädagogik*, Beiheft 57, 77–103.

Blömeke, S., Kaiser, G., König, J., & Jentsch, A. (2020). Profiles of mathematics teachers' competence and their relation to instructional quality. *ZDM Mathematics Education, 52*(2), 329–342. https://doi.org/10.1007/s11858-020-01128-y

Blömeke, S., Kaiser, G., & Lehmann, R. (Hrsg.) (2010). *TEDS-M 2008 – Professionelle Kompetenz und Lerngelegenheiten angehender Mathematiklehrkräfte für die Sekundarstufe I im internationalen Vergleich.* Waxmann.

Bosse, M. (2017). *Mathematik fachfremd unterrichten: Zur Professionalität fachbezogener Lehrer-Identität.* Springer Spektrum. https://doi.org/10.1007/978-3-658-15599-5

Bosse, S., & Spörer, N. (2014). Erfassung der Einstellung und der Selbstwirksamkeit von Lehramtsstudierenden zum inklusiven Unterricht. *Empirische Sonderpädagogik, 6*(4), 279–299.

Boston, M. D. (2006). *Developing secondary mathematics teachers' knowledge of and capacity to implement instructional tasks with high level cognitive demands.* (Doctoral dissertation, University of Pittsburgh). Dissertation Abstracts International (Publication No. AAT 3223943).

Boston, M. D. (2013). Connecting changes in secondary mathematics teachers' knowledge to their experiences in a professional development workshop. *Journal of Mathematics Teacher Education, 16*(1), 7–31. https://doi.org/10.1007/s10857-012-9211-6

Boston, M. D., & Smith, M. S. (2009). Transforming Secondary Mathematics Teaching: Increasing the Cognitive Demands of Instructional Tasks Used in Teachers' Classrooms. *Journal for Research in Mathematics Education, 40*(2), 119–156.

Boston, M. D., & Smith, M. S. (2011). A 'task-centric approach' to professional development: enhancing and sustaining mathematics teachers' ability to implement cognitively challenging mathematical tasks. *ZDM Mathematics Education, 43*(6–7), 965–977. https://doi.org/10.1007/s11858-011-0353-2

Boylan, M., Coldwell, M., Maxwell, B., & Jordan, J. (2018). Rethinking models of professional learning as tools: a conceptual analysis to inform research and practice. *Professional Development in Education, 44*(1), 120–139. https://doi.org/10.1080/19415257.2017.130 6789

Brennan, R. L., & Prediger, D. J. (1981). Coefficient Kappa: Some Uses, Misuses, and Alternatives. *Educational and Psychological Measurement, 41*(3), 687–699.

Bromme, R. (1992). *Der Lehrer als Experte. Zur Psychologie des professionellen Wissens.* Verlag Hans Huber.

Bromme, R. (1997). Kompetenzen, Funktionen und unterrichtliches Handeln des Lehrers. In F. E. Weinert (Hrsg.), *Enzyklopädie der Psychologie. Pädagogische Psychologie. Bd. 3: Psychologie des Unterrichts und der Schule* (S. 177–212). Hogrefe.

Bruder, S., Klug, J., Hertel, S., & Schmitz, B. (2010). Modellierung der Beratungskompetenz von Lehrkräften. Projekt Beratungskompetenz. *Zeitschrift für Pädagogik*, Beiheft 56, 274–285.

Bundesministerium für Bildung und Forschung (Hrsg.) (2018). *Perspektiven für eine gelingende Inklusion: Beiträge der „Qualitätsoffensive Lehrerbildung" für Forschung und Praxis.* Druck- und Verlagshaus Zarbock.

Buró, S., & Prediger, S. (2019). Low entrance or reaching the goals? Mathematics teachers' categories for differentiating with open-ended tasks in inclusive classrooms. In U. T. Jankvist, M. van den Heuvel-Panhuizen, & M. Veldhuis (Hrsg.), *Proceedings of the Eleventh Congress of the European Society for Research in Mathematics Education* (S. 4636–4643). Freudenthal Group & ERME.

Busian, A., & Pätzold, G. (2004). *Kompetenzentwicklung der Lehrenden: Konzepte und Maßnahmen der Lehreraus- und -fortbildung zur didaktischen Förderung von selbstgesteuertem Lernen, Selbstwirksamkeit und Teamfähigkeit.* Institut für Allgemeine Erziehungswissenschaft und Berufspädagogik, Universität Dortmund (Dossier für das BLK-Modellversuchsprogramm SKOLA; 4).

Carpenter, T. P., Fennema, E., Peterson, P. L., Chiang, C.-P., & Loef, M. (1989). Using Knowledge of Children's Mathematics Thinking in Classroom Teaching: An Experimental Study. *American Educational Research Journal, 26*(4), 499–531. https://doi.org/10.3102/00028312026004499

CAST (2011). *Universal Design for learning Guidelines version 2.0.* Wakefield, MA: Author.

Chauraya, M. (2013). *Mathematics Teacher Change and Identity in a Professional Learning Community* [Doctoral dissertation, University of the Witwatersrand, Johannesburg]. https://wiredspace.wits.ac.za/bitstream/handle/10539/13337/Ph%20D%20Thesis%20Final%20Final.pdf?sequence=1

Clarke, D., & Hollingsworth, H. (2002). Elaborating a model of teacher professional growth. *Teaching and Teacher Education, 18*(8), 947–967.https://doi.org/10.1016/S0742-051X(02)00053-7

Coenders, F. G. M. (2010). *Teachers' growth during the development and class enactment of context-based chemistry student learning material* [Doctoral dissertation, University of Twente]. https://doi.org/10.3990/1.9789036530095

da Costa Silva, N., & Rolka, K. (2020). „Also ist das eigentlich das Gleiche, nur anders aufgebaut" – Das Prinzip der Ergänzungsgleichheit als gemeinsamer Lerngegenstand. *Zeitschrift für Heilpädagogik, 71*(5), 223–237.

Darling-Hammond, L., Hyler, M. E., & Gardner, M. (2017). *Effective Teacher Professional Development.* Learning Policy Institute. https://learningpolicyinstitute.org/product/effective-teacher-professional-development-report

Daschner, P., & Hanisch, R. (2019). *Lehrkräftefortbildung in Deutschland. Bestandsaufnahme und Orientierung. Ein Projekt des Deutschen Vereins zur Förderung der Lehrerinnen- und Lehrerfortbildung e.V. (DVLfB).* Beltz Juventa.

Depaepe, F., Verschaffel, L., & Kelchtermans, G. (2013). Pedagogical content knowledge: A systematic review of the way in which the concept has pervaded mathematics educational research. *Teaching and Teacher Education, 34,* 12–25. https://doi.org/10.1016/j.tate.2013.03.001

Depaepe, F., Verschaffel, L., & Star, J. (2020). Expertise in developing students' expertise in mathematics: Bridging teachers' professional knowledge and instructional quality. *ZDM Mathematics Education, 52*(2), 179–192. https://doi.org/10.1007/s11858-020-01148-8

DeSimone, J. R., & Parmar, R. S. (2006). Middle School Mathematics Teachers' Beliefs About Inclusion of Students with Learning Disabilities. *Learning Disabilities Research & Practice, 21*(2), 98–110. https://doi.org/10.1111/j.1540-5826.2006.00210.x

Desimone, L. M. (2009). Improving impact studies of teachers' professional development: Toward better conceptualizations and measures. *Educational Researcher, 38*(3), 181–199. https://doi.org/10.3102/0013189X08331140

Desimone, L. M., & Garet, M. S. (2015). Best Practices in Teachers' Professional Development in the United States. *Psychology, Society, & Education, 7*(3), 252–263. https://doi.org/10.25115/psye.v7i3.515

Deutsches Zentrum für Lehrerbildung Mathematik (2015). *Theoretischer Rahmen des Deutschen Zentrums für Lehrerbildung Mathematik.*https://dzlm.de/files/uploads/DZLM-0.0-Theoretischer-Rahmen 20150218_FINAL-20150324.pdf [letzter Zugriff: 12.05.2021]

Döring, N., & Bortz, J. (2016). *Forschungsmethoden und Evaluation in den Sozial- und Humanwissenschaften* (5. Aufl.). Springer. https://doi.org/10.1007/978-3-642-41089-5

Eberle, T., Kuch, H., & Track, S. (2011). Differenzierung 2.0. In M. Eisenmann & T. Grimm (Hrsg.), *Heterogene Klassen – Differenzierung in Schule und Unterricht* (S. 1–36). Schneider Verlag Hohengehren.

Eichholz, L. (2018). *Mathematik fachfremd unterrichten. Ein Fortbildungskurs für Lehrpersonen in der Primastufe.* Springer Spektrum. https://doi.org/10.1007/978-3-658-198 96-1

Elliott, R., Kazemi, E., Lesseig, K., Mumme, J., Carroll, C., & Kelley-Petersen, M. (2009). Conceptualizing the Work of Leading Mathematical Tasks in Professional Development. *Journal of Teacher Education, 60*(4), 364–379. https://doi.org/10.1177/002248710934 1150

Fennema, E., Carpenter, T. P., Franke, M. L., Levi, L., Jacobs, V. R., & Empson, S. B. (1996). A Longitudinal Study of Learning to Use Children's Thinking in Mathematics Instruction. *Journal for Research in Mathematics Education, 27*(4), 403–434. https://doi.org/10. 2307/749875

Feuser, G. (1989). Allgemeine integrative Pädagogik und entwicklungslogische Didaktik. *Behindertenpädagogik, 28*(1), 4–48.

Filipiak, A. (2020). Kompetenzmodellierung in inklusionsorientierter Lehrer*innenbildung: Konstruktion eines kompetenzorientierten Lehrkonzepts zur Entwicklung und Förderung (multiprofessioneller) Kooperationsfähigkeit und -bereitschaft bei Lehramtsstudierenden. *Qfl – Qualifizierung für Inklusion, 2*(1). https://doi.org/10.21248/qfi.21

Fischer, C., Kopmann, H., Rott, D., Veber, M., & Zeinz, H. (2014). Adaptive Lehrkompetenz und pädagogische Haltung: Lehrerbildung für eine inklusive Schule. *Jahrbuch für Allgemeine Didaktik. Thementeil Allgemeine Didaktik für eine inklusive Schule. Allgemeiner Teil,* 16–34.

Flick, U. (2014). Gütekriterien qualitativer Sozialforschung. In N. Baur & J. Blasius (Hrsg.), *Handbuch Methoden der empirischen Sozialforschung* (S. 411–424). Springer VS. https:// doi.org/10.1007/978-3-531-18939-0

Franz, E.-K., Heyl, V., Wacker, A., & Dörfler, T. (2019). Konstruktvalidierung eines Tests zur Erfassung von adaptiver Handlungskompetenz in heterogenen Gruppen. *Journal for Educational Research Online, 11*(2), 116–146.

Friesen, M. E. (2017). *Teachers' Competence of Analysing the Use of Multiple Representations in Mathematics Classroom Situations and its Assessment in a Vignette-Based Test* [Doctoral dissertation, Pädagogische Hochschule Ludwigsburg]. https://phbl-opus.phlb. dc/frontdoor/index/index/docId/545

Gebhardt, M., Schwab, S., Nusser, L., & Hessels, M. G. P. (2015). Einstellungen und Selbstwirksamkeit von Lehrerinnen und Lehrern zur schulischen Inklusion in Deutschland – eine Analyse mit Daten des Nationalen Bildungspanels Deutschlands (NEPS). *Empirische Pädagogik, 29*(2), 211–229.

Gläser-Zikuda, M., Fendler, J., Noack, J., & Ziegelbauer, S. (2011). Fostering self-regulated learning with portfolios in schools and higher education. *Orbis scholae, 5*(2), 67–78.

Göb, N. (2017). Professionalisierung durch Lehrerfortbildung: Wie wird der Lernprozess der Teilnehmenden unterstützt? *DDS – Die Deutsche Schule, 109*(1), 9–27.

Göb, N. (2018). *Wirkungen von Lehrerfortbildung. Eine explorative Betrachtung von Fortbildungstypen und deren Effekte auf die Teilnehmenden am Beispiel des Pädagogischen Landesinstituts Rheinland-Pfalz.* Beltz Juventa.

Goldsmith, L. T., Doerr, H. M., & Lewis, C. C. (2014). Mathematics teachers' learning: a conceptual framework and synthesis of research. *Journal of Mathematics Teacher Education, 17*(1), 5–36. https://doi.org/10.1007/s10857-013-9245-4

González, G., Deal, J. T., & Skultety, L. (2016). Facilitating Teacher Learning When Using Different Representations of Practice. *Journal of Teacher Education, 67*(5), 447–466. https://doi.org/10.1177/0022487116669573

Grigutsch, S., Raatz, U., & Törner, G. (1998). Einstellungen gegenüber Mathematik bei Mathematiklehrern. *Journal für Mathematik-Didaktik, 19*(1), 3–45. https://doi.org/10.1007/BF03338859

Grosche, M. (2015). Was ist Inklusion? In P. Kuhl, P. Stanat, B. Lütje-Klose, C. Gresch, H. A. Pant, & M. Prenzel (Hrsg.), *Inklusion von Schülerinnen und Schülern mit sonderpädagogischem Förderbedarf in Schulleistungserhebungen* (S. 17–39). Springer VS. https://doi.org/10.1007/978-3-658-06604-8_1

Guskey, T. R. (2002). Professional Development and Teacher Change. *Teachers and Teaching: theory and practice, 8*(3/4), 381–391. https://doi.org/10.1080/135406002100000512

Hajian, S. (2019). Transfer of Learning and Teaching: A Review of Transfer Theories and Effective Instructional Practices. *IAFOR Journal of Education, 7*(1), 93–111. https://doi.org/10.22492/ije.7.1.06

Häsel-Weide, U. (2015). Gemeinsames Mathematiklernen im Spiegel von Inklusion. In R. Braches-Chyrek, C. Fischer, C. Mangione, A. Penczek, & S. Rahm (Hrsg.), *Herausforderung Inklusion: Schule – Unterricht – Profession* (S. 191–200). University of Bamberg Press.

Häsel-Weide, U. (2017). Inklusiven Mathematikunterricht gestalten: Anforderungen an die Lehrerausbildung. In J. Leuders, T. Leuders, S. Prediger, & S. Ruwisch (Hrsg.), *Mit Heterogenität im Mathematikunterricht umgehen lernen: Konzepte und Studien zur Hochschuldidaktik und Lehrerbildung Mathematik* (S. 17–28). Springer Spektrum. https://doi.org/10.1007/978-3-658-16903-9_2

Häsel-Weide, U., & Nührenbörger, M. (2013). Mathematiklernen im Spiegel von Heterogenität und Inklusion. *Mathematik differenziert, 4*(2), 6–8.

Häsel-Weide, U., & Nührenbörger, M. (2017). Grundzüge des inklusiven Mathematikunterrichts. In U. Häsel-Weide & M. Nührenbörger (Hrsg.), *Gemeinsam Mathematik lernen – mit allen Kindern rechnen* (S. 8–21). Grundschulverband e. V..

Haskell, R. E. (2001). *Transfer of Learning: Cognition, Instruction and Reasoning.* Academic Press.

Hasselhorn, M., & Gold, A. (2017). *Pädagogische Psychologie: Erfolgreiches Lernen und Lehren* (4. Aufl.). Verlag W. Kohlhammer.

Hasselhorn, M., & Hager, W. (2008). Transferwirkungen kognitiver Trainings. In W. Schneider & M. Hasselhorn (Hrsg.), *Handbuch der Pädagogischen Psychologie* (S. 381–390). Hogrefe.

Hasselhorn, M., & Labuhn, A. S. (2008). Metakognition und selbstreguliertes Lernen. In W. Schneider & M. Hasselhorn (Hrsg.), *Handbuch der Pädagogischen Psychologie* (S. 28–37). Hogrefe.

Hattie, J. (2009). *Visible learning: a synthesis of over 800 meta-analyses relating to achievement.* Routledge.

Heinrich, M., Urban, M., & Werning, R. (2013). Grundlagen, Handlungsstrategien und For-schungsperspektiven für die Ausbildung und Professionalisierung von Fachkräften für inklusive Schulen. In H. Döbert & H. Weishaupt (Hrsg.), *Inklusive Bildung professionell gestalten: Situationsanalyse und Handlungsempfehlungen* (S. 69–133). Waxmann.

Heinrich, M., & Werning, R. (2013). „It's Team-Time"? Unterrichtskooperation von Sonder-pädagogInnen und Fachlehrkräften angesichts zeitlich knapper Ressourcen und asymme-trischer Beziehungen. *Journal für Schulentwicklung, 17*(4), 26–32.

Helfferich, C. (2014). Leitfaden und Experteninterviews. In N. Baur & J. Blasius (Hrsg.), *Handbuch Methoden der empirischen Sozialforschung* (S. 559–574). Springer VS. https://doi.org/10.1007/978-3-531-18939-0

Hellmich, F., & Görel, G. (2014). Erklärungsfaktoren für Einstellungen von Lehrerinnen und Lehrern zum inklusiven Unterricht in der Grundschule. *Zeitschrift für Bildungsforschung, 4*(3), 227–240. https://doi.org/10.1007/s35834-014-0102-z

Helsper, W. (2016). Lehrerprofessionalität – der strukturtheoretische Ansatz. In M. Rothland (Hrsg.), *Beruf Lehrer/Lehrerin: Ein Studienbuch* (S. 103–125). Waxmann.

Hering, L., & Schmidt, R. J. (2014). Einzelfallanalyse. In N. Baur & J. Blasius (Hrsg.), *Hand-buch Methoden der empirischen Sozialforschung* (S. 529–541). Wiesbaden: Springer.

Hillenbrand, C., Melzer, C., & Hagen, T. (2013). Bildung schulischer Fachkräfte für inklu-sive Bildungssysteme. In H. Döbert & H. Weishaupt (Hrsg.), *Inklusive Bildung profes-sionell gestalten: Situationsanalyse und Handlungsempfehlungen* (S. 33–68). Waxmann.

Hillje, M. (2012). *Fachdidaktisches Wissen von Lehrerinnen und Lehrern und die didakti-sche Strukturierung von Mathematikunterricht* [Doctoral dissertation, Carl von Ossietzky Universität Oldenburg]. https://d-nb.info/1048590852/34

Holzäpfel, L., Leuders, T., & Marxer, M. (2011). Lebensraum Zoo. Wie viel Platz haben die Tiere? *mathematik lehren (Mathe-Welt), 164*, 25–40.

Huber, S., & Radisch, F. (2010). Wirksamkeit von Lehrerfort- und -weiterbildung. Ansätze und Überlegungen für ein Rahmenmodell zur theoriegeleiteten empirischen Forschung und Evaluation. In W. Böttcher, J. N. Dicke, & N. Hogrebe (Hrsg.), *Evaluation, Bildung und Gesellschaft* (S. 337–354). Waxmann.

Hußmann, S., & Welzel, B. (Hrsg.) (2018). *DoProfiL – Das Dortmunder Profil für inklusi-onsorientierte Lehrerinnen- und Lehrerbildung*. Waxmann.

Jackson, K., Cobb, P., Wilson, J., Webster, M., Dunlap, C., & Appelgate, M. (2015). Inves-tigating the development of mathematics leaders' capacity to support teachers' learning on a large scale. *ZDM Mathematics Education, 47*(1), 93–104. https://doi.org/10.1007/s11858-014-0652-5

Justi, R., & van Driel, J. (2006). The use of the Interconnected Model of Teacher Professio-nal Growth for understanding the development of science teachers' knowledge on models and modelling. *Teaching and Teacher Education, 22*(4), 437–450. https://doi.org/10.1016/j.tate.2005.11.011

Kaiser, G., Blömeke, S., König, J., Busse, A., Döhrmann, M., & Hoth, J. (2017). Professional competencies of (prospective) mathematics teachers – cognitive versus situated approa-ches. *Educational Studies in Mathematics, 94*(2), 161–182. https://doi.org/10.1007/s10649-016-9713-8

Kaiser, G., & König, J. (2019). Competence Measurement in (Mathematics) Teacher Educa-tion and Beyond: Implications for Policy. *Higher Education Policy, 32*(4), 597–615.

Kelle, U., Reith, F., & Metje, B. (2017). Empirische Forschungsmethoden. In M. K. W. Schweer (Hrsg.), *Lehrer-Schüler-Interaktion. Schule und Gesellschaft 24* (S. 27–63). https://doi.org/10.1007/978-3-658-15083-9_2

Keller-Schneider, M. (2016). Berufseinstieg, Berufsbiografien und Berufskarriere von Lehrerinnen und Lehrern. In M. Rothland (Hrsg.), *Beruf Lehrer/Lehrerin: Ein Studienbuch* (S. 277–298). Waxmann.

Kirkpatrick, D. L., & Kirkpatrick, J. D. (2006). *Evaluating Training Programs: The Four Levels* (3. Aufl.). Berrett-Koehler.

Klemm, K., & Preuss-Lausitz, U. (2011). *Auf dem Weg zur schulischen Inklusion in Nordrhein-Westfalen. Empfehlungen zur Umsetzung der UN-Behindertenrechtskonvention im Bereich der allgemeinen Schulen.* https://www.schulministerium.nrw/sites/default/files/docume nts/NRW_Inklusionskonzept_2011_-_neue_Version_08_07_11.pdf [letzter Zugriff: 12.05.2021]

Klieme, E, & Leutner, D. (2006). Kompetenzmodelle zur Erfassung individueller Lernergebnisse und zur Bilanzierung von Bildungsprozessen. Beschreibung eines neu eingerichteten Schwerpunktprogramms der DFG. *Zeitschrift für Pädagogik, 52,* 876–903.

Klieme, E., Maag-Merki, K., & Hartig, J. (2007). Kompetenzbegriff und Bedeutung von Kompetenzen im Bildungswesen. In J. Hartig & E. Klieme (Hrsg.), *Möglichkeiten und Voraussetzungen technologiebasierter Kompetenzdiagnostik: Eine Expertise im Auftrag des Bundesministeriums für Bildung und Forschung* (Bildungsforschung, Bd. 20, S. 5–15). Bundesministerium für Bildung und Forschung.

Klusmann, U. (2011). Allgemeine berufliche Motivation und Selbstregulation. In M. Kunter, J. Baumert, W. Blum, U. Klusmann, S. Krauss, & M. Neubrand (Hrsg.), *Professionelle Kompetenz von Lehrkräften: Ergebnisse des Forschungsprogramms COACTIV* (S. 277–294). Waxmann.

Knipping, C., Korff, N., & Prediger, S. (2017). Mathematikdidaktische Kernbestände für den Umgang mit Heterogenität – Versuch einer curricularen Bestimmung. In C. Selter, S. Hußmann, C. Hößle, C. Knipping, K. Lengnink, & J. Michaelis (Hrsg.), *Diagnose und Förderung heterogener Lerngruppen – Theorien, Konzepte und Beispiele aus der MINT-Lehrerbildung* (S. 39–60). Waxmann.

Kocaj, A., Kuhl, P., Kroth, A. J., Pant, H. A., & Stanat, P. (2014). Wo lernen Kinder mit sonderpädagogischem Förderbedarf besser? Ein Vergleich schulischer Kompetenzen zwischen Regel- und Förderschulen in der Primarstufe. *Kölner Zeitschrift für Soziologie und Sozialpsychologie, 66*(2), 165–191.

König, J., Gerhard, K., Kaspar, K., & Melzer, C. (2019). Professionelles Wissen von Lehrkräften zur Inklusion: Überlegungen zur Modellierung und Erfassung mithilfe standardisierter Testinstrumente. *Pädagogische Rundschau, 73*(1), 43–64. https://doi.org/10.3726/PR012019

König, J., Gerhard, K., Melzer, C., Rühl, A.-M., Zenner, J., & Kaspar, K. (2017). Erfassung von pädagogischem Wissen für inklusiven Unterricht bei angehenden Lehrkräften: Testkonstruktion und Validierung. *Unterrichtswissenschaft, 45*(4), 223–241.

König, J., & Pflanzl, B. (2016). Is teacher knowledge associated with performance? On the relationship between teachers' general pedagogical knowledge and instructional quality. *European Journal of Teacher Education, 39*(4), 419–436.

Kopmann, H., & Zeinz, H. (2018). Professionelle Handlungskompetenz in inklusiven Lernsettings. In S. Miller, B. Holler-Nowitzki, B. Kottmann, S. Lesemann, B. Letmathe-Henkel, N. Meyer, R. Schroeder, & K. Velten (Hrsg.), *Profession und Disziplin: Grundschulpädagogik im Diskurs. Jahrbuch Grundschulforschung* (Bd. 22, S. 151–157). Springer VS. https://doi.org/10.1007/978-3-658-13502-7_15

Korff, N. (2016). *Inklusiver Mathematikunterricht in der Primastufe: Erfahrungen, Perspektiven und Herausforderungen.* Schneider Verlag Hohengehren.

Korten, L., Nührenbörger, M., Selter, C., Wember, F., & Wollenweber, T. (2019). Gemeinsame Lernumgebungen entwickeln (GLUE), ein Blended-Learning Fortbildungskonzept für den inklusiven Mathematikunterricht. *QfI – Qualifizierung für Inklusion, 1*(1). https://doi.org/10.21248/qfi.7

Korten, L., Wollenweber, T., Herold-Blasius, R., Nührenbörger, M., Selter, C., & Wember, F. B. (2020). Blended-Learning-Fortbildung zum inklusiven Mathematikunterricht. In H.-S. Siller, W. Weigel, & J. F. Wörler (Hrsg.), *Beiträge zum Mathematikunterricht 2020* (S. 537–540). WTM-Verlag. https://doi.org/10.37626/GA9783959871402.0

Krauss, S., Blum, W., Brunner, M., Neubrand, M., Baumert, J., Kunter, M., Besser, M., & Elsner, J. (2011). Konzeptualisierung und Testkonstruktion zum fachbezogenen Professionswissen von Mathematiklehrkräften. In M. Kunter, J. Baumert, W. Blum, U. Klusmann, S. Krauss, & M. Neubrand (Hrsg.), *Professionelle Kompetenz von Lehrkräften: Ergebnisse des Forschungsprogramms COACTIV* (S. 135–161). Waxmann.

Krauthausen, G., & Scherer, P. (2010). *Umgang mit Heterogenität: Natürliche Differenzierung im Mathematikunterricht der Grundschule. Handreichung des Programms Sinus an Grundschulen.* IPN-Materialien. http://www.sinus-an-grundschulen.de/fileadmin/uploads/Material_aus_SGS/Handreichung_Krauthausen-Scherer.pdf [letzter Zugriff: 12.05.2021]

Krüger, R. (2015). Vom Klassenlehrer zum Teamleiter für inklusives Classroom-Management. In R. Krüger & C. Mähler (Hrsg.), *Gemeinsames Lernen in inklusiven Klassenzimmern: Prozesse der Schulentwicklung gestalten* (S. 135–145). Carl Link.

Kruse, J. (2015). *Qualitative Interviewforschung. Ein integrativer Ansatz.* (2., überarbeitete und ergänzte Aufl.). Beltz Juventa.

Kuckartz, U. (2018). *Qualitative Inhaltsanalyse. Methoden, Praxis, Computerunterstützung* (4. Aufl.). Beltz Juventa.

Kultusministerkonferenz (2011). Inklusive Bildung von Kindern und Jugendlichen mit Behinderungen in Schulen (Beschluss der Kultusministerkonferenz vom 20.10.2011). https://www.kmk.org/fileadmin/veroeffentlichungen_beschluesse/2011/2011_10_20-Inklusive-Bildung.pdf [letzter Zugriff: 12.05.2021]

Kultusministerkonferenz (2019). *Ländergemeinsame inhaltliche Anforderungen für die Fachwissenschaften und Fachdidaktiken in der Lehrerbildung (Beschluss der Kultusministerkonferenz vom 16.10.2008 i. d. F. vom 16.05.2019).* https://www.kmk.org/fileadmin/veroeffentlichungen_beschluesse/2008/2008_10_16-Fachprofile-Lehrerbildung.pdf [letzter Zugriff: 12.05.2021]

Kunter, M. (2011). Motivation als Teil der professionellen Handlungskompetenz – Forschungsbefunde zum Enthusiasmus von Lehrkräften. In M. Kunter, J. Baumert, W. Blum, U. Klusmann, S. Krauss, & M. Neubrand (Hrsg.), *Professionelle Kompetenz von Lehrkräften: Ergebnisse des Forschungsprogramms COACTIV* (S. 259–275). Waxmann.

Kunter, M., Baumert, J., Blum, W., Klusmann, U., Krauss, S., & Neubrand, M. (Hrsg.) (2011). *Professionelle Kompetenz von Lehrkräften: Ergebnisse des Forschungsprogramms COACTIV*. Waxmann.

Kunter, M., Klusmann, U., Baumert, J., Richter, D., Voss, T., & Hachfeld, A. (2013). Professional competence of teachers: Effects on instructional quality and student development. *Journal of Educational Psychology, 105*(3), 805–820. https://doi.org/10.1037/a0032583

Kurniawati, F., de Boer, A. A., Minnaert, A. E. M. G, & Mangunsong, F. (2014). Characteristics of primary teacher training programmes on inclusion: a literature focus. *Educational Research, 56*(3), 310–326.

Leidig, T. (2019). *Wie kann es gelingen? – Professionalisierung von Lehrkräften auf dem Weg zum inklusiven Schulsystem unter besonderer Berücksichtigung prozessbegleitender Fortbildungsangebote* [Doctoral dissertation, Universität zu Köln]. https://kups.ub.uni-koeln. de/9733/

Lesemann, S. (2016). *Fortbildungen zum schulischen Umgang mit Rechenstörungen: Eine Evaluationsstudie zur Wirksamkeit auf Lehrer- und Schülerebene*. Springer Spektrum. https://doi.org/10.1007/978-3-658-11380-3

Leuders, T., & Prediger, S. (2016). *Flexibel differenzieren und fokussiert fördern im Mathematikunterricht*. Cornelsen.

Leuders, T., Schmaltz, C., & Erens, R. (2018). Entwicklung einer Fortbildung zu allgemeindidaktischen und fachdidaktischen Aspekten des Differenzierens. In R. Biehler, T. Lange, T. Leuders, B. Rösken-Winter, P. Scherer, & C. Selter (Hrsg.), *Mathematikfortbildungen professionalisieren: Konzepte und Studien zur Hochschuldidaktik und Lehrerbildung Mathematik* (S. 281–297). Springer Spektrum. https://doi.org/10.1007/978-3-658-19028-6_15

Lindmeier, A. (2011). *Modeling and measuring knowledge and competencies of teachers. A threefold domain-specific structure model for mathematics*. Waxmann.

Lipowsky, F. (2010). Lernen im Beruf – Empirische Befunde zur Wirksamkeit von Lehrerfortbildung. In F. Müller, A. Eichenberger, M. Lüders, & J. Mayr (Hrsg.), *Lehrerinnen und Lehrer lernen – Konzepte und Befunde zur Lehrerfortbildung* (S. 51–72). Waxmann.

Lipowsky, F., & Rzejak, D. (2012). Lehrerinnen und Lehrer als Lerner – Wann gelingt der Rollentausch? Merkmale und Wirkungen wirksamer Lehrerfortbildungen. *Schulpädagogik heute, 3*(5), 1–17.

Lipowsky, F., & Rzejak, D. (2017). Fortbildungen für Lehrkräfte wirksam gestalten – Erfolgversprechende Wege und Konzepte aus Sicht der empirischen Bildungsforschung. *Bildung und Erziehung, 70*(4), 379–399.

Lipowsky, F. & Rzejak, D. (2019). Empirische Befunde zur Wirksamkeit von Fortbildungen für Lehrkräfte. In P. Platzbecker & B. Priebe (Hrsg.), *Zur Wirksamkeit und Nachhaltigkeit von Lehrerfortbildung. Qualitätssicherung und Qualitätsentwicklung Katholischer Lehrerfort- und -weiterbildung* (S. 34–74). Dokumentation der Fachtagung vom 26.–27. September 2018 in Wermelskirchen. Essen: Institut für Lehrerfortbildung.

Liu, S., & Phelps, G. (2019). Does Teacher Learning Last? Understanding How Much Teachers Retain Their Knowledge After Professional Development. *Journal of Teacher Education, 71*(5), 537–550. https://doi.org/10.1177/0022487119886290

Löser, J. M., & Werning, R. (2015). Inklusion – allgegenwärtig, kontrovers, diffus? *Erziehungswissenschaft, 26*(51), 17–24.

Lyle, J. (2003). Stimulated Recall: a report on its use in naturalistic research. *British Educational Research Journal, 29*(6), 861–878. https://doi.org/10.1080/014119203200013 7349

Mayring, P. (2010). *Qualitative Inhaltsanalyse. Grundlagen und Techniken* (11., aktualisierte und überarbeitete Aufl.). Beltz.

Melzer, C., Hillenbrand, C., Sprenger, D., & Hennemann, T. (2015). Aufgaben von Lehrkräften in inklusiven Bildungssystemen – Review internationaler Studien. *Erziehungswissenschaft, 26*(51), 61–80.

Messmer, R. (2015). Stimulated Recall als fokussierter Zugang zu Handlungs- und Denkprozessen von Lehrpersonen. *Forum qualitative Sozialforschung, 16*(1), Artikel 3.

Modul „Inklusiv und gemeinsam Mathematiklernen". DZLM-Material zur Gestaltung von Fortbildungen, erstellt von Natascha Albersmann, Ruth Bebernik, Nadine da Costa Silva, Stephan Hußmann, Katrin Rolka, Florian Schacht und Lara Sprenger. Verfügbar unter: https://www.dzlm.de/angebote/angebotssuche%3Ff%5B0%5D%3Dfield_angebot styp%253A432/inklusiv-und-gemeinsam-mathematiklernen [letzter Zugriff: 21.02.2021]

Moser, V., & Kropp, A. (2015). Kompetenzen in Inklusiven Settings (KIS): Vorarbeiten zu einem Kompetenzstrukturmodell sonderpädagogischer Lehrkräfte. In T. Häcker & M. Walm (Hrsg.), *Inklusion als Entwicklung: Konsequenzen für Schule und Lehrerbildung* (S. 185–212). Klinkhardt.

Moser, V., Schäfer, L., & Redlich, H. (2011). Kompetenzen und Beliefs von Förderschullehrkräften in inklusiven Settings. In B. Lütje-Klose, M. T. Langner, B. Serke, & M. Urban (Hrsg.), *Inklusion in Bildungsinstitutionen. Eine Herausforderung an die Heil- und Sonderpädagogik* (S. 143–149). Klinkhardt.

Müller, F. H., Eichenberger, A., Lüders, M., & Mayr, J. (2010). *Lehrerinnen und Lehrer lernen: Konzepte und Befunde zur Lehrerfortbildung.* Waxmann.

Neubrand, M. (2018). Conceptualizations of professional knowledge for teachers of mathematics. *ZDM Mathematics Education, 50*(4), 601–612. https://doi.org/10.1007/s11858-017-0906-0

Niermann, A. (2017). *Professionswissen von Lehrerinnen und Lehrern des Mathematik- und Sachunterrichts. „...man muss schon von der Sache wissen."* Klinkhardt.

Nührenbörger, M., & Pust, S. (2006). *Mit Unterschieden rechnen. Lernumgebungen und Materialien für einen differenzierten Anfangsunterricht.* Kallmeyer.

Peters-Dasdemir, J., & Barzel, B. (2019). The profile of facilitators. In A. Frank, S. Krauss, & K. Binder (Hrsg.), *Beiträge zum Mathematikunterricht 2019* (S. 941–944). WTM-Verlag.

Prediger, S. (2016). Inklusion im Mathematikunterricht: Forschung und Entwicklung zur fokussierten Förderung statt rein unterrichtsmethodischer Bewältigung. In J. Menthe, D. Höttecke, T. Zabka, M. Hammann, & M. Rothgangel (Hrsg.), *Befähigung zu gesellschaftlicher Teilhabe. Beiträge der fachdidaktischen Forschung* (S. 361–372). Waxmann.

Prediger, S. (2019a). Design-Research in der gegenstandsspezifischen Professionalisierungsforschung. Ansatz und Einblicke in Vorgehensweisen und Resultate. In T. Leuders, E. Christophel, M. Hemmer, F. Korneck, & P. Labudde (Hrsg.), *Fachdidaktische Forschung zur Lehrerbildung* (S. 11–34). Waxmann.

Prediger, S. (2019b). Fortbildungsdidaktische Kompetenz ist mehr als unterrichtsbezogene plus fortbildungsmethodische Kompetenz. Zur notwendigen fortbildungsdidaktischen Qualifizierung von Fortbildenden am Beispiel des verstehensfördernden Umgangs mit Darstellungen. In A. Büchter, M. Glade, R. Herold-Blasius, M. Klinger, F. Schacht, & P.

Scherer (Hrsg.), *Vielfältige Zugänge zum Mathematikunterricht*. Springer Spektrum (S. 311–325). https://doi.org/10.1007/978-3-658-24292-3_22

Prediger, S. (2019c). Theorizing in Design Research: Methodological reflections on developing and connecting theory elements for language-responsive mathematics classrooms. *Avances de Investigación en Educación Matemática, 15*, 5–27. https://doi.org/10.35763/aiem.v0i15.265

Prediger, S. (2020). Content-specific theory elements for explaining and enhancing teachers' professional growth in collaborative groups. In H. Borko & D. Potari (Hrsg.), *ICMI Study 25 Conference Proceedings: Teachers of mathematics working and learning in collaborative groups* (S. 2–15). International Commission on Mathematical Instruction.

Prediger, S., & Ademmer, C. (2019). Gemeinsam zum Volumen von Quadern: Eine inklusive und sprachsensible Unterrichtsreihe. *mathematik lehren, 214*, 13–18.

Prediger, S., & Buró, S. (2021). Selbstberichtete Praktiken von Lehrkräften im inklusiven Mathematikunterricht – Eine Interviewstudie. *Journal für Mathematik-Didaktik, 42*(1), 187–217. https://doi.org/10.1007/s13138-020-00172-1

Prediger, S., Kuhl, J., Büscher, C., & Buró, S. (2019). Mathematik inklusiv lehren lernen: Entwicklung eines forschungsbasierten interdisziplinären Fortbildungskonzepts. *Journal für Psychologie, 27*(2), 288–312. https://doi.org/10.30820/0942-2285-2019-2-288

Prediger, S., Leuders, T., & Rösken-Winter, B. (2017). Drei-Tetraeder-Modell der gegenstandsbezogenen Professionalisierungsforschung: Fachspezifische Verknüpfung von Design und Forschung. *Jahrbuch für Allgemeine Didaktik, 2017*, 159–177.

Prediger, S., Schnell, S., & Rösike, K.-A. (2016). Design Research with a focus on content-specific professionalization processes: The case of noticing students' potentials. In S. Zehetmeier, B. Rösken-Winter, D. Potari, & M. Ribeiro (Hrsg.), *Proceedings of the Third ERME Topic Conference on Mathematics Teaching, Resources and Teacher Professional Development* (S. 96–105). Humboldt-Universität zu Berlin.

Radhoff, M., Buddeberg, M., & Hornberg, S. (2019). Professionalisierung von Lehrkräften in Zeiten von Inklusion. Zur Interaktion von Regel- und Förderschullehrkräften in der Grundschule. In C. Donie, M. Obermayr, A. Deckwerth, G. Kammermeyer, G. Lenske, M. Leuchter, & A. Wildemann (Hrsg.), *Grundschulpädagogik zwischen Wissenschaft und Transfer. Jahrbuch Grundschulforschung* (Bd. 23, S. 271–276). Springer VS. https://doi.org/10.1007/978-3-658-26231-0_35

Remillard, J. T., & Bryans, M. B. (2004). Teachers' orientations toward mathematics curriculum materials implications for teacher learning. *Journal for Research in Mathematics Education, 35*(5), 352–388.

Richter, D. (2016). Lehrerinnen und Lehrer lernen: Fort- und Weiterbildung im Lehrerberuf. In M. Rothland (Hrsg.), *Beruf Lehrer/Lehrerin: Ein Studienbuch* (S. 245–260). Waxmann.

Rolka, K., & Albersmann, N. (2019). Lernen am gemeinsamen Gegenstand: Die Aktivität »Quader bauen« für Schüler/innen mit dem Förderschwerpunkt Lernen. *MNU Journal, 72*(3), 189–193.

Rothenbächer, N. (2016). *Kooperatives Lernen im inklusiven Mathematikunterricht*. Verlag Franzbecker.

Rzejak, D., Künsting, J., Lipowsky, F., Fischer, E., Dezhgahi, U., & Reichardt, A. (2014). Facetten der Lehrerfortbildungsmotivation – eine faktorenanalytische Betrachtung. *Journal for Educational Research Online, 6*(1), 139–159.

Salomon, G., & Perkins, D. N. (1989). Rocky Roads to Transfer: Rethinking Mechanisms of a Neglected Phenomenon. *Educational Psychologist, 24*(2), 113–142.

Schacht, F., & Bebernik, R. (2018). Gemeinsames Lernen im Geometrieunterricht der Sekundarstufe I. *Zeitschrift für Heilpädagogik, 69*(6), 271–281.

Scherer, P. (1995). *Entdeckendes Lernen im Mathematikunterricht der Schule für Lernbehinderte: theoretische Grundlagen und evaluierte unterrichtspraktische Erprobung.* Edition Schindele.

Scherer, P. (1997). Schwierigkeiten beim Mathematiklernen. Veränderte Sichtweisen und unterrichtliche Konsequenzen. In E. Glumpler & S. Luchtenberg (Hrsg.), *Jahrbuch Grundschulforschung* (Bd. 1, S. 260–275). Deutscher Studienverlag.

Scherer, P. (2015). Inklusiver Mathematikunterricht in der Grundschule. Anforderungen und Möglichkeiten aus fachdidaktischer Perspektive. In T. Häcker & M. Walm (Hrsg.), *Inklusion als Entwicklung – Konsequenzen für Schule und Lehrerbildung* (S. 267–284). Klinkhardt.

Scherer, P. (2017). Gemeinsames Lernen oder Einzelförderung? – Grenzen und Möglichkeiten eines inklusiven Mathematikunterrichts. In F. Hellmich & E. Blumberg (Hrsg.), *Inklusiver Unterricht in der Grundschule* (S. 194–212). Kohlhammer.

Scherer, P. (2019). Inklusiver Mathematikunterricht – Herausforderungen bei der Gestaltung von Lehrerfortbildungen. In A. Büchter, M. Glade, R. Herold-Blasius, M. Klinger, F. Schacht, & P. Scherer (Hrsg.), *Vielfältige Zugänge zum Mathematikunterricht – Konzepte und Beispiele aus Forschung und Praxis* (S. 327–340). Springer.

Scherer, P., Beswick, K., DeBlois, L., Healy, L., & Moser Opitz, E. (2016). Assistance of students with mathematical learning difficulties: how can research support practice? *ZDM Mathematics Education, 48*(5), 633–649. https://doi.org/10.1007/s11858-016-0800-1

Scherer, P., & Hoffmann, M. (2018). Umgang mit Heterogenität im Mathematikunterricht der Grundschule – Erfahrungen und Ergebnisse einer Fortbildungsmaßnahme für Multiplikatorinnen und Multiplikatoren. In R. Biehler, T. Lange, T. Leuders, B. Rösken-Winter, P. Scherer, & C. Selter (Hrsg.), *Mathematikfortbildungen professionalisieren – Konzepte, Beispiele und Erfahrungen des Deutschen Zentrums für Lehrerbildung Mathematik* (S. 265–279). Springer.

Scherer, P., & Krauthausen, G. (2010). Natural Differentiation in Mathematics – The NaDiMa project. In M. van Zanten (Hrsg.), *Waardevol reken-wiskundeonderwijs – kenmerken van kwaliteit. Proceedings of 28th Panama Conference* (S. 33–57). Fisme, Universiteit Utrecht.

Scherer, P., Nührenbörger, M., & Ratte, L. (2019). Inclusive Mathematics – In-service Training for Out-of-field Teachers. In J. Novotná & H. Moraova (Hrsg.), *SEMT 2019. International Symposium Elementary Maths Teaching. August 18–23, 2019. Proceedings: Opportunities in Learning and Teaching Elementary Mathematics* (S. 382–391). Charles University Prague, Faculty of Education.

Schindler, M. (2017). Inklusiver Mathematikunterricht am gemeinsamen Gegenstand. *mathematik lehren, 201,* 6–10.

Schlüter, A.-K., Melle, I., & Wember, F. B. (2016). Unterrichtsgestaltung in Klassen des gemeinsamen Lernens: Universal Design for Learning. *Sonderpädagogische Förderung heute, 61*(3), 270–285.

Schmaltz, C. (2019). *Heterogenität als Herausforderung für die Professionalisierung von Lehrkräften: Entwicklung der Unterrichtsplanungskompetenz im Rahmen einer Fortbildung.* Springer VS. https://doi.org/10.1007/978-3-658-23020-3

Schmitz, B., & Schmidt, M. (2007). Einführung in die Selbstregulation. In M. Landmann & B. Schmitz (Hrsg.), *Selbstregulation erfolgreich fördern: Praxisnahe Trainingsprogramme für effektives Lernen* (S. 9–18). Kohlhammer.

Schmotz, C., Felbrich, A., & Kaiser, G. (2010). Überzeugungen angehender Mathematiklehrkräfte für die Sekundarstufe I im internationalen Vergleich. In S. Blömeke, G. Kaiser, & R. Lehmann (Hrsg.), *TEDS-M 2008 – Professionelle Kompetenz und Lerngelegenheiten angehender Mathematiklehrkräfte für die Sekundarstufe I im internationalen Vergleich* (S. 279–306). Waxmann.

Schreier, M. (2014). Varianten qualitativer Inhaltsanalyse: Ein Wegweiser im Dickicht der Begrifflichkeiten. *Forum qualitative Sozialforschung, 15*(1), Art. 18.

Schumacher, S. (2017). *Lehrerprofessionswissen im Kontext beschreibender Statistik. Entwicklung und Aufbau des Testinstruments BeSt Teacher mit ausgewählten Analysen.* Springer Spektrum. https://doi.org/10.1007/978-3-658-17766-9_2

Schunk, D. H. (2012). *Learning Theories: An Educational Perspective* (6. Aufl.). Pearson Education.

Schwarz, B., & Kaiser, G. (2019). The Professional Development of Mathematics Teachers. In: Kaiser G., & Presmeg N. (Hrsg.), *Compendium for Early Career Researchers in Mathematics Education* (S. 325–342). ICME-13 Monographs. Springer, Cham. https://doi.org/10.1007/978-3-030-15636-7_15.

Seifried, S. (2015). *Einstellungen von Lehrkräften zu Inklusion und deren Bedeutung für den schulischen Implementierungsprozess – Entwicklung, Validierung und strukturgleichungsanalytische Modellierung der Skala EFI-L* [Doctoral dissertation, Pädagogische Hochschule Heidelberg]. https://opus.ph-heidelberg.de/frontdoor/deliver/index/docId/140/file/Dissertation_Seifried_Stefanie.pdf

Seitz, S., Häsel-Weide, U., Wilke, Y., Wallner, M., & Heckmann, L. (2020). Expertise von Lehrpersonen für inklusiven Mathematikunterricht der Sekundarstufe – Ausgangspunkte zur Professionalisierungsforschung. *Kölner Online Journal für Lehrer*innenbildung, 2*(2), 50–69. https://doi.org/10.18716/ojs/kON/2020.2.03

Selter, C. (2017). Förderorientierte Diagnose und diagnosegeleitete Förderung. In A. Fritz-Stratmann, S. Schmidt, & G. Ricken (Hrsg.), *Handbuch Rechenschwäche* (S. 375–394). Beltz: Weinheim.

Shulman, L. S. (1986). Those Who Understand: Knowledge Growth in Teaching. *Educational Researcher, 15*(2), 4–14.

Strauß, S., & König, J. (2017). Berufsbezogene Überzeugungen von angehenden Lehrkräften zur inklusiven Bildung. *Unterrichtswissenschaft, 45*(4), 243–261.

Sztajn, P., Borko, H., & Smith, T. M. (2017). Research on Mathematics Professional Development. In: Cai, J. (Hrsg.), *COMPENDIUM for Research in Mathematics Education* (S. 793–823). Reston, VA: The National Council of Teachers of Mathematics.

Terhart, E. (2011). Lehrerberuf und Professionalität. Gewandeltes Begriffsverständnis – neue Herausforderungen. *Zeitschrift für Pädagogik*, Beiheft 57, 202–224.

Timperley, H., Wilson, A., Barrar, H., & Fung, I. (2007). *Teacher Professional Learning and Development: Best Evidence Synthesis Iteration [BES].* New Zealand Ministry of Education.

Törner, G. (2015). Verborgene Bedingungs- und Gelingensfaktoren bei Fortbildungsmaß-
nahmen in der Lehrerbildung Mathematik – subjektive Erfahrungen aus einer deutschen
Perspektive. *Journal für Mathematik-Didaktik, 36*(2), 195–232. https://doi.org/10.1007/
s13138-015-0078-9

von Aufschnaiter, C., Selter, C., & Michaelis, J. (2017). Nutzung von Vignetten zur Ent-
wicklung von Diagnose- und Förderkompetenzen – Konzeptionelle Überlegungen und
Beispiele aus der MINT-Lehrerbildung. In C. Selter, S. Hußmann, C. Hößle, C. Knipping,
K. Lengnink, & J. Michaelis (Hrsg.), *Diagnose und Förderung heterogener Lerngruppen
–Theorien, Konzepte und Beispiele aus der MINT-Lehrerbildung* (S. 85–105). Waxmann.

Voss, T., Kleickmann, T., Kunter, M., & Hachfeld, A. (2011). Überzeugungen von Mathematiklehrkräften. In M. Kunter, J. Baumert, W. Blum, U. Klusmann, S. Krauss, & M.
Neubrand (Hrsg.), *Professionelle Kompetenz von Lehrkräften: Ergebnisse des Forschungsprogramms COACTIV* (S. 235–257). Waxmann.

Voss, T., Kunina-Habenicht, O., Hoehne, V., & Kunter, M. (2015). Stichwort Pädagogisches
Wissen von Lehrkräften: Empirische Zugänge und Befunde. *Zeitschrift für Erziehungswissenschaft, 18,* 187–223. https://doi.org/10.1007/s11618-015-0626-6

Waitoller, F. R., & Artiles, A. J. (2013). A Decade of Professional Development Research
for Inclusive Education: A Critical Review and Notes for a Research Program. *Review
of Educational Research, 83*(3), 319–356. https://doi.org/10.3102/0034654313483905

Wartha, S., & Schulz, A. (2011). *Aufbau von Grundvorstellungen (nicht nur) bei besonderen
Schwierigkeiten im Rechnen.* Handreichungen des Programms SINUS an Grundschulen. http://www.sinus-an-grundschulen.de/fileadmin/uploads/Material_aus_SGS/Handre
ichung_WarthaSchulz.pdf [letzter Zugriff: 12.05.2021]

Weinert, F. E. (2001). Vergleichende Leistungsmessung in Schulen – eine umstrittene Selbst-
verständlichkeit. In F. E. Weinert (Hrsg.), *Leistungsmessungen in Schulen* (2. Aufl., S.
17–31). Beltz Verlag.

Weiß, S., Muckenthaler, M., Heimlich, U., Küchler, A., & Kiel, E. (2019). Welche spezifischen Bedarfe einer Qualifizierung und Professionalisierung haben Lehrer*innen in
inklusiven Schulen? *Qfl – Qualifizierung für Inklusion, 1*(1). https://doi.org/10.21248/qfi.6

Werning, R. (2013). Inklusive Schulentwicklung. In V. Moser (Hrsg.), *Die inklusive Schule:
Standards für die Umsetzung* (2. Aufl., S. 51–63). Kohlhammer.

Wilde, A., & Kunter, M. (2016). Überzeugungen von Lehrerinnen und Lehrern. In M. Rothland (Hrsg.), *Beruf Lehrer/Lehrerin: Ein Studienbuch* (S. 299–315). Waxmann.

Wilhelm, N., Zwetzschler, L., Selter, C., & Barzel, B. (2019). Vertiefung, Erweiterung und
Verbindung von Wissensbereichen im Kontext der Planung einer Fortbildungsveran-
staltung zum Thema Rechenschwierigkeiten. *Journal für Mathematik-Didaktik, 40*(2),
227–253. https://doi.org/10.1007/s13138-019-00143-1

Wilson, S. M., & Berne, J. (1999). Teacher Learning and the Acquisition of Professional
Knowledge: An Examination of Research on Contemporary Professional Development.
Review of Research in Education, 24(1), 173–209. https://doi.org/10.3102/0091732X0
24001173

Wischer, B. (2007). Heterogenität als komplexe Anforderung an das Lehrerhandeln: Eine
kritische Betrachtung schulpädagogischer Erwartungen. In S. Boller, E. Rosowski, & T.
Stroot (Hrsg.), *Heterogenität in Schule und Unterricht: Handlungsansätze zum pädagogischen Umgang mit Vielfalt* (S. 32–41). Beltz Verlag.

Wittmann, E. C. (1998). Design und Erforschung von Lernumgebungen als Kern der Mathematikdidaktik. *Beiträge zur Lehrerbildung, 16*(3), 329–342.

Wittmann, E. C. (2001). Developing mathematics education in a systematic process. *Educational Studies in Mathematics, 48*(1), 1–20.

Printed in the United States
by Baker & Taylor Publisher Services